江苏省"十四五"职业教育首批在线精品课程配套教材

"十三五"江苏省高等学校重点教材

21世纪职业教育规划教材·智能制造系列

机械设计基础(第二版)

主　编　乔生红
副主编　陈玉瑜　杨　波
参　编　顾志刚　张　蔚
　　　　吴自强　曾梁彬
主　审　马晓明

内 容 简 介

本书是根据高职高专教育机械设计基础课程教学的基本要求并在总结近几年教学改革经验的基础上编写而成的。

本书共分为 3 个项目,即典型设备机构分析与设计、典型传动装置设计、机械创新设计,共 14 个子项目。项目一分为机器认知、机构运动简图绘制、连杆机构分析与设计、凸轮机构分析与设计、间歇机构运动分析、齿轮机构运动分析、齿轮系传动比计算等 7 个子项目;项目二分为传动装置总体设计、挠性传动分析与设计、齿轮传动设计、轴的设计、轴承尺寸确定、连接件选用等 6 个子项目;项目三主要介绍机械创新设计。

每个子项目以工作任务为主线,设有学习目标(知识目标、能力目标)、案例引入、任务准备、任务思考、任务实施、知识巩固等板块。

本书可作为高职高专院校机械类及近机类专业的教学用书,也可作为成人教育学生的学习参考书,还可供机械工程技术人员参考使用。

图书在版编目(CIP)数据

机械设计基础/乔生红主编. --2 版. --北京:北京大学出版社,2024.11
21 世纪职业教育规划教材・智能制造系列
ISBN 978-7-301-35083-6

Ⅰ.①机… Ⅱ.①乔… Ⅲ.①机械设计 Ⅳ.①TH122

中国国家版本馆 CIP 数据核字(2024)第 106542 号

书　　　名	机械设计基础(第二版)
	JIXIE SHEJI JICHU (DI-ER BAN)
著作责任者	乔生红　主编
策划编辑	桂　春
责任编辑	桂　春
标准书号	ISBN 978-7-301-35083-6
出版发行	北京大学出版社
地　　　址	北京市海淀区成府路 205 号　100871
网　　　址	http://www.pup.cn　新浪官方微博:@北京大学出版社
电子邮箱	编辑部 zyjy@pup.cn　　总编室 zpup@pup.cn
电　　　话	邮购部 010-62752015　发行部 010-62750672　编辑部 010-62756923
印　刷　者	河北滦县鑫华书刊印刷厂
经　销　者	新华书店
	787 毫米×1092 毫米　　16 开本　　19.25 印张　　540 千字
	2014 年 9 月第 1 版
	2024 年 11 月第 2 版　2024 年 11 月第 1 次印刷(总第 7 次印刷)
定　　　价	58.00 元

未经许可,不得以任何方式复制或抄袭本书之部分或全部内容。
版权所有,侵权必究
举报电话:010-62752024　电子邮箱:fd@pup.cn
图书如有印装质量问题,请与出版部联系,电话:010-62756370

第二版前言

党的二十大报告强调，教育要全面贯彻党的教育方针，落实立德树人根本任务，坚持科技是第一生产力、创新是第一动力，坚持面向科技前沿。装备制造，是国之重器，是实体经济的重要组成部分，装备强则国强。机械类专业学生是中国制造的核心力量，在我国从制造大国向制造强国迈进中肩负着重大责任。

移动互联网时代催生了教育信息化，碎片化学习已成为一种习惯。基于此背景，我们对教材进行修订，编写了纸质教材与数字化资源相融合的新形态一体化教材。新版教材主要特点是：

（1）落实课程思政：深入贯彻习近平新时代中国特色社会主义思想，将民族自信、工匠精神、创新精神、团队精神、安全意识等典型思政元素以"讲"古今机械发明、机械名人、大国工匠、身边的劳模故事，"看"安全提示案例、创新案例、优化设计案例等多种形式有机融入教材中。

（2）反映学科前沿：融入行业发展的新知识、新技术、新标准，将教材中的插图、表格按最新国标更新，每个子项目中增设了拓展阅读主题。

（3）运用信息技术：将知识难点讲解以二维码形式呈现，二维码素材含动画、视频、文本等，可扫描学习，使教材更加生动化、情景化、形象化。也可以登录课程网站进行辅助学习，网址为 https://www.xueyinonline.com/detail/233297585。

（4）对接产业岗位：内容对接产业需求，以企业实际工程项目为载体，以案例引入，以工作任务为主线，融"教、学、做"为一体，以指导解决工程实际中的主要问题。

（5）突出创新环节：设有创新理论与实践环节。创新项目是隐性项目，与来自生产实际中的显性项目交替实施，在实践中创新，激发创新意识，培养创新能力。

本书采取校企合作编写模式，由常州纺织服装职业技术学院的乔生红担任主编，陈玉瑜、杨波担任副主编，顾志刚、张蔚参编，常州市铭源精密传动技术有限公司的吴自强、中车戚墅堰机车车辆工艺研究所股份有限公司的曾梁彬参与了编写工作，具体分工为：乔生红撰写前言，编写绪论、子项目1～4、8、11～12、14；陈玉瑜编写子项目5、7、9；杨波编写子项目6、10、13；顾志刚完成图形的绘制、拍摄及编辑；张蔚修改教材编辑性错误；吴自强编写新知识、新工艺等拓展阅读内容；曾梁彬更新最新国标。二维码素材由乔生红、陈玉瑜、张蔚合作完成。全书由乔生红负责统稿，由马晓明担任主审。

本书的编写，得到了常州纺织服装职业技术学院的各级领导、有关企业专家和技术人员、兄弟院校同行的大力支持，并提出了宝贵、中肯的意见，在此一并表示感谢。

由于编者的水平有限及时间有限，不妥之处在所难免，敬请广大读者批评指正。

编 者
2024 年 1 月

第一版前言

以就业为导向，提高学生的职业能力是高等职业教育改革和发展的方向，也是高职课程改革与建设的方向。为此，编者以提高学生的综合职业能力为宗旨，以工作过程为导向，积极构建与生产实践相结合的课程模式，经过多年的改革、试点并进行总结完善，编写了这本特色鲜明的高职教材。本书具有如下特点：

（1）基于工作过程思想，紧扣高职人才培养目标，依据职业岗位要求所需的知识、技能、素质选取教学内容。

（2）内容组织项目化，弱化了传统教材中机械原理与机械设计之间的界限，对课程内容进行了颠覆性的重组，将机械原理与机械零件的知识进行有机融合。

（3）以项目为载体，以案例引入、工作任务为主线。每一个项目均选择典型工程项目，并以案例导入、以工作任务为主线开展教学；同时，每一个子项目又分解为多个工作任务，来解决工程项目中的主要问题。

（4）融"教、学、做"为一体，全面培养学生的综合实践能力。通过案例引入、任务分析、任务准备、任务思考、任务实施，并使理论与实践相融合，多方位提高学生的综合能力。

（5）为培养学生的创新意识和创新能力，本书还设有机械创新设计理论与实践环节，让学生在理解创新理论的基础上，在实践中进行机械创新。

（6）图文并茂，生动形象，易学易懂。本书配有大量的插图，包括工程实例及三维图形，方便学生理解教材内容。

（7）本书采用国际单位，并尽量采用最新的国家标准、技术规范、资料等。

本书按多学时要求编写，各校可根据实际教学时数进行适当的取舍。

参加本书编写的有乔生红（编写绪论、子项目1～4、子项目8、子项目11～12、子项目14）、陈玉瑜（编写子项目5、子项目7、子项目9）、杨波（编写子项目6、子项目10、子项目13）、顾志刚（完成所有三维图形的绘制、工程实例的拍摄及图片编辑工作）。由乔生红担任主编，陈玉瑜、杨波担任副主编，全书由乔生红负责统稿，由马晓明担任主审。

本书在编写过程中，常州纺织服装职业技术学院的姚敏、武立生、杨海霞老师提出了许多宝贵意见。同时，得到了有关企业专家和技术人员的大力支持，也得到了兄弟院校老师（如健雄职业技术学院韩树明老师，常州工程职业技术学院邱国仙、夏晓平老师）的大力支持，他们提出了中肯、宝贵的意见，在此一并表示感谢。

本书的编写参阅了国内外出版的同类书籍，在此特向有关作者表示衷心的感谢。

由于编者的水平有限及时间仓促，书中不妥之处在所难免，恳请专家、同行、读者批评指正，以便不断改进和完善，编者电子信箱：joeqsh@163.com。

编 者
2014年6月

目 录

绪论 ··· 1

项目一 典型设备机构分析与设计 ··· 3
子项目1 机器认知 ··· 6
任务实施——机器认知 ··· 10
知识巩固 ·· 11
子项目2 机构运动简图绘制 ·· 13
任务1 认识机构的结构组成 ··· 14
任务2 绘制平面机构的运动简图 ·· 16
任务3 计算平面机构的自由度 ·· 20
拓展阅读：空间运动副简介 ·· 25
任务实施——机构运动简图绘制 ·· 26
知识巩固 ·· 27
子项目3 连杆机构分析与设计 ·· 30
任务1 认识平面四杆机构 ·· 31
任务2 分析平面四杆机构的工作特性 ·· 40
任务3 设计平面四杆机构 ·· 44
拓展阅读：并联机构简介 ··· 46
任务实施——连杆机构拼装与分析 ··· 47
知识巩固 ·· 48
子项目4 凸轮机构分析与设计 ·· 52
任务1 认识凸轮机构 ··· 53
任务2 分析从动件运动规律 ··· 57
任务3 设计凸轮机构 ··· 62
拓展阅读：凸轮机构与其他机构的组合 ······································· 67
任务实施——凸轮机构拼装与设计 ··· 68
知识巩固 ·· 69
子项目5 间歇机构运动分析 ·· 71
任务1 棘轮机构运动分析 ·· 72
任务2 槽轮机构运动分析 ·· 76
任务3 不完全齿轮机构运动分析 ·· 79
任务4 凸轮式间歇运动机构分析 ·· 81
任务实施——间歇运动机构拼装与分析 ······································· 82

　　知识巩固 ·· 83
　子项目6　齿轮机构运动分析 ·· 84
　　任务1　认识齿轮机构 ··· 85
　　任务2　单个直齿圆柱齿轮参数及尺寸计算 ···················· 89
　　任务3　一对直齿圆柱齿轮的啮合传动 ··························· 92
　　任务4　认识其他类型的齿轮传动 ································· 95
　　任务5　齿轮加工原理及变位齿轮 ································ 104
　　拓展阅读：圆弧齿轮传动简介 ····································· 108
　　任务实施——齿轮参数及加工原理 ······························· 109
　　知识巩固 ··· 115
　子项目7　齿轮系传动比计算 ··· 117
　　任务1　认识齿轮系 ·· 118
　　任务2　定轴轮系传动比计算 ······································· 121
　　任务3　行星轮系传动比计算 ······································· 124
　　任务4　组合轮系传动比计算 ······································· 128
　　拓展阅读：谐波齿轮传动简介 ····································· 130
　　任务实施——齿轮系拼装与分析 ··································· 131
　　知识巩固 ··· 131

项目二　典型传动装置设计 ·· 133
　子项目8　传动装置总体设计 ··· 135
　　任务1　传动方案分析和确定 ······································· 136
　　任务2　传动参数计算 ··· 139
　　任务3　认识减速器 ·· 147
　　拓展阅读：摆线针轮行星减速器简介 ···························· 151
　　任务实施——减速器拆装与传动装置参数确定 ················ 152
　　知识巩固 ··· 153
　子项目9　挠性传动分析与设计 ·· 154
　　任务1　认识挠性传动 ··· 155
　　任务2　分析带传动的工作能力 ··································· 164
　　任务3　设计带传动 ·· 168
　　任务4　链传动的运动分析与设计简介 ·························· 175
　　任务5　挠性传动件的使用与维护 ································ 177
　　拓展阅读：同步带传动简介 ·· 181
　　任务实施——挠性传动认知与设计 ······························· 181
　　知识巩固 ··· 183
　子项目10　齿轮传动设计 ··· 185
　　任务1　齿轮传动的设计准则、精度及材料选择 ·············· 186
　　任务2　设计直齿圆柱齿轮传动 ··································· 190

任务3　设计斜齿圆柱齿轮传动 …………………………………… 198
　　任务4　其他类型齿轮传动设计简介 …………………………… 202
　　任务实施——带式输送机中圆柱齿轮传动的设计 ……………… 205
　　知识巩固 ……………………………………………………… 205
　子项目11　轴的设计 ……………………………………………… 208
　　任务1　轴的认知 ……………………………………………… 209
　　任务2　轴的设计 ……………………………………………… 214
　　拓展阅读：曲轴简介 …………………………………………… 221
　　任务实施——轴的认知与设计 ………………………………… 222
　　知识巩固 ……………………………………………………… 224
　子项目12　轴承尺寸确定 ………………………………………… 226
　　任务1　滚动轴承认知 ………………………………………… 227
　　任务2　滚动轴承选择 ………………………………………… 233
　　任务3　滚动轴承组合设计 …………………………………… 241
　　任务4　认识滑动轴承 ………………………………………… 248
　　拓展阅读：通用轴承代号构成比较 …………………………… 251
　　任务实施——轴承识别与轴系结构设计 ……………………… 252
　　知识巩固 ……………………………………………………… 253
　子项目13　连接件选用 …………………………………………… 255
　　任务1　螺纹零件选用 ………………………………………… 257
　　任务2　轴毂连接件选用 ……………………………………… 264
　　任务3　轴间连接件选用 ……………………………………… 269
　　拓展阅读：螺旋传动简介 ……………………………………… 276
　　任务实施——减速器中连接件的选择 ………………………… 277
　　知识巩固 ……………………………………………………… 278

项目三　机械创新设计 ……………………………………………… 281
　子项目14　机械创新设计理论与实践 …………………………… 284
　　任务1　机械创新设计理论认知 ……………………………… 284
　　任务2　机械创新设计实践 …………………………………… 291
　　知识巩固 ……………………………………………………… 294

参考文献 …………………………………………………………… 295

绪 论

▶ 课程导入

工欲善其事，必先利其器，装备强则国强。中国是世界上机械发展最早的国家之一，成就辉煌，这不仅对中国的物质文化和社会经济的发展起到了重要的促进作用，而且对世界技术文明的进步作出了重大的贡献。

我国机械的发展大致经历了早期的传统机械、中期的近代机械、发展至今的现代机械三个阶段。

传统机械阶段是指从远古时代到清代晚期，在这个阶段，从石器、铜器到铁器，其机械技术、制造工艺也经历了从诞生、逐渐成熟、飞速发展的过程，并且其应用非常广，渗透到农业、军事、水利、天文等多个领域。

中国古代机械发明

很多著名的机械设计就出现在这个阶段，如指南车、记里鼓车、木牛流马、地动仪、五轮沙漏、鼓风机械、活塞式风箱、走马灯、被中香炉等，其独特的设计理念和思路直到今天仍令人叹为观止。

近代机械阶段是指1840年至1949年，这一时期开始的标志是洋务运动。自洋务运动起，中国开始开设机械制造学校及机械制造工厂。这期间中国的机械工业逐步由手工业作坊式小生产向使用动力机器的生产方式转变。

现代机械阶段是指中华人民共和国成立后，中国机械工业已经逐步发展成为具有一定综合实力的制造业，初步确立了在国民经济中的支柱地位。向机械产品大型化、精密化、自动化和成套化的趋势发展。机械工业部门具备了研制和生产重型、大型机械以及精密产品和成套设备的能力，机械科技的研究水平也有了很大的提高，解决了不少机械工业中的重大科技问题。就目前而言，中国机械科学技术的成就是巨大的，发展速度之快、水平之高也是前所未有的。

▶ 内容框架

机器在日常生活和国民经济建设中起着非常重要的作用，其种类繁多，结构、用途也各不相同。作为机器的使用、设计和制造者，掌握一定的机械分析、设计、选用、维护等方面的理论、方法和技能是十分必要的，也是本书的重要目标之一。本书内容框架如图 0-1 所示。

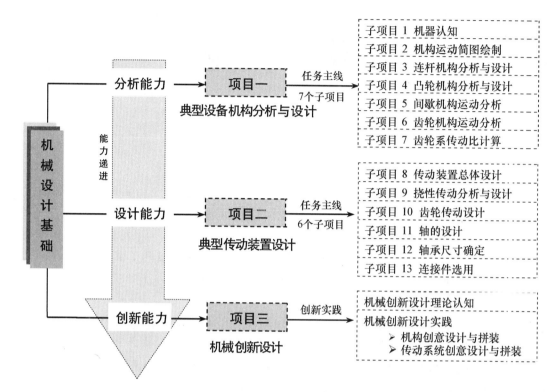

图 0-1　本书内容框架

项目一

典型设备机构分析与设计

项目一 典型设备机构分析与设计

项目导入

　　人类通过长期的生产实践，创造和发展了机器。指南车、脚踏水车、踏碓舂米机等都是我国古代在机械方面的贡献，到今天，机器已经渗透到了国民经济的各行各业，图01-1～图01-9列出了部分具有代表性的机器。

图01-1　指南车

图01-2　脚踏水车

图01-3　踏碓舂米机

图01-4　缝纫机

图01-5　自行车

图01-6　"和谐号"动车

01-图7　纺织机械

01-图8　机加工机床

01-图9　工业机器人

上述图片中的机器对我们的生产和生活产生了巨大影响，除了这九种机器之外，日常生活中还有很多其他机器，如摩托车、汽车、轮船、飞机、内燃机、破碎机、挖土机，以及洗衣机、照相机、复印机，等等。

项目一以机构分析为重点，以多个子项目为载体，以工作任务为主线，全面分析典型机器中的常见机构，包括连杆机构、凸轮机构、间歇机构、齿轮机构等。通过本项目的学习，应能归纳机构分析的共性，并能进行简单的机构设计。

子项目 1　机器认知

▶ **学习目标**

知识目标：
　☆ 了解机器的基本组成；
　☆ 掌握机器、机构、构件和零件的概念；
　☆ 了解本课程的研究对象和课程目标。
能力目标：
　☆ 会分析各类机器的基本组成；
　☆ 能辨别机器、机构、构件和零件；
　☆ 理清课程学习的思路和方法。

2015 年的《政府工作报告》提出实施"中国制造 2025"国家重大战略，走中国特色新型工业化道路，促进制造业的发展，坚持创新驱动、提质增效、智能转型、绿色发展、结构优化、人才为本。装备制造是国之重器，机械类专业的学生是"中国制造 2025"战略实施的核心力量，在我国从制造大国向制造强国迈进中肩负着重大责任。

▶ **案例引入**

前面图 01-1～图 01-9 中列出了部分机器的图片，它们从外观、结构到功能各不相同，那么如何来分析一台机器呢？它由哪些部分组成？是如何进行工作的？

▶ **任务分析**

仔细分析图 01-1～图 01-9 中的部分机器的工作过程，可以发现它们的共性。

图 01-2 是夏商时代发明的脚踏水车，图 01-3 是利用杠杆原理制造的踏碓舂米机，这两种机器均用木材制造，都需要人的脚提供原动力。

图 01-4 是家用缝纫机，当脚踩踏板时，通过连杆带动一侧的大带轮回转，再通过皮带带动小带轮回转，继而带动机头里的机针运动，从而实现缝制工作。

图 01-5 是我们非常熟悉的代步用的自行车，当脚踩脚踏板时，通过链轮、链条带

动自行车的后轮回转，驱动自行车前行。

任务准备

由上面的实例，可归纳机器分析的基本方法，以便进一步分清机器的基本组成。

一、机器的组成

不难发现，一台完整的机器，都是由原动部分、执行部分、传动部分、控制部分组成。

（1）原动部分是机器的动力来源，可采用电动机（见图01-8）；手工机器靠人的四肢提供动力源，如图01-2、图01-3所示。

（2）执行部分是最终直接完成机器各种功能的部分，一般处于机械系统的末端，例如水车中的输水链、舂米机的碓、缝纫机的机针、自行车的车轮、机械加工的刀具等。

（3）传动部分是将原动部分的运动和动力传递给执行部分的中间环节，如水车及自行车中的链传动、缝纫机中的连杆机构及带传动。机器中的传动有机械传动、液压/气压传动等。

（4）控制部分有机械、电动、气动、液压和计算机等多种控制方式，用于控制、协调机器各部分的工作。

本书主要讨论机器的本体部分，即原动部分、执行部分和传动部分。

二、几个重要概念

在了解了机器的本体部分组成之后，还需要进一步分析机器的运动是如何传递的，以及机器中的零部件的结构特点。

（一）机器、机构、机械

1. 机器

从图01-1～图01-9也可以看出，各种机器虽然都是由原动部分、执行部分和传动部分组成，但是它们的结构组成和运动传递是有区别的，我们可以找到各种机器的共同特征。下面以内燃机、牛头刨床为例进行详细分析。

图1-1为内燃机的工作原理图，当气缸中的油气混合物被火花塞点燃后，爆炸膨胀的气体推动活塞向下移动，通过连杆使曲轴转动，再通过齿轮带动凸轮轴转动，凸轮轴上的凸轮推动推杆，使进气阀和排气阀按预定规律打开和关闭，从而完成进气和排气任务。内燃机中的各个构件都是按预定的规律运动，否则内燃机无法正常工作。内燃机可以将燃料爆炸时的热能转化为机械能，再通过曲轴将动力输出。

什么是机器

图1-2为牛头刨床的工作原理图，由电动机、传动部分、滑枕、工作台组成。传动部分由带传动、齿轮传动、连杆机构组成，刨刀随滑枕一起运动，工件安装在工作台上。工作时，电动机通过传动部分带动滑枕作往复直线运动，使刨刀切削工件而做有用的机械功。

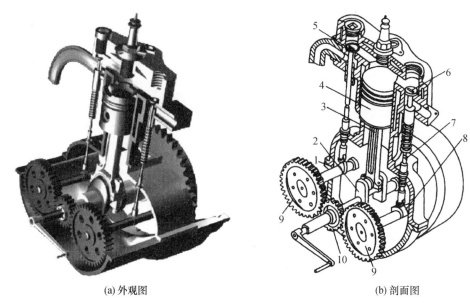

(a) 外观图　　　　　　　　　　　　　(b) 剖面图

图 1-1　内燃机的工作原理图

1—气缸（含机架）　2—曲轴　3—连杆　4—活塞　5—进气阀　6—排气阀　7—推杆　8—凸轮　9、10—齿轮

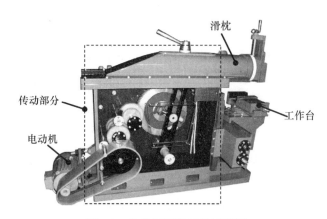

图 1-2　牛头刨床的工作原理图

通过上述分析，可以看出不同的机器具有以下共同特征：

（1）机器是人为的实物组合。

（2）机器中的各部分之间具有确定的相对运动。

（3）机器可以用来代替和减轻人类的体力劳动，可以做有用的机械功或进行机械能量的转换，或者传递物料、信息。

2. 机构

同时具备以上三个特征的实物组合称为**机器**，只具备前两个特征的称为**机构**。一台机器包含一个或多个机构，如在内燃机中，包括了 1 个曲柄滑块机构（由活塞、连杆、曲轴、机架组成）、2 个齿轮机构、2 个凸轮机构共三类五个机构。

3. 机械

一般将机器和机构统称为**机械**。

根据机器的功能不同，可以将机器分为能量变换的动力机械（如内燃机等）、工作机械（如机床、汽车、运输机等）、传递信息的机械（如照相机、复印机等）三类。

（二）零件、构件

1. 零件

机器的基本组成单元称为**零件**。零件是机械中的最小制造单元，是不可拆的，如内燃机中的齿轮、凸轮、活塞等。机械零件可分为以下两类。

（1）通用零件：在各种机器中普遍使用的零件，如齿轮、螺栓、轴承等，如图1-3所示，它也是本书讨论的重点内容。

（2）专用零件：在某些特定的机器中才使用的零件，如活塞、曲轴、吊钩等。

2. 构件

机构中可相对运动的单元体称为**构件**，图1-1中的曲轴、活塞、连杆和气缸就是组成曲柄滑块机构的构件，这些构件的运动都是独立的。因此称构件是机构（机器）中运动的基本单元。

构件可以由一个零件组成，如内燃机中的齿轮、牛头刨床中的导杆；也可以由若干个零件组成，如内燃机中的连杆，如图1-4所示。

图1-3　通用零件

图1-4　多个零件组成的连杆

▶ 对课程的总体认识

1. 专业面向

装备制造是国之重器，是实体经济的重要组成部分。机械类专业的学生是"中国制造2025"战略实施的核心力量。在未来的工作岗位上，会接触各种各样的机器，从事的也多是与机械相关的工作岗位，例如操作、技术、管理、销售等岗位。从业人员不仅需要具有较强的专业能力，更需要具有积极的爱国情怀、良好的职业道德、创新精神、奉献精神等复合型技术技能。

2. 课程的地位

"机械设计基础"是一门技术基础课。无论是从事设备的操作、设计、制造、安装调试、技改，还是从事设备的管理、销售，具备一定的机械分析、设计、规划、创新能力，对于合理使用机器、高效管理、优化设备性能都具有深远的意义。

3. 课程的研究对象和任务

"机械设计基础"这门课程的主要内容是研究机械中的常用机构、通用零件，主要任务是：

（1）掌握常用机构的结构、运动特性，初步具有分析和设计常用机构的能力。

（2）掌握通用零件的工作原理、结构特点、设计计算和维护等基本知识，初步具有设计机械传动装置的能力。

（3）具有运用标准、规范、手册、图册等有关技术资料的能力。

（4）培养学生良好的职业精神和职业能力。

任务实施——机器认知

☺ **特别提示**：本任务需配备各类机器、陈列柜、模型，供学生参观、辨别，以增强感性认知。

一、训练目的

（1）增强学生对实际机械系统的感性认识，拓宽专业视野，启迪创新思维并激发创新欲望。

（2）培养学生观察、分析问题的能力，初步认识常用机构及通用零件。

二、实训设备及用具

（1）机器实物：牛头刨床、车床、铣床、剑杆织机等。

（2）机构模型：图1-5摘录了一部分典型机构模型。

（3）语音陈列柜：包括机械原理陈列柜、机械零件陈列柜、机械创新陈列柜3种类型，如图1-6所示。

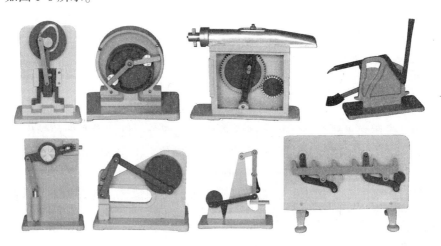

机构模型

图1-5　典型机构模型

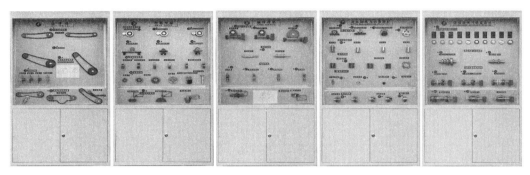

图 1-6 部分语音陈列柜

三、实训内容及步骤

（1）仔细观察不同类型的机器实物及模型，分析其工作原理及结构组成。

（2）参观各种类型的陈列柜，观察并分析不同类型机构的工作原理及运动特点，以及各种机械零件的结构，体验机械创新设计思维、方法，感受其设计成果。

四、注意事项

（1）不得随意操作运转着的机械设备，实物机器请在教师的指导下开启、关闭。

（2）陈列柜在执行顺序控制时，严禁手动操作，严禁强行打开陈列柜的玻璃门。

五、参观重点

（1）根据观察，找出牛头刨床或其他机器的原动部分、传动部分和执行部分，能列出主要机构及主要零件。

（2）观察三种陈列柜中分别陈列了哪些机构、零件、创新方法及案例。

（3）仔细观察机械原理陈列柜中的内燃机，分析其机构、构件和零件。

知识巩固

一、填空题

（1）零件是机器中的_____单元。

（2）构件是机器中的_____单元。

（3）机器由_____部分、_____部分、_____部分和_____部分组成。

二、简答题

（1）机器、机构的特征各是什么？它们有什么联系与区别？

（2）构件与零件之间有什么联系与区别？

三、综合题

（1）以小组为单位，自选一种机器，制作 PPT 来说明其功能、作用、结构组成、工作原理等。

（2）结合参观内容，选择一种机器，写出其原动部分、传动部分、执行部分各由什么组成，并列出主要机构及主要零件。

（3）结合参观内容，写出机械原理陈列柜中陈列了哪些类型的机构；机械零件陈列柜中陈列了哪些类型的零件；根据机械创新陈列柜中的展示，归纳机械创新方法有哪些。

子项目 2　机构运动简图绘制

▶ 学习目标

知识目标：
☆ 了解机构的组成；
☆ 掌握平面机构运动简图绘制方法；
☆ 掌握平面机构自由度计算方法。
能力目标：
☆ 会分析机构的结构及运动传递；
☆ 能根据机构模型或实物绘制机构运动简图；
☆ 能判断机构是否具有确定运动。

机构运动方案在整个机械设计过程中起着关键作用，决定着机器的质量。一个好的机构运动方案就是一个创造发明。不合理的运动方案若经过制造加工装配后才被发现，则反馈周期长，耗费的人力、财力大。因此，作为机械设计人员要具备高度的工程伦理意识，注重产品的质量和职业道德规范，不断提高自身素质和技能水平。

▶ 案例引入

机构是机器中的运动部分，可用来传递运动和动力。各构件在相互平行的平面内运动的机构，称为**平面机构**。在对机械设备进行操作、安装、改进、设计等工作时，有必要弄清楚运动是如何从一个构件传递到另外一个构件的，同时还需要用图形表达出机构中各构件之间的连接方式及运动传递。

如图 2-1 所示的内燃机，当活塞上下移动时，通过连杆，使曲轴做回转运动。活塞、气缸、连杆、曲轴构成了一个机构，能将活塞的上下往复移动转变为曲轴的连续转动，实现了运动形式的转换。

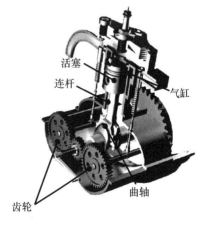

图 2-1　内燃机主运动机构

分析机构中的构件类型、各构件之间的连接形式，用机构运动简图表达机构，同时保证机构运动的确定性是本子项目要解决的问题。

▶ 任务框架

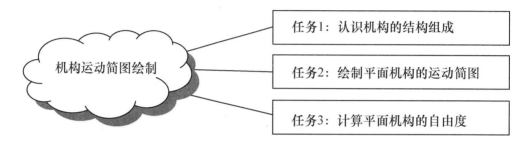

任务1　认识机构的结构组成

【任务要点】

- ◆ 掌握机构中的构件组成；
- ◆ 能识别运动副的结构及分类。

【任务提出】

机构中的构件的功能和运动特点各不相同，连接方式也各不相同。请问内燃机中各构件的运动特点有哪些？连接方式有哪些？

【任务准备】

一、机构中的构件分类

每个构件在机构中所起的作用各不相同，概括起来，构件可分为以下三类。
（1）机架：机构中固定不动的构件，用以支承活动件。
（2）原动件：机构中运动规律已知的活动件。
（3）从动件：机构中随原动件运动而运动的活动件。

二、运动副

1. 运动副的概念

为实现机构的各种功能，各构件之间必须以一定的方式连接起来，并且能具有确定的相对运动。两构件之间直接接触所形成的可动连接称为**运动副**。机构中各个构件之间的运动和动力传递都是通过运动副来实现的。图2-1所示的内燃机中的活塞与气缸、活塞与连杆、齿轮与齿轮之间，都构成了运动副。

运动副

根据运动副各构件之间的相对运动是平面运动还是空间运动，可将运动副分成平面运动副和空间运动副。平面机构中构件的运动副称为**平面运动副**。

2. 运动副的分类

按两构件间的接触特性，平面运动副可分为低副和高副。

（1）低副

两构件通过面与面接触组成的运动副称为**低副**，根据构成低副的两构件间的相对运动特点，低副又分为转动副（回转副）和移动副。

两构件只能作相对转动的低副，称**转动副**。如图 2-2（a）、图 2-2（b）中轴承与轴颈的连接、铰链连接等都属于转动副。

两构件只能作相对直线移动的低副，称**移动副**，如图 2-2（c）、图 2-2（d）所示。

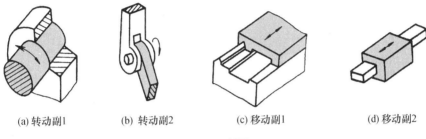

(a) 转动副1　　(b) 转动副2　　(c) 移动副1　　(d) 移动副2

图 2-2　低副

（2）高副

两构件间通过点或线接触所形成的运动副称为**高副**。如图 2-3 所示的车轮与钢轨、凸轮与从动件、齿轮啮合等均为高副，高副位于图中的 A 点处。

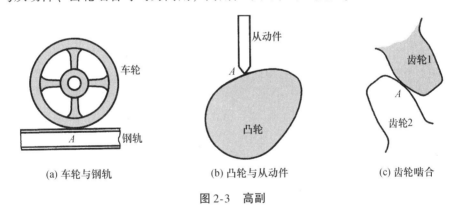

(a) 车轮与钢轨　　(b) 凸轮与从动件　　(c) 齿轮啮合

图 2-3　高副

凸轮机构运动副

齿轮机构运动副

【任务思考】

在内燃机中，活塞与气缸、活塞与连杆、连杆与曲轴、曲轴与机架之间分别组成何种形式的运动副？

任务2 绘制平面机构的运动简图

【任务要点】

◆ 掌握平面机构运动简图的绘制方法。

【任务提出】

为了便于分析机构，请用简单的图形来表示图2-1所示内燃机的构件之间的运动关系，并清楚反映运动副的形式。

【任务准备】

一、机构运动简图的概念

在研究机构运动特性时，为了使问题简化，可不考虑构件和运动副的实际结构，只考虑与运动有关的构件数目、运动副类型及相对位置。用规定的线条和符号表示构件和运动副，并按一定的比例表示出各运动副的相对位置及与运动有关的尺寸，这种反映机构各构件间相对运动关系并按比例表达的简单图形称为**机构运动简图**。

机构运动简图作为一种工程语言，是进行机构分析和设计的基础。不严格按比例绘制的机构运动简图称为**机构示意图**。

二、运动副及构件的简化画法

在绘制平面机构运动简图时，可参照《机械制图　机构运动简图用图形符号》（GB/T 4460—2013）来表示运动副和构件。

1. 低副

（1）转动副

转动副用一个小圆圈符号"○"表示，其圆心代表相对转动的轴线，如图2-4所示，1、2分别表示两个构件，图中在代表机架的构件上画有短斜线。

（2）移动副

移动副通常用长方形表示，图2-5所示为两个构件组成移动副的表示方法，移动副的导路方向必须与相对移动方向一致，图中画有短斜线的构件表示机架。

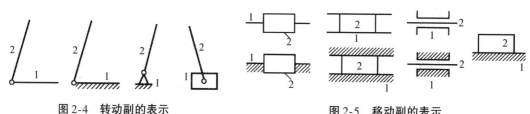

图2-4　转动副的表示　　　　　　　图2-5　移动副的表示

2. 高副

高副用曲线来表示，只要画出两个构件在接触部分的轮廓曲线即可，如图2-6所示，分别表示齿轮副和凸轮副。

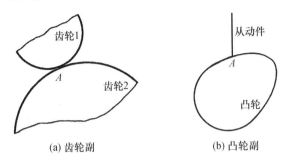

图2-6 高副的表示

3. 构件

平面机构中的构件不论其形状如何复杂，在机构运动简图中，只需将构件上的所有运动副元素按照它们在构件上的位置用规定的符号表示出来，再用简单线条将它们连成一体即可。

图2-7（a）表示参与形成两个转动副的构件。当构件上具有一个转动副和一个移动副时，构件表示如图2-7（b）所示。

当构件上具有三个转动副时，可用三角形来表示，如图2-7（c）所示。当构件上的三个转动副元素中心位于一条直线上时，则可用图2-7（d）表示。

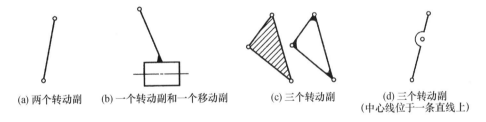

图2-7 构件的表示

对于机械中常用的构件和零件，还可采用习惯画法。例如，可用点画线画出一对节圆来表示一对相互啮合的齿轮，如图2-8（a）、图2-8（b）所示；用完整的轮廓曲线表示凸轮［见图2-6（b）］、带轮［见图2-8（c）］。

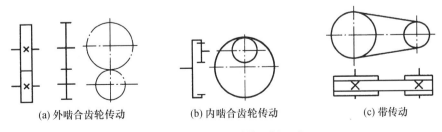

图2-8 机构或构件的习惯画法

三、机构运动简图的绘制

绘制机构运动简图时，通常可按下列步骤进行：

（1）分析机构组成及构件数目。首先确定机架、原动件和从动件，然后从原动件开始，沿着运动传递的顺序，搞清楚运动传递情况，最后确定机构中构件的数目。

（2）确定运动副的类型和数量。从原动件开始，依次分析构件间的相对运动形式，并确定运动副的类型和数目。

凸轮机构运动简图的画法

（3）选择最佳投影面和原动件位置。一般选择多数构件所在的平面或其平行平面作为投影平面，以便清楚地表达各构件间的运动关系。选择原动件位置时要能清楚地反映各构件间的运动关系，最好不要选择构件重叠、交叉等不易辨认的特殊位置。

（4）测量。测量出机构中构件的尺寸、各个运动副的相对位置等。

（5）选择适当的比例尺绘图。按照构件的实际尺寸和图纸幅面，选择合适的长度比例尺作图。比例尺公式如下：

$$\mu_l = \frac{构件实际长度}{构件图样长度} \quad (单位：m/mm 或 mm/mm)$$

（6）标注。在机构运动简图上，对构件逐个进行编号，用1，2，3……表示；各个运动副处依次标注大写的英文字母，用 A，B，C……表示；原动件用弧形或线形箭头表示其运动方向；在代表机架的构件上画上短斜线。

【任务训练】

机构运动简图画法举例

训练1：绘制图2-9（a）所示的内燃机曲柄滑块机构的运动简图。

(a) 外观图　　　　　(b) 机构运动简图

图2-9　内燃机曲柄滑块机构运动简图

（1）分析机构的组成和构件数目

内燃机曲柄滑块机构由气缸体、活塞、连杆、曲柄等构成。活塞是动力的输入件，为原动件；连杆和曲柄为从动件；气缸体是固定件。活塞将动力通过连杆传递给曲柄，然后由曲柄输出。

(2) 确定运动副的类型和数目

活塞与气缸体之间产生相对移动,为移动副;活塞与连杆之间相对转动,为转动副;连杆与曲柄、曲柄与轴孔均组成转动副。

(3) 选择投影面和原动件位置

选择各构件的运动平面作为投影面。同时将原动件活塞放在合适的位置,使连杆与曲柄之间不产生共线。

(4) 绘制机构运动简图

选定适当比例尺,根据图示内燃机的实际尺寸定出各运动副的相对位置,用构件和运动副的规定符号绘出机构运动简图,如图2-9(b)所示。

(5) 标注与编号

将四个构件逐个编号,用1、2、3、4表示;在三个转动副的结构点处标注 A、B、C;在原动件活塞旁标箭头;在气缸体、曲柄回转中心两处机架位置画上短斜线。

特别说明:按此方法,还可以画出内燃机中齿轮机构、凸轮机构的运动简图,此处略。

训练2:绘制图2-10(a)所示的牛头刨床主运动机构的运动简图。

分析:按照训练1的方法,分析出牛头刨床的主运动由一对齿轮、滑块、导杆、摇块、刨刀架、机架组成。通过电机的运动,驱动小齿轮转动,经大齿轮带动滑块沿导杆移动,导杆摆动时带动刨刀架往复移动,完成刨削工作。

测量:测量结构点之间的尺寸。

绘制:选定比例尺,从原动件小齿轮开始逐个绘制机构运动简图,最后经编号后的运动简图如图2-10(b)所示。

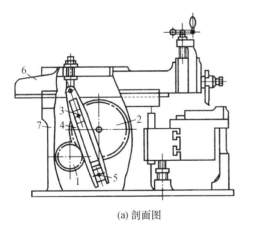
(a) 剖面图

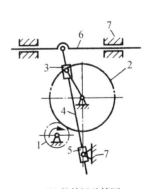
(b) 机构运动简图

图2-10 牛头刨床主运动机构的运动简图

1—小齿轮 2—大齿轮 3—滑块 4—导杆 5—摇块 6—刨刀架 7—机架

【任务思考】

在绘制机构运动简图时,原动件位置的选定是否会影响机构运动简图的绘制?不按照比例绘制的机构运动简图会对运动分析有什么影响？

任务3 计算平面机构的自由度

【任务要点】

- ◆ 掌握自由度和约束的概念；
- ◆ 能识别复合铰链、局部自由度和虚约束；
- ◆ 会计算机构自由度并判断机构运动是否确定。

【任务提出】

根据机构运动的确定性要求，在认识和分析现有机械时，我们可以判断机构的运动是否确定，如前述的内燃机和牛头刨床的主运动机构，运动都是确定的。

但在设计一个全新的机构时，只有按照绘制机构运动简图→结构设计→制造加工→装配运行的步骤，才能判断机构的运动是否确定。可见运动设计是否合理，要在装配完成后才能得到反馈，如果周期长，则耗费的人力、财力也较大。这里通过计算机构自由度的值可以判断机构的运动是否确定。

【任务准备】

一、构件的自由度和约束

1. 自由度

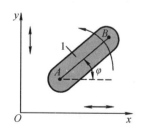

图 2-11 自由构件的自由度

物体独立运动的可能性，称为**自由度**。作平面运动的自由构件，相对于参考系有三个独立运动，即沿 x 轴、y 轴方向的移动和在 xOy 平面内的转动，如图 2-11 所示。因此，一个在平面内自由运动的构件有 3 个自由度。

2. 约束

当一个构件与其他构件组成运动副后，构件的某些相对运动就要受到限制，自由度就会随之减少。这种对构件间相对运动的限制，称为**约束**。

不同类型的运动副引入的约束数不同。在平面机构中，一个低副有 2 个约束条件，一个高副有 1 个约束条件。

二、机构自由度的计算

设一个平面机构由 N 个构件组成，其中必有一个固定机架，故活动构件数 $n = N-1$，用 P_L 个低副、P_H 个高副把构件与构件连接起来。如上所述，一个没有受任何约束的构件作平面运动时有 3 个自由度，一个低副有 2 个约束条件，一个高副有 1 个约

束条件。因此，机构的自由度 F 可按式（2-1）来计算。即

$$F = 3n - 2P_L - P_H \tag{2-1}$$

由式（2-1）可知，机构的自由度取决于机构的活动件数、运动副的类型和个数。

例 2-1 计算图 2-9 中内燃机的曲柄滑块机构的自由度。

解：在该机构中，活动件数 $n=3$，低副数 $P_L=4$，高副数 $P_H=0$，则该机构的自由度为

$$F = 3n - 2P_L - P_H = 3 \times 3 - 2 \times 4 - 0 = 1$$

例 2-2 计算图 2-12 中凸轮机构的自由度。

解：经分析，凸轮机构中 $n=2$，$P_L=2$，$P_H=1$，则

$$F = 3n - 2P_L - P_H = 3 \times 2 - 2 \times 2 - 1 = 1$$

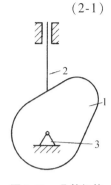

图 2-12　凸轮机构

三、机构具有确定运动的条件

一个构件系统能否成为机构，取决于其是否能够运动或运动是否确定。

在图 2-13 所示的三杆系统中，$F=0$，构件不能运动，所以不能构成机构，工程上称为桁架。在图 2-14 所示的四杆系统中，4 个构件用 5 个转动副相连，自由度 $F=-1$，构件也不能运动，工程上称为超静定桁架。

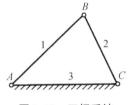

图 2-13　三杆系统

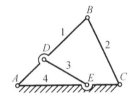

图 2-14　超静定桁架

在图 2-15 所示的四杆系统中，$F=1$，此时取构件 1 或 3 为原动件，系统均有确定的运动而成为机构。

在图 2-16（a）所示的五杆系统中，5 个构件用 5 个转动副相连，$F=2$，当给定构件 1 为原动件时，构件 2、3、4 的位置既可能处于实线位置，也可能处于虚线位置，如图 2-16（b）。显然，从动件的运动是不确定的，故也不能称其为机构。如果给定 2 个原动件（即构件 1 和 4），则该系统的运动完全确定而成为机构。

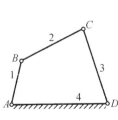

图 2-15　四杆系统

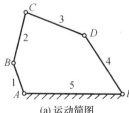

(a) 运动简图

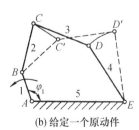

(b) 给定一个原动件

图 2-16　五杆系统

由此可见，**机构具有确定运动的条件是**：

自由度 F 大于 0，且等于原动件的个数

在分析机构或设计新机构时，一般可以用自由度计算来检验所画的运动简图是否满足具有确定运动的条件，以避免机构组成原理错误。

四、机构自由度计算中的特殊情况处理

1. 复合铰链

两个以上的构件在同一处以同轴线的转动副相连，称为**复合铰链**。

图 2-17 表示为 3 个构件在同一点形成复合铰链，由图可以看出，这 3 个构件沿同一轴线共组成 2 个转动副。

复合铰链

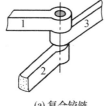
(a) 复合铰链

(b) 轴线垂直于纸面

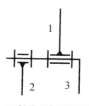
(c) 轴线平行于纸面

图 2-17 复合铰链

图 2-18 列举了一些较难识别的复合铰链。图 2-18（a）所示的是构件 1、2 分别与机架 3 共组成 2 个转动副；图 2-18（b）所示的是构件 1、2 分别与滑块 3 共组成 2 个转动副；图 2-18（c）所示的是构件 1、滑块 2 分别与机架 3 共组成 2 个转动副；而图 2-18（d）所示的是构件 1 与滑块 2、滑块 3 共形成 2 个转动副。

复合铰链的处理方法是：若有 K 个构件在同一处组成复合铰链，则其转动副的数目应为 $(K-1)$ 个。

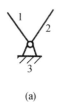
(a)

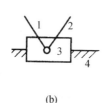
(b)

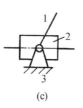
(c)

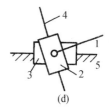
(d)

图 2-18 复合铰链的识别

例 2-3 计算图 2-19 所示的惯性筛机构的自由度。

解：经分析，图中 C 点处为 3 个构件组成的复合铰链，有 2 个转动副，故

$$F = 3n - 2P_L - P_H = 3 \times 5 - 2 \times 7 - 0 = 1$$

机构具有 1 个自由度，与实际机构运动相一致。

例 2-4 计算图 2-20 所示的八杆机构的自由度。

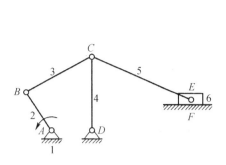

图 2-19 惯性筛机构

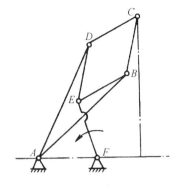

图 2-20 八杆机构

解：经分析，图中 B、D、E 点分别是由 3 个活动件组成的复合铰链，A 点是由 2 个活动件和机架组成的复合铰链，所以在 A、B、D、E 四点各有 2 个转动副，故

$$F = 3n - 2P_L - P_H = 3 \times 7 - 2 \times 10 - 0 = 1$$

2. 局部自由度

机构中某些构件的局部独立运动并不影响其他构件的运动，这些构件所产生的这种局部运动的自由度，称为**局部自由度**。

局部自由度

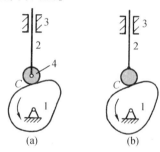

图 2-21 凸轮机构中的局部自由度

一般情况下，机械中常常有局部自由度存在，如滚子、滚动轴承等，它们转动速度的快慢、是否转动，并不影响整个机构的主要运动，但它可以改善机构的受力状况，即可使高副接触处的滑动摩擦变成滚动摩擦，减少了磨损。

图 2-21（a）中的凸轮机构，滚子绕本身轴线的转动完全不影响从动件 2 的运动输出，因而滚子中心转动的自由度属于局部自由度。在计算该机构的自由度时，应将滚子 4 与从动件 2 看成一个构件，如图 2-21（b）所示，由此，该机构的自由度为

$$F = 3n - 2P_L - P_H = 3 \times 2 - 2 \times 2 - 1 = 1$$

在计算机构自由度时，凡是有小滚子的地方，就有局部自由度，其处理方法是少计入 1 个活动件数和 1 个低副数。

3. 虚约束

在机构中，有些运动副引入的约束，与其他运动副引入的约束是重复的，这种重复的不起独立限制作用的运动副，称为**虚约束**。在计算自由度时，应先去除虚约束。虚约束常出现在下面几种情况中：

(1) 重复转动副

当两构件组成多个转动副且转动轴线重合时，只能算一个转动副，其余为虚约束，如图2-22（a）所示。

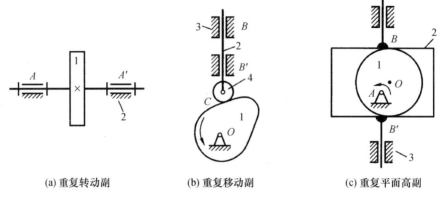

(a) 重复转动副　　(b) 重复移动副　　(c) 重复平面高副

图 2-22　重复运动副

(2) 重复移动副

当两构件组成多个移动副且导路平行或重合时，只能算一个移动副，其余是虚约束，如图2-22（b）所示。

(3) 重复平面高副

当两构件组成多个平面高副且各接触点的公法线重合时，只能算一个平面高副，其余为虚约束，如图2-22（c）中的 B、B' 处。

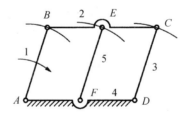

图 2-23　运动轨迹重合

(4) 运动轨迹重合

当连接构件上的轨迹和机构上连接点的轨迹重合时，则引入虚约束。在图2-23所示的平行四边形机构中，连接构件 EF 上 E 点的轨迹与 BC 杆上 E 点的轨迹重合，构件 EF 引入虚约束。当计算自由度时，应除去 E、F 引入的虚约束。

(5) 对称结构

机构中对传递运动不起独立约束作用的对称部分，只有一个起到约束作用，其他的对称部分都是虚约束。

在图2-24所示的行星轮系中，为了受力平衡，采用了3个行星齿轮对称布置，它们所起的作用完全相同。从传递运动的角度，只需要一个行星齿轮即可，因此其余2个行星齿轮引入的约束均为虚约束，应除去不计，该机构的自由度为

$$F = 3n - 2P_L - P_H = 3 \times 4 - 2 \times 4 - 2 = 2 \text{（}C \text{处为复合铰链）}$$

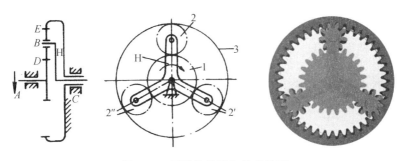

虚约束举例

图 2-24 对称结构引入的虚约束

例 2-5 计算图 2-25（a）所示的筛料机构的自由度，并判断运动是否确定。

解：经分析，机构中 C 处为复合铰链，F 处滚子的中心为局部自由度，E 或 E' 处为虚约束。去除局部自由度、虚约束，处理后如图 2-25（b）所示，因此机构自由度为

$$F = 3n - 2P_L - P_H = 3 \times 7 - 2 \times 9 - 1 \times 1 = 2$$

由于原动件数目为 2，等于自由度 F，故该机构具有确定的相对运动。

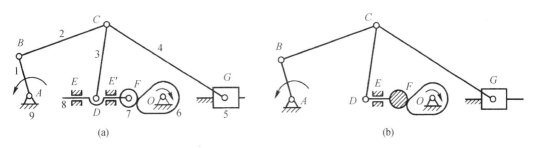

图 2-25 筛料机构

【任务思考】

在计算机构自由度时，如果不计复合铰链、局部自由度及虚约束，会有什么影响？

拓展阅读：空间运动副简介

除了前述的平面运动副，在实际机器中，还有空间运动副。空间运动副分为开式和闭式。若干个构件通过运动副连接而成的可动构件系统称为**运动链**，闭式空间运动副是指运动链形成了封闭环路，而开式空间运动副则没有形成封闭环路。开式空间运动副有球面高副、柱面高副等；闭式空间运动副有球面低副、球销副、圆柱副和螺旋副等。表 2-1 列出了常用空间运动副及其表示方法，详细运动简图符号可参阅《机械制图　机构运动简图用图形符号》（GB/T 4460—2013）。

一个平面自由构件有 3 个自由度，而一个没有任何约束的自由构件在空间运动时具有 6 个自由度，即绕 x、y、z 轴的 3 个独立转动 θ_x、θ_y、θ_z 和沿这 3 个轴的独立移动 S_x、S_y、S_z。

表 2-1　常用空间运动副及其表示方法

名称		图例	简图符号	副级	代号	约束条件	自由度
开式空间运动副	球面高副	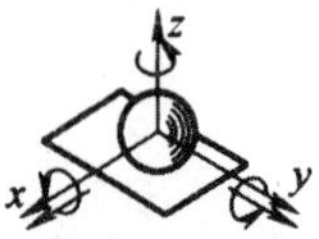		Ⅰ	P_1	S_z	5
	柱面高副	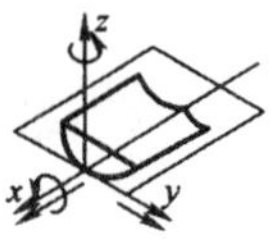		Ⅱ	P_2	S_z、θ_y	4
闭式空间运动副	球面低副			Ⅲ	P_3	S_x、S_y、S_z	3
	球销副	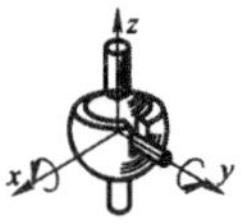	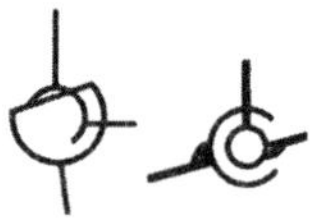	Ⅳ	P_4	S_x、S_y、S_z、θ_z	2
	圆柱副	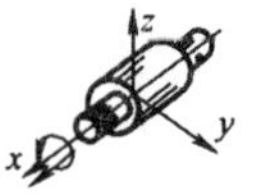		Ⅳ	P_4	S_y、S_z、θ_y、θ_z	2
	螺旋副	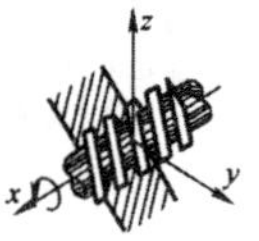		Ⅴ	P_5	S_x、S_y、S_z、θ_y、θ_z	1

任务实施——机构运动简图绘制

☺ **特别提示**：任务实施可穿插在任务 1～3 中进行，按理论实践一体化实施。

一、训练目的

(1) 了解运动副及构件的实际结构，熟悉其简化表示法。
(2) 掌握正确测绘一般平面机构运动简图的基本方法和技能。
(3) 进一步理解机构自由度的概念，掌握机构自由度的计算方法及实际应用。

二、实训设备及用具

(1) 各种典型机械的实物或模型。
(2) 测量工具（钢尺、卡尺等）。

三、实训内容

(1) 根据实际机器和机构模型，测绘机构运动简图。
(2) 分析构件数、运动副数目和种类，计算机构自由度，并判断机构运动的确定性。

(3) 每组 3～4 人，完成从易到难的机构运动简图绘制，每组完成 4～5 个机构绘制。

四、实训步骤

(1) 分析机构组成及构件数目：首先确定机架、原动件和从动件，然后从原动件开始，沿着运动传递的顺序，搞清楚运动传递情况，最后确定构件的数目。

(2) 确定运动副的类型和数量：从原动件开始，根据相连接两构件的接触情况及相对运动的特点，依次分析构件间的相对运动形式，并确定运动副的类型和数目。

(3) 合理选择投影面：选择能够较好地表示构件运动关系的平面作为投影面，一般选择机构中多数构件所在的运动平面。

(4) 测量：测量出机构中构件的尺寸，各个运动副的相对位置、尺寸等。

(5) 选择适当的比例尺绘制机构运动简图。

(6) 标注：在机构运动简图上，对构件逐个进行编号；各个运动副依次标注大写英文字母；原动件用弧形或直线形箭头表示其运动方向；在代表机架的构件上画上短斜线。

(7) 计算机构的自由度：识别有无复合铰链、局部自由度和虚约束，计算机构自由度，并检验计算结果是否正确。

知识巩固

一、填空题

(1) 在任何一个机构中，只能有_____个构件作为机架。

(2) 两构件通过点或线接触的运动副称为_____。

(3) 两构件通过_____接触组成的运动副称为低副，低副又分为_____副和_____副两种。

(4) 机构中不影响整个机构运动的自由度称为_____。

二、选择题

(1) 组成高副的两个构件之间的相对运动是_____。
  A. 相对转动   B. 相对移动
  C. 相对转动和相对移动   D. 以上选项都不正确

(2) 内燃机中的活塞与气缸的连接所构成的运动副属于_____。
  A. 转动副   B. 移动副
  C. 高副   D. 以上选项都不正确

(3) 一个作平面运动的自由构件具有_____自由度。
  A. 1 个   B. 2 个
  C. 3 个   D. 4 个

(4) 平面机构中的高副所引入的约束数目为_____，低副所引入的约束数目为_____。
A. 1个　　　　　　　　　　B. 2个
C. 3个　　　　　　　　　　D. 4个

(5) 有一构件的实际长度 $l = 0.5\,\text{m}$，画在机构运动简图中的长度为 20 mm，则画此机构运动简图时所取的长度比例尺 μ_l 为_____。
A. 2.5　　　　　　　　　　B. 25 mm/m
C. 1∶25　　　　　　　　　D. 0.025 m/mm

(6) 机构具有确定相对运动的条件是：_____。
A. $F \geqslant 0$　　　　　　　B. $F > 4$
C. $W < 1$　　　　　　　　D. $F = W > 0$

三、判断题

(1) 运动副是连接，连接也是运动副。　　　　　　　　　　　　　(　)
(2) 高副是点、线接触的平面运动副，低副是面接触的平面运动副。　(　)
(3) 在绘制机构运动简图时，需要把机构中所有零件的结构形状如实画出。
　　　　　　　　　　　　　　　　　　　　　　　　　　　　　(　)
(4) 在绘制机构运动简图时，不需要按比例绘制。　　　　　　　　(　)
(5) 判断构件系统能成为机构的条件是自由度大于零。　　　　　　(　)
(6) 机构具有确定运动的条件是机构的自由度等于机构原动件数目且大于零。
　　　　　　　　　　　　　　　　　　　　　　　　　　　　　(　)

四、综合应用题

(1) 绘制图中机构运动简图，尺寸由图中直接量出，长度比例尺自选。

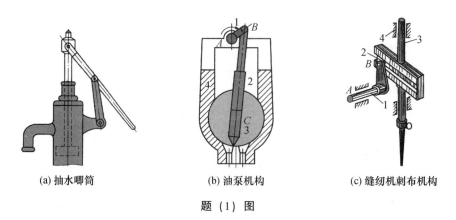

(a) 抽水唧筒　　　　(b) 油泵机构　　　　(c) 缝纫机刺布机构

题 (1) 图

(2) 计算图中机构的自由度，并判断运动是否确定，如果有复合铰链、局部自由度、虚约束，请指出。

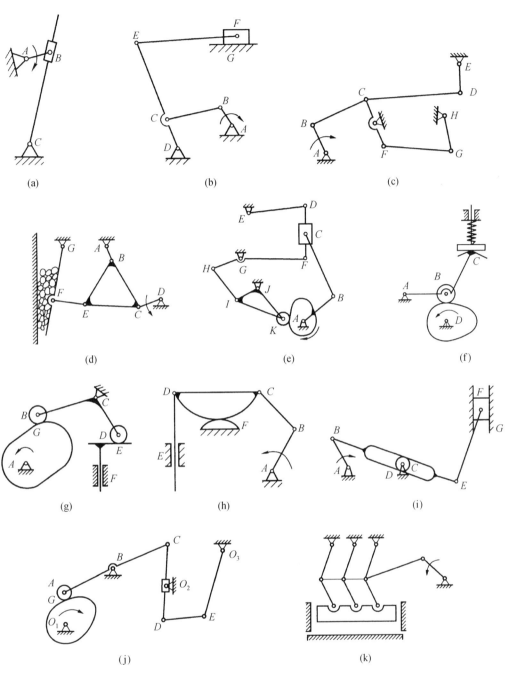

题（2）图

子项目3　连杆机构分析与设计

▶ 学习目标

知识目标：
☆ 了解平面四杆机构的基本类型及演化类型；
☆ 掌握平面四杆机构的工作特性；
☆ 掌握平面四杆机构的基本设计方法。

能力目标：
☆ 能识别平面四杆机构的基本类型；
☆ 会分析平面四杆机构的工作特性；
☆ 能根据工作要求设计简单的平面四杆机构。

木牛流马

　　木牛流马，是诸葛亮发明的一种运输工具。诸葛亮在北伐曹魏时，靠木牛流马解决了蜀道长途跋涉运输粮食困难的问题。木牛流马的应用既反映了诸葛亮的足智多谋，也反映了我国古代在机械创新方面的成就。在木牛流马上就用到了连杆机构。

▶ 案例引入

　　案例1　在图3-1所示的内燃机中，从活塞→连杆→曲柄，可将活塞的上下移动转变为曲柄的连续转动。通过分析发现，从活塞到连杆，再到曲柄的传动路线中，各构件之间通过低副（转动副或移动副）相连接，这种机构称为**连杆机构**，又称**低副机构**。

　　案例2　在图3-2所示的牛头刨床中，由电动机经过带传动、齿轮传动、连杆机构，使刨刀实现往复直线移动，从而完成刨削工作。

子项目 3　连杆机构分析与设计

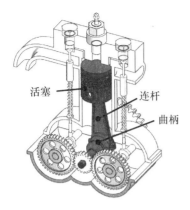

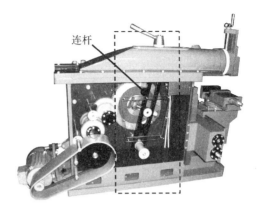

图 3-1　内燃机中的连杆机构　　　　　图 3-2　牛头刨床中的连杆机构

　　如果连杆机构的各构件在相互平行的平面内运动，则称为**平面连杆机构**。平面连杆机构广泛应用于各种机械和仪表中。

　　由四个构件组成的平面连杆机构称为平面四杆机构，是平面连杆机构中最常见的形式，也是组成多杆机构的基础。这里重点来认识、分析与设计平面四杆机构。

▶ 任务框架

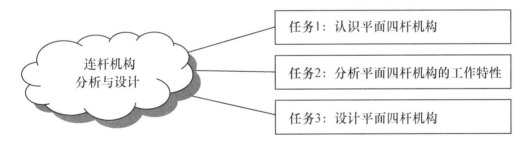

任务 1　认识平面四杆机构

【任务要点】

◆ 学会判别铰链四杆机构的三种类型；
◆ 能识别含有移动副的四杆机构。

【任务提出】

　　图 3-1、图 3-2 所示的连杆机构的机构组成和运动特性各不相同。试以四杆机构为例，通过观察分析，找出其他形式的连杆机构，并指出各种连杆机构之间的联系。

【任务准备】

一、铰链四杆机构

铰链四杆机构

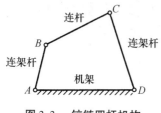
图3-3 铰链四杆机构

构件间的运动副均为转动副的四杆机构，称为**铰链四杆机构**，是四杆机构的基本形式，如图3-3所示。铰链四杆机构由三个活动构件和一个固定构件（即机架）组成。其中，AD杆是机架，与机架相对的杆（BC杆）称为**连杆**，与机架相连的构件（AB杆和CD杆）称为**连架杆**，能绕机架作360°回转的连架杆称为**曲柄**，只能在小于360°范围内摆动的连架杆称为**摇杆**。

（一）铰链四杆机构的基本类型

根据两连架杆的运动形式的不同，铰链四杆机构可分为三种基本类型并以其连架杆的名称组合来命名。

1. 曲柄摇杆机构

两连架杆中的一个为曲柄，另一个为摇杆的四杆机构，称为**曲柄摇杆机构**。在曲柄摇杆机构中，曲柄转动一周，摇杆往复摆动一次，该机构可实现曲柄的整周转动与摇杆的往复摆动互换。

曲柄摇杆机构的应用

如图3-4所示的雷达天线机构，当原动件曲柄1转动时，通过连杆2，使与摇杆3固结的天线作一定角度的摆动，以调整天线的俯仰角度。

图3-5所示为搅拌机机构，CD为摇杆，AB为曲柄，利用连杆BC上的搅拌头进行搅拌。

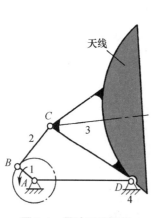

图3-4 雷达天线机构

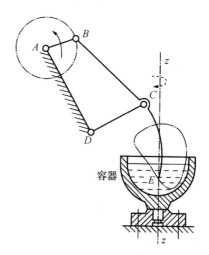

图3-5 搅拌机机构

图3-6所示为汽车前窗刮水器，当主动曲柄AB回转时，从动摇杆CD作往复摆动，利用摇杆的延长部分实现刮水动作。

图 3-7 所示为缝纫机踏板机构，踏板为主动件，当脚蹬踏板时，可将踏板的摆动变为曲柄即缝纫机皮带轮的转动。这是以摇杆为主动件，曲柄为从动件的曲柄摇杆机构。

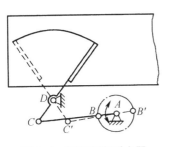

图 3-6 汽车前窗刮水器

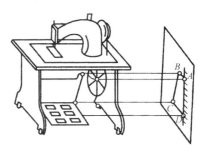

图 3-7 缝纫机踏板机构

2. 双曲柄机构

两连架杆均为曲柄的铰链四杆机构称为**双曲柄机构**。通常，当主动曲柄作等速转动时，从动曲柄作变速转动。

如图 3-8 所示的惯性筛机构便是以双曲柄机构为基础扩展而成的。当曲柄 1 作匀速转动时，曲柄 3 作变速转动，通过构件 5 使筛子 6 变速往复移动，凭借惯性使物料来回抖动，从而达到筛分的目的。

（1）平行双曲柄机构

在双曲柄机构中，若两个曲柄的长度相等、连杆与机架的长度也相等，则称为**平行双曲柄机构**或**平行四边形机构**，如图 3-9 所示。由于这种机构两曲柄的角速度始终保持相等，且连杆始终保持与机架平行，因此应用较为广泛。

平行双曲柄机构

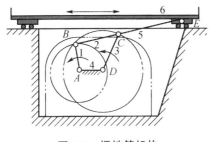

图 3-8 惯性筛机构

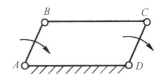

图 3-9 平行双曲柄机构

图 3-10 所示的车轮联动机构就是平行双曲柄机构，每个车轮相当于曲柄，保证了运动的平稳性。

图 3-11 所示的天平机构，利用平行双曲柄机构的连杆始终平行于机架，使天平盘始终处于水平位置。图 3-11（b）为天平实物。

图 3-12 所示为摄影车升降机构，其升降高度的变化采用两组平行四边形机构来实现，且利用连杆始终与机架平行这一特点，可使与连杆固定连接为一体的座椅始终保持水平位置，以保证摄影人员安全可靠地摄影。

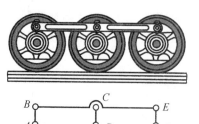

图 3-10　车轮联动机构

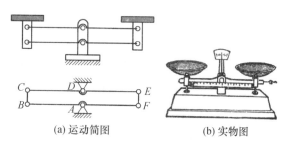

(a) 运动简图　　　(b) 实物图

图 3-11　天平机构

(a) 运动简图　　　(b) 实物图

图 3-12　摄影车升降机构

（2）反平行双曲柄机构

当平行双曲柄机构中的两个曲柄转向相反时，则构成**反平行双曲柄机构**，如图 3-13 所示。车门启闭机构是反平行双曲柄机构的一个应用，当主动曲柄 AB 转动时，通过连杆 BC 使从动曲柄 CD 反向转动，从而保证了两扇门能同时开启或关闭，如图 3-14 所示。

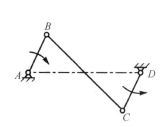

图 3-13　反平行双曲柄机构

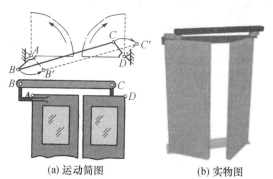

(a) 运动简图　　　(b) 实物图

图 3-14　车门启闭机构

3. 双摇杆机构

两连架杆均为摇杆的铰链四杆机构称为**双摇杆机构**，常用于操纵机构、仪表机构等。

图 3-15 所示为港口起重机，当摇杆 CD 摆动时，连杆 CB 上悬挂重物的点 E 在近似水平直线上移动。

在图 3-16 所示的电风扇摇头机构中，电机装在摇杆 4 上，铰链 A 处装有一个与连杆 1 固结在一起的蜗轮。当电机转动时，电机轴上的蜗杆带动蜗轮迫使连杆 1 绕 A 点转动，从而使连架杆 2 和 4 作往复摆动，达到风扇摇头的目的。

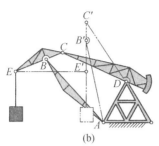

图3-15　港口起重机

港口起重机

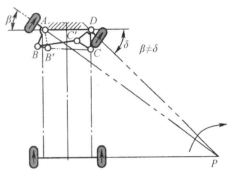

图3-16　电风扇摇头机构

在双摇杆机构中，若两摇杆长度相等，则称为**等腰梯形机构**。在如图3-17所示的汽车前轮转向机构中，是两摇杆长度相等的等腰梯形机构，车轮分别固连在两摇杆上，当推动摇杆时，因 AB、CD 两摇杆摆角不同，两前轮转动轴线汇交于后轮轴线上的 P 点，故此时四个车轮绕 P 点作纯滚动，从而减轻了轮的磨损。

（二）铰链四杆机构的类型判别

图3-17　汽车前轮转向机构

铰链四杆机构三种基本形式的区别在于机构中有无曲柄以及有几个曲柄。而机构中是否存在曲柄，则取决于机构中各构件的尺寸及取哪一个构件作为机架。对于铰链四杆机构，可按下述方法判别其类型。

（1）当 $L_{min} + L_{max} \leq L_2 + L_3$，即最短杆与最长杆的长度之和，小于或等于其余两杆长度之和时：

① 若取最短杆为机架，则得到双曲柄机构；
② 若取最短杆的相邻杆为机架，则得到曲柄摇杆机构；
③ 若取最短杆的相对杆为机架，则得到双摇杆机构。

（2）当 $L_{min} + L_{max} > L_2 + L_3$，即最短杆与最长杆的长度之和，大于其余两杆长度之和时，则不论取哪一杆为机架，都没有曲柄存在，均为双摇杆机构。

曲柄存在条件

例　铰链四杆机构 ABCD 的各杆长度如图3-18所示。请根据曲柄存在条件，说明分别以 AB、BC、CD、AD 为机架时，属于何种类型的机构？

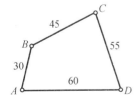

图3-18　曲柄存在条件举例

解：

（1）判断杆长条件：

$L_{min} + L_{max} = 30 + 60 = 90$，其余两杆 $L_2 + L_3 = 45 + 55 = 100$，则满足 $L_{min} + L_{max} \leq L_2 + L_3$ 的杆长条件。

（2）机架条件：

① 当以 AB 为机架时，即以最短杆为机架，为双曲柄机构；
② 当以 AD 或 BC 为机架时，即以最短杆的相邻杆为机架，

为曲柄摇杆机构；

③ 当以 CD 为机架时，即以最短杆的相对杆为机架，为双摇杆机构。

二、铰链四杆机构的演化类型——含有移动副的平面四杆机构

在工程实际所用的平面四杆机构中，除了上述的三种铰链四杆机构之外，还广泛采用其他类型的四杆机构，如含有移动副的四杆机构，可以将它们看作是从铰链四杆机构演化而来的。

（一）含有一个移动副的平面四杆机构

1. 曲柄滑块机构

在图 3-19（a）所示的曲柄摇杆机构中，摇杆 3 上 C 点的运动轨迹是以 D 为圆心、CD 为半径的圆弧 $\overarc{mm}$，当摇杆 CD 的长度无限长时，C 点的轨迹将变成一条直线，将摇杆 CD 假想成滑块，则原来的转动副变成了移动副，曲柄摇杆机构演化为**曲柄滑块机构**。

如果铰链 C 的运动轨迹通过曲柄的回转中心 A，则为**对心曲柄滑块机构**，如图 3-19（b）所示。若 C 的运动轨迹与曲柄中心 A 之间有**偏心距 e**，则称为**偏置曲柄滑块机构**，如图 3-19（c）所示。H 为滑块运动的最大位移，称**滑块行程**。

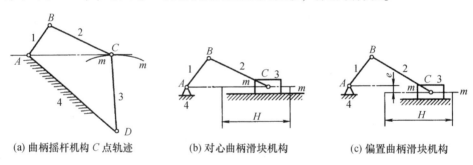

(a) 曲柄摇杆机构 C 点轨迹　　(b) 对心曲柄滑块机构　　(c) 偏置曲柄滑块机构

图 3-19　曲柄摇杆机构演变为曲柄滑块机构

曲柄滑块机构广泛应用于各种机械，如内燃机、冲床、剪床等。如图 3-20 所示的自动送料装置，可将曲柄的整周转动转换为滑块的往复移动。如图 3-21 所示的内燃机中的曲柄滑块机构，可以将滑块的往复移动转换为曲柄的整周转动。

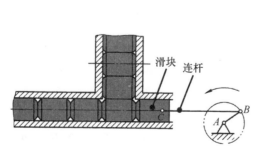

图 3-20　自动送料装置（曲柄主动）

图 3-21　内燃机（滑块主动）

2. 偏心轮机构

在曲柄摇杆或曲柄滑块机构中，如果曲柄的长度较小，则曲柄两端的转动副靠得很近。为了提高曲柄的强度，可以将曲柄做成**偏心轮**形式，如图 3-22 所示。

偏心轮的几何中心 B 与回转中心 A 之间有偏心距 e，当偏心轮绕回转中心 A 转动时，其几何中心 B 绕回转中心 A 作圆周运动，从而带动套装在偏心轮上的连杆运动，偏心距 e 相当于曲柄长度。

由于偏心距较小，一般只能以偏心轮为主动件。偏心轮机构常用于曲柄承受较大冲击载荷或曲柄长度较短的机器中，如剪床、冲床、破碎机等。

偏心轮机构

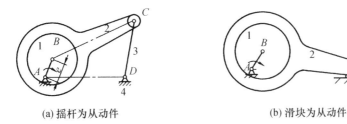

(a) 摇杆为从动件　　　　　(b) 滑块为从动件

图 3-22　偏心轮机构

3. 曲柄滑块机构的演化

分别以对心曲柄滑块机构的不同构件作为机架，可得到各种不同的机构，如图 3-23 所示。

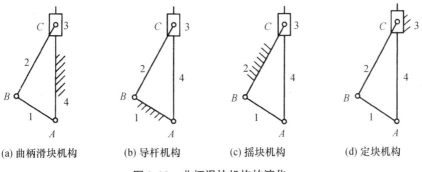

(a) 曲柄滑块机构　(b) 导杆机构　(c) 摇块机构　(d) 定块机构

图 3-23　曲柄滑块机构的演化

四种机构的运动比较

（1）导杆机构

选取图 3-23（b）中的构件 1 为机架，则构件 2 和 4 为连架杆，它们可以绕机架转动，视为曲柄；滑块 3 一方面与构件 2 一起绕 B 点转动，另一方面沿着构件 4 作往复移动。由于构件 4 充当了滑块的导路，故称为导杆。由曲柄、导杆、滑块和机架组成的机构**称为导杆机构**。

当机架长度小于曲柄长度（即 $L_1 < L_2$）时，导杆 4 能作整周转动，称为**转动导杆机构**。反之，当机架长度大于曲柄长度（即 $L_1 > L_2$）时，导杆只能作往复摆动，称为**摆动导杆机构**。两种导杆机构简图如图 3-24 所示。

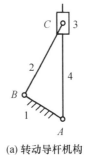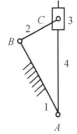

(a) 转动导杆机构　(b) 摆动导杆机构

图 3-24　两种导杆机构比较

在工程实践中，导杆机构常用于刨床等工作机构，如图3-25、图3-26所示。

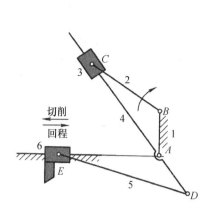

图3-25 简易刨床转动导杆机构

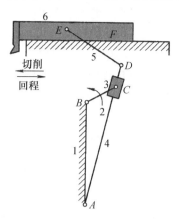

图3-26 牛头刨床摆动导杆机构

（2）摇块机构

选取图3-23（c）中的构件2为机架，则滑块3只能绕C点摆动，得到曲柄摇块机构，简称**摇块机构**。摇块机构常用于汽车、吊车等摆动缸式气动、液动机构中，图3-27（b）是摇块机构在自卸卡车翻斗机构中的应用。

（3）定块机构

选取图3-23（d）中的构件3为机架，导杆4沿滑块作往复直线移动，称为**移动导杆机构**，又称**定块机构**。如图3-28所示，图3-28（b）是定块机构在手摇水泵中的应用。

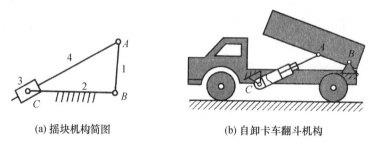

(a) 摇块机构简图　　　　　　　(b) 自卸卡车翻斗机构

图3-27 摇块机构及其应用

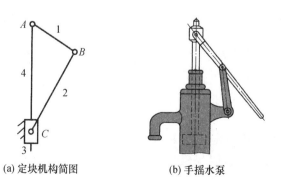

(a) 定块机构简图　　　　　　　(b) 手摇水泵

图3-28 定块机构及其应用

（二）含有两个移动副的平面四杆机构

若以两个移动副代替铰链四杆机构中的两个转动副，可得到以下机构：

1. 双转块机构

图 3-29 所示为双转块机构，主动件滑块 1 与从动滑块 3 具有相等的角速度。图 3-29（b）中所示的十字滑块联轴器就是这种机构的应用实例，它可以用来连接中心线不重合的两根轴。

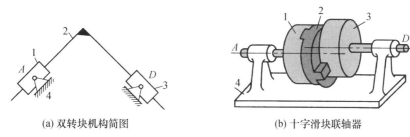

(a) 双转块机构简图　　　　　　(b) 十字滑块联轴器

图 3-29　双转块机构及其运用实例

2. 双滑块机构

图 3-30 所示为双滑块机构，椭圆仪就是它的应用实例，当滑块 2 和 4 沿机架 1 的十字槽滑动时，连杆 3 上的各点便描绘出长短径不同的椭圆。

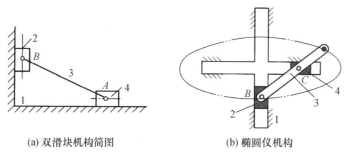

(a) 双滑块机构简图　　　　　　(b) 椭圆仪机构

图 3-30　双滑块机构及其运用实例

3. 正弦机构

图 3-31 所示为曲柄移动导杆机构，从动件 3 的位移与原动件转角的正弦成正比，故又称为**正弦机构**，它可用于缝纫机刺布机构。

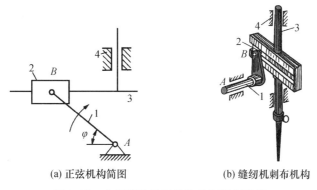

(a) 正弦机构简图　　　　　　(b) 缝纫机刺布机构

图 3-31　曲柄移动导杆机构及其运用实例

正弦机构

【任务思考】

观察日常生活中的机器中的连杆机构，思考缝纫机、跑步机中的连杆机构属于哪种类型？

任务2　分析平面四杆机构的工作特性

【任务要点】

- ◆ 会分析平面四杆机构的运动特性及传力特性；
- ◆ 能识别极位夹角、压力角、传动角；
- ◆ 会分析死点位置产生原因及其避免办法。

【任务提出】

在图1-2所示的牛头刨床机构中，刨刀在回程时不进行刨削加工，因此希望刨刀在回程时能快速移动，同时保证机构能够灵活、轻便、高效运转。这些特性是如何实现的？这就需要分析机构在工作过程中的运动特性和传力特性。

【任务准备】

一、运动特性——急回特性

急回特性

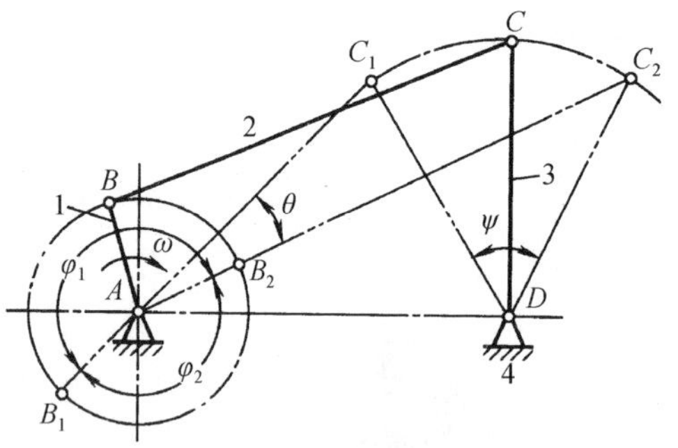

在图3-32所示的曲柄摇杆机构中，曲柄 AB 为主动件，并以角速度 ω 做顺时针转动。在曲柄转动一周的过程中，有两次与连杆 BC 共线，当曲柄从 AB_1 起顺时针转过 φ_1 角到达 AB_2 位置时，与连杆拉直共线，摇杆摆到**右极限位置** C_2D。当曲柄继续转过 φ_2 角而回到 AB_1 位置时，曲柄与连杆重叠共线，摇杆摆到**左极限位置** C_1D。摇杆的两个极限位置所夹的角度称为摇杆的**摆角**，用 ψ 表示。当摇杆处于两极限位置时，相应的曲柄两位置所在直线之间所夹的锐角，称为**极位夹角**，用 θ 表示。

图3-32　曲柄摇杆机构的急回特性

曲柄转动一周，摇杆往复摆动一次，将运动过程分为两个阶段，如表3-1所示。

表 3-1　一个运动循环的两个阶段

行程	摇杆	曲柄	曲柄转角	摇杆行程	时间	摇杆平均速度
工作行程	$C_1D \rightarrow C_2D$	$AB_1 \rightarrow AB_2$	$\varphi_1 = 180° + \theta$	$\widehat{C_1C_2}$	$t_1 = (180° + \theta)/\omega$	$v_1 = \widehat{C_1C_2}/t_1$
返回行程	$C_2D \rightarrow C_1D$	$AB_2 \rightarrow AB_1$	$\varphi_2 = 180° - \theta$	$\widehat{C_1C_2}$	$t_2 = (180° - \theta)/\omega$	$v_2 = \widehat{C_1C_2}/t_2$

显然，$t_1 > t_2$，$v_1 < v_2$，即当曲柄等速转动时，摇杆往复摆动的速度不同，返回速度较大。机构的这种返回行程速度大于工作行程速度的特性，称为**急回特性**。

通常用**行程速度变化系数** K 来表示急回特性，即

$$K = \frac{v_2}{v_1} = \frac{t_1}{t_2} = \frac{\varphi_1}{\varphi_2} = \frac{180° + \theta}{180° - \theta} \tag{3-1}$$

式（3-1）表明，行程速度变化系数 K 与极位夹角 θ 有关。当 $\theta \neq 0°$ 时，$K > 1$，则机构具有急回特性；θ 越大，K 值越大，机构的急回作用就越显著。

在图 3-33 所示的偏置曲柄滑块机构中，当偏心距 $e \neq 0$ 时，$\theta \neq 0°$，则 $K > 1$，机构有急回特性；而对心曲柄滑块机构的 $e = 0$，$\theta = 0°$，则 $K = 1$，机构无急回特性。

在图 3-34 所示的摆动导杆机构中，其极位夹角 $\theta =$ 导杆摆角 ψ，机构恒具有急回特性。

四杆机构的急回特性可以节省空回时间，提高生产率，如牛头刨床中退刀速度明显高于工作速度，就是利用了摆动导杆机构的急回特性。

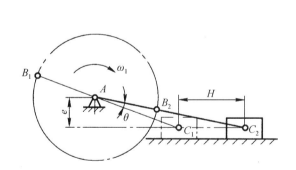

图 3-33　偏置曲柄滑块机构的急回特性

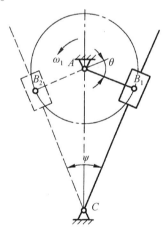

图 3-34　摆动导杆机构的急回特性

二、传力特性

生产实际中的平面四杆机构，不仅要实现预期的运动，还必须考虑机构的传力特性，使机构运转轻便，具有较高的传动效率。

1. 压力角和传动角

在图 3-35 所示的曲柄摇杆机构中，如果不考虑构件的重量和摩擦力，则连杆 BC

可视为二力杆，主动曲柄通过连杆传给从动摇杆 CD 的力 F 沿 BC 方向，摇杆受力点 C 的速度 v_c 垂直于 CD，作用在从动件受力点的力 F 与速度 v_c 方向之间所夹的锐角 α，称为**压力角**。压力角的余角 γ 称为**传动角**。

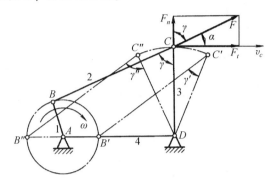

图 3-35　曲柄摇杆机构的压力角和传动角

由图 3-35 可见，力 F 可分解为两个相互垂直的分力，即沿 C 点速度方向的有效分力 F_t 和沿摇杆 CD 方向的有害分力 F_n。

显然，压力角越小或传动角越大，对机构传动越有利，传动效率越高；反之，会使转动副中的压力增大，磨损加剧，降低机构的传动效率。

在机构运动过程中，压力角和传动角的大小是随机构位置变化而变化的，为保证机构的传力性能良好，设计时须限定最小传动角 γ_{min} 或最大压力角 α_{max}。通常取 $\gamma_{min} \geq 40° \sim 50°$。为此，必须确定 $\gamma = \gamma_{min}$ 时机构的位置并检验 γ_{min} 的值是否小于上述的最小允许值。

曲柄摇杆机构在曲柄与机架共线的两位置处将出现最小传动角，如图 3-35 所示。

对于曲柄滑块机构，当主动件为曲柄时，最小传动角出现在曲柄与机架垂直的位置，如图 3-36 所示。

在图 3-37 所示的摆动导杆机构中，由于主动曲柄通过滑块传给从动杆的力的方向，与从动杆受力的速度方向始终一致，其在任何位置均保持 $\alpha = 0°$，$\gamma = 90°$，所以摆动导杆机构的传力特性很好。

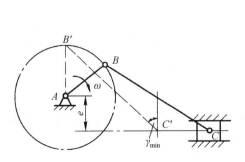

图 3-36　曲柄滑块机构最小传动角

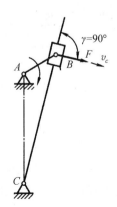

图 3-37　摆动导杆机构的传动角

2. 死点位置

在图 3-38 所示的曲柄摇杆机构中，若摇杆为主动件，则摇杆处于两极限位置时，从动曲柄与连杆共线，主动摇杆通过连杆传给从动曲柄的作用力通过曲柄的回转中心，此时压力角 $\alpha = 90°$，传动角 $\gamma = 0°$，因此无法推动曲柄转动，机构的这个位置称为**死点位置**。

在曲柄滑块机构中，若以滑块为主动件，则连杆与曲柄共线时的两个位置也为死点位置。

死点位置会使机构的从动件出现卡死或运动不确定的现象，对传动是不利的，需采取相应的措施进行克服。常用的方法是利用惯性作用或对从动曲柄施加外力来通过死点位置。在图 3-39 所示的缝纫机脚踏板机构中，当脚踩踏板 CD 时，有时会出现脚踏板蹬踏不动的现象，此时 AB 与 BC 共线，机构处于死点位置，在实际使用中，缝纫机在运动中就是靠皮带轮的惯性通过死点位置的。

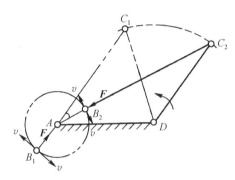

图 3-38 曲柄摇杆机构的死点位置

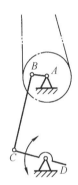

图 3-39 缝纫机踏板机构

在工程实际中，有时也利用死点位置来实现特定的工作要求，特别是某些装置可利用死点位置达到防松的目的。在图 3-40 所示的飞机起落架中，当机轮放下时，BC 杆与 AB 杆共线，机构处于死点位置，地面对机轮的力不会使 CD 杆转动，从而起落可靠。

又如，在图 3-41 所示的夹具中，工件夹紧后，BCD 成一条线，即使工件反力很大也不能使机构反转，因此夹紧牢固可靠。

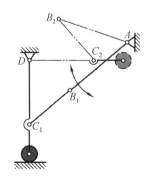

图 3-40 飞机起落架机构

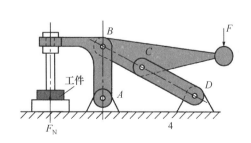

图 3-41 夹紧机构

【任务思考】

在曲柄摇杆机构中，摇杆摆角 ψ、极位夹角 θ、压力角 α、传动角 γ 分别是指什么构件上的角度？它们之间有什么关系？

任务3 设计平面四杆机构

【任务要点】

◆ 学会根据连杆位置、急回特性要求设计平面四杆机构。

【任务提出】

图1-2所示的牛头刨床，如果要求刨刀的回程速度是工作行程速度的 n 倍（如1.5倍），那么如何确定连杆机构中各杆件的尺寸呢？

【任务准备】

在工程实际中，在设计平面四杆机构时，主要任务是根据给定要求选定机构的类型，并确定各构件的尺寸，主要方法有图解法、解析法、实验法。解析法精确，实验法直观、简便，图解法几何关系清晰。本教材主要介绍图解法。

一、按给定的连杆位置设计

已知条件：如图3-42所示，已知连杆 BC 的长度以及它在运动中的三个必经位置，要求设计该铰链四杆机构。

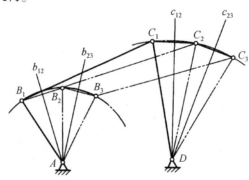

图3-42 按给定的连杆位置设计四杆机构

问题分析：

此设计的实质就是确定连架杆与机架之间的固定铰链中心 A 和 D 的位置，并由此求出机构中其余三个构件的长度。

由于连杆上两个铰链中心 B、C 的运动轨迹都是圆弧，其圆心就是铰链中心 A 和

D,圆弧的半径即为两个连架杆的长度,因此设计的实质是已知圆弧上三点求圆心。

设计步骤:

(1) 选取适当的比例尺 μ_l,绘出连杆的三个预定位置 B_1C_1、B_2C_2、B_3C_3。

(2) 分别作 B_1B_2、B_2B_3 的垂直平分线 b_{12} 和 b_{23},其交点为固定铰链中心 A。

(3) 同理,可作 C_1C_2、C_2C_3 的垂直平分线 c_{12} 和 c_{23},其交点为固定铰链中心 D。

(4) 连接铰链 A、D 及 BC 的任一位置 B_1C_1、B_2C_2 或 B_3C_3,即为所设计铰链四杆机构简图。

(5) 换算比例尺,求各构件的实际长度:
$$l_{AB}=\mu_l \cdot AB_1;\ l_{CD}=\mu_l \cdot C_1D;\ l_{AD}=\mu_l \cdot AD$$

由上述作图可知,当给定连杆的三个位置时有唯一的解。如果只给定连杆的两个位置,则有无穷多个解,一般再根据具体情况由辅助条件(比如最小传动角、各杆尺寸范围或其他结构要求等)得到确定解。

二、按给定的行程速度变化系数 K 设计四杆机构

已知条件: 已知曲柄摇杆机构的行程速度变化系数 K、摇杆长度 l_{CD}、摇杆摆角 ψ,要求确定其余构件尺寸。

问题分析:

在曲柄摇杆机构中,$\angle C_1AC_2=\theta$,过 C_1、C_2、A 三点作一辅助圆,则 C_1C_2 为该圆的弦,其所对应的圆周角即为 θ。由此可见,此问题的实质是已知弦长求作一个圆,使该弦所对的圆周角为一给定值,然后求转动副中心 A 的位置。

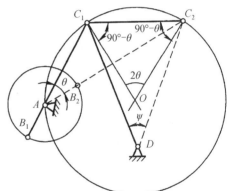

图 3-43 按行程速度变化系数设计

设计步骤:

(1) 由 $\theta=180°\dfrac{K-1}{K+1}$ 计算出极位夹角 θ。

(2) 选取适当的长度比例尺,作出摇杆的两个极限位置 C_1D 和 C_2D,如图 3-43 所示。

(3) 连接 C_1C_2,作 $\angle C_1C_2O=\angle C_2C_1O=90°-\theta$,得交点 O,以 O 为圆心,C_1O 为半径作辅助圆,此辅助圆上 C_1C_2 弦所对的圆心角等于 2θ,故其圆周角为 θ。

(4) 在辅助圆上任取一点 A,连接 AC_1、AC_2,因 $AC_2=BC+AB$,$AC_1=BC-AB$,故
$$BC=(AC_2+AC_1)/2,\ AB=(AC_2-AC_1)/2$$

(5) 换算比例尺,求各构件的实际长度:
$$l_{AB}=\mu_l \cdot AB_1,\ l_{BC}=\mu_l \cdot B_1C,\ l_{AD}=\mu_l \cdot AD$$

应注意: 由于 A 点是任意取的,所以有无穷解,只有加上辅助条件,如机架 AD 长度或位置,或最小传动角等,才能得到唯一确定解。

【任务思考】

在已知行程速度变化系数 K 设计四杆机构时，其设计的实质是什么？如何取点才能使所设计机构的传力性能更好？

拓展阅读：并联机构简介

并联机构

并联机构是由多个相同类型的运动链在运动平台和固定平台之间并联而成的一种闭环机构，由定平台、动平台和运动链组成。定平台和动平台均为刚性构件，定平台固定，动平台做空间运动。运动链有两个或两个以上，每个运动链为并联机构的支链。运动链的两端分别用运动副与定平台、动平台连接并形成闭环机构。运动链有连杆和柔索形式，当运动链由杆组成时即称为连杆。并联机构的自由度个数一般有 2、3、4、5、6 个等情况。

图 3-44 为 2 自由度并联机构，机构的下端通过移动副与定平台连接，上端通过转动副与动平台连接，动力和运动由 2 个移动副输入，动平台有 1 个上下移动和 1 个转动的自由度。

图 3-45 为 3 自由度并联机构，动力和运动由 3 个移动副输入，箭头表示移动副的运动方向，动平台有 1 个上下移动和绕平行于定平台轴线的 2 个转动自由度。

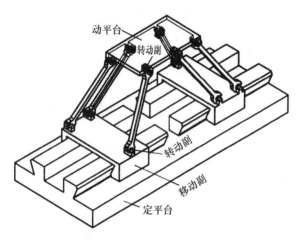
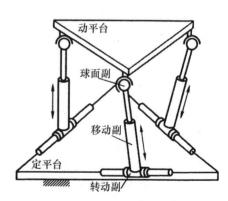

图 3-44　2 自由度并联机构　　　　图 3-45　3 自由度并联机构

相对于串联机构，并联机构的动平台由多个驱动杆支承，结构刚度大，结构更加稳定；承载能力更高；对末端执行器无误差积累和放大作用，误差小，精度高；可将电动机安装在固定机座上，提高了系统的动力性能；运动学求解容易，便于实现实时控制。

并联机构的出现可以回溯至 20 世纪 30 年代，1931 年，美国人格威内特（Gwinnett）发明了一种基于球面并联机构的娱乐装置，被用于电影院的移动平台；1942 年，波拉德（Pollard）设计了一种空间工业并联机构，用于汽车的喷漆；1947 年，英国人高夫（Gough）采用并联机构设计了一种 6 自由度的轮胎测试机。并联机构真正被科研人员认可,是在 1965 年被推广应用为飞行模拟器的运动产生装置。至今,由并联机构构造的多种运动模拟器得到了广泛应用。

并联机构应用广泛,主要应用于运动模拟器、并联机床、微操作机器人、力传感器等,并在机器人、机械加工、航空航天、水下作业、生物医学、包装、装配、短距离运输等许多行业发挥越来越重要的作用。

任务实施——连杆机构拼装与分析

☺ **特别提示**:任务实施不单独安排课时,而是穿插在任务 1~3 中进行,按理论实践一体化实施。

一、训练目的

(1) 能够拼装平面四杆机构的基本类型,包括铰链四杆机构及其演化类型。
(2) 能够分析四杆机构的工作特性,并会分析其急回特性、压力角、死点位置。
(3) 能够根据工作要求设计四杆机构并正确拼装。

二、实训设备及用具

(1) 机构创意组合实验台。
(2) 操作工具一套。

三、实训内容与步骤

1. 铰链四杆机构拼装
(1) 选择零部件:从实验台中取 4 根杆件及相应的连接件。
(2) 拼装机构:小组成员相互配合,按照拼装规则,拼装出铰链四杆机构。
(3) 分析机构类型:以不同的构件为机架,分析可以得到哪种机构。
(4) 总结曲柄存在的条件。

2. 演化类型拼装
各小组自行确定结构尺寸,从零件库中选择各零件,拼装曲柄滑块机构、摆动导杆机构,分析运动特性。

3. 运动特性分析
(1) 转动曲柄摇杆机构、曲柄滑块机构、摆动导杆机构。
(2) 找到三种机构的极限位置,测量数据,并记录以下数据:
① 摇杆的摆角 ψ;
② 滑块的行程 H;
③ 导杆的摆角 ψ;
④ 三种机构的极位夹角 θ。
(3) 用图解法按比例画出机构运动简图,并分别作出以上的角度或行程。

知识巩固

一、填空题

(1) 在铰链四杆机构中，能够作360°回转的连架杆称为_____。

(2) 曲柄摇杆机构中行程速度变化系数 K 的大小取决于_____的大小，K 值越大，机构的急回特性越显著。

(3) 在曲柄摇杆机构中，当_____与_____共线时，机构可能出现最小传动角。

(4) 在曲柄摇杆机构中，只有当_____为原动件时，才会出现死点位置。

(5) 在曲柄滑块机构中，只有当_____为原动件时，才会出现死点位置。

(6) 压力角是指从动件受力点的_____方向与_____方向之间所夹的锐角。

二、选择题

(1) 平面连杆机构是指构件间通过_____组成的机构。
    A. 高副　　　　　　　　　　B. 高副和低副
    C. 转动副　　　　　　　　　D. 低副

(2) 压力角可作为判断机构传力性能的标志，压力角越大，机构传力性能_____。
    A. 越差　　　　　　　　　　B. 不受影响
    C. 越好　　　　　　　　　　D. 以上选项都不正确

(3) 曲柄摇杆机构的死点位置位于_____。
    A. 原动件与连杆共线　　　　B. 原动件与机架共线
    C. 从动件与连杆共线　　　　D. 从动件与机架共线

(4) 有急回特性的平面连杆机构的行程速度变化系数 K 应满足_____。
    A. $K < 1$　　　　　　　　　B. $K = 1$
    C. $K > 1$　　　　　　　　　D. 以上选项都不正确

(5) 四杆长度不相等的双曲柄机构，若主动曲柄作匀速转动，则从动曲柄作_____。
    A. 匀速转动　　　　　　　　B. 间歇转动
    C. 变速转动　　　　　　　　D. 以上选项都不正确

(6) 当曲柄摇杆机构的原动件曲柄位于_____时，机构的传动角最小。
    A. 曲柄与连杆共线的两个位置之一　B. 曲柄与机架相垂直的位置
    C. 曲柄与机架相共线的两个位置之一　D. 摇杆与机架相垂直的位置

(7) 当对心曲柄滑块机构的曲柄为原动件时，机构_____。
    A. 有急回特性、有死点位置　B. 有急回特性、无死点位置
    C. 无急回特性、无死点位置　D. 无急回特性、有死点位置

(8) 曲柄摇杆机构以_____为原动件时，机构有死点位置。
    A. 曲柄　　　　　　　　　　B. 连杆
    C. 摇杆　　　　　　　　　　D. 任意一活动构件

三、判断题

(1) 在铰链四杆机构中，只要以最短杆作为固定机架，就能得到双曲柄机构。
（　　）
(2) 在铰链四杆机构中，若有曲柄存在，则曲柄必为最短构件。　（　　）
(3) 极位夹角越大，则机构的急回特性越明显。　（　　）
(4) 极位夹角就是从动件两极限位置之间的夹角。　（　　）
(5) 压力角就是从动件上受力点受力方向与其速度方向之间所夹的锐角。（　　）
(6) 压力角越大，则机构传力性能越差。　（　　）
(7) 死点位置就是采用任何方法都不能使机构运动的位置。　（　　）
(8) 在实际生产中，机构的死点位置对工作都是不利的。　（　　）
(9) 四杆机构有无死点位置，与何构件作为主动件无关。　（　　）
(10) 对于曲柄摇杆机构，当取摇杆为主动件时，机构有死点位置。（　　）

四、综合应用题

(1) 根据图中注明的尺寸和机架，判别各铰链四杆机构的类型，并说明原因。

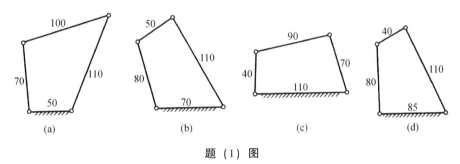

题（1）图

(2) 画出图中所示各机构的压力角和传动角，图中画箭头的构件为原动件。

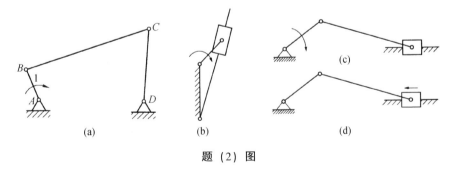

题（2）图

(3) 有一铰链四杆机构，$l_{BC} = 100$ mm，$l_{CD} = 70$ mm，$l_{AD} = 50$ mm，AD 为机架。

① 若该机构为曲柄摇杆机构，且 AB 为曲柄，求 l_{AB} 的取值范围。

② 若该机构为双曲柄机构，求 l_{AB} 的取值范围。

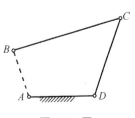

题（3）图

(4) 在曲柄摇杆机构中，曲柄 AB 为主动件，$l_{AB} = 15$ mm，

$l_{BC} = l_{CD} = 35$ mm, $l_{AD} = 40$ mm, 用图解法作:

① 摇杆 CD 的摆角 ψ;

② 极位夹角 θ, 并计算 K 值;

③ 最小传动角 $\gamma_{\min}$。

(5) 如图所示的偏置曲柄滑块机构, 已知偏心距 $e = 10$ cm, 曲柄 $l_{AB} = 15$ cm, 连杆 $l_{BC} = 40$ cm, 用图解法求:

① 滑块行程 H;

② 极位夹角 θ, 并计算 K 值;

③ 最小传动角 $\gamma_{\min}$。

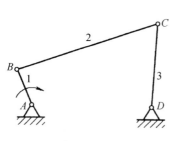

题 (4) 图

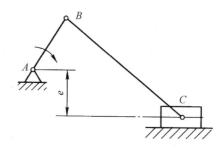

题 (5) 图

(6) 如图所示的摆动导杆机构, 已知曲柄 $l_{AB} = 12$ cm, 机架 $l_{AC} = 25$ cm, 用图解法求:

① 导杆 BC 的摆角 ψ;

② 极位夹角 θ, 并计算 K 值;

③ 最小传动角 $\gamma_{\min}$。

(7) 图示为加热炉炉门的启闭机构。要求加热时炉门关闭, 处于垂直位置 B_1C_1; 炉门打开后处于水平位置 B_2C_2, 温度较低的一面朝上。已知炉门回转的两个铰链的中心距为 50 mm, 固定铰链安装在 yy 轴线上, 其余相关尺寸如图所示。试用图解法设计该铰链四杆机构。

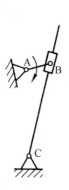

题 (6) 图

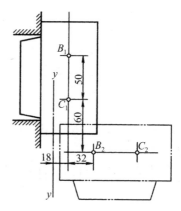

题 (7) 图

（8）用图解法设计一曲柄摇杆机构，已知摇杆长度为 50 mm，行程速度变化系数 $K=1.5$，求其余三个杆件的尺寸。

（9）用图解法设计一偏置曲柄滑块机构，滑块行程 $H=50$ mm，偏心距 $e=20$ mm，行程速度变化系数 $K=1.5$，求曲柄和连杆的长度。

（10）用图解法设计一摆动导杆机构，已知机架长度为 100 mm，行程速度变化系数 $K=1.4$，求曲柄的长度。

子项目4　凸轮机构分析与设计

▶ 学习目标

知识目标：
☆ 了解凸轮机构的类型、特点及应用；
☆ 掌握从动件运动规律，会绘制等速运动规律、等加速等减速运动规律的位移线图；
☆ 掌握反转法原理并能够利用图解法设计移动从动件盘形凸轮轮廓。

能力目标：
☆ 能识别凸轮机构的基本类型；
☆ 会分析凸轮机构的运动特性；
☆ 能用图解法设计盘形凸轮轮廓。

工匠鲁班

　　鲁班，战国时期人，被称为中国工匠鼻祖。他心灵手巧，善观察，爱钻研，技艺精湛，先后制作出墨斗、木工工具、农业机具、锁钥、伞等用具。
　　鲁班的故事启发我们，要善于观察，用心做事，执着专注、精益求精、持之以恒，人人都有可能成为工匠。

▶ 案例引入

　　在图4-1所示的内燃机中，当大齿轮轴回转时，带动同轴上的凸轮转动，由于凸轮的外轮廓上各点与转动中心的距离不等，因此驱动从动推杆上下往复运动，从而有规律地开启或关闭气阀。

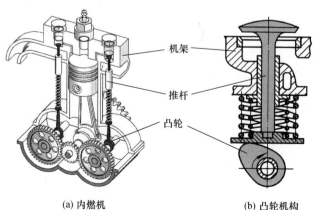

(a) 内燃机　　　　　(b) 凸轮机构

图4-1　内燃机中的凸轮机构

这种由凸轮、从动件和机架组成的机构称为**凸轮机构**。在各种机械和自动控制装置中,为实现各种复杂的运动规律,广泛采用着凸轮机构。

以下将以三个工作任务,来解决凸轮机构的认识、分析和设计等问题。

▶ **任务框架**

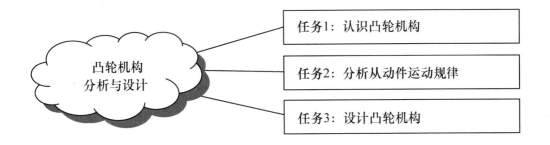

任务1 认识凸轮机构

【任务要点】

◆ 了解凸轮机构在工程实际中的应用并能识别凸轮机构的主要类型及结构。

【任务提出】

内燃机中的凸轮机构能将凸轮的回转运动转换为从动件的上下运动,试分析凸轮及从动件的具体结构,并说明凸轮机构应用广泛的原因。

【任务准备】

一、凸轮机构的应用

图4-2所示为自动车床靠模机构。拖板3带动从动刀架2沿靠模凸轮1的轮廓运动,刀刃走出与凸轮轮廓相同的手柄外形轨迹。

图4-3所示为某自动机床的进刀机构。当具有凹槽的圆柱凸轮1旋转时,凹槽侧面迫使从动件(摆杆)2摆动,从而通过摆杆后端的扇形齿轮驱使与之啮合的齿条及与齿条相连的刀架运动,至于刀架的运动规律则完全取决于凹槽的形状。

凸轮机构的应用

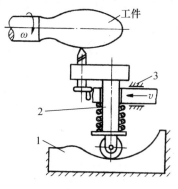

图 4-2 自动车床靠模机构
1—凸轮 2—从动刀架 3—拖板

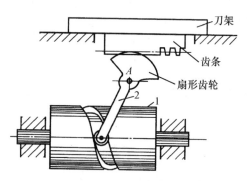

图 4-3 自动机床进刀机构
1—凸轮 2—摆杆

二、凸轮机构的组成和特点

综上所述，凸轮机构由凸轮、从动件和机架组成，能将主动凸轮的连续转动或移动转化为从动件的往复移动或摆动。

凸轮机构结构简单、紧凑，设计方便，只需设计适当的凸轮轮廓，便可以使从动件实现预期运动规律；其缺点是凸轮轮廓与从动件之间是点或线接触，易磨损。

凸轮机构主要应用于自动送料机构、仿形机床进刀机构、内燃机配气机构、印刷机械、纺织机械、插秧机、闹钟和各种电气开关等传力不大的控制装置中。

三、凸轮机构的主要类型

常用的凸轮机构可按下列方法分类：

1. 按凸轮形状分类

（1）盘形凸轮。具有变化向径并绕其轴线转动的盘状零件称为**盘形凸轮**。它是凸轮的基本形式，如图 4-1、图 4-4（a）所示。

（2）移动凸轮。作移动的平面凸轮称为**移动凸轮**。可将其看作是当转动中心在无穷远处时盘形凸轮的演化形式，如图 4-2、图 4-4（b）所示。

（3）圆柱凸轮。圆柱体的表面上具有曲线凹槽或端面上具有曲线轮廓的凸轮称为**圆柱凸轮**。可视为将移动凸轮卷成圆柱体而成，属于空间凸轮机构，如图 4-3、图 4-4（c）所示。

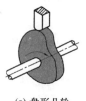
(a) 盘形凸轮

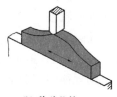
(b) 移动凸轮

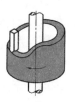
(c) 圆柱凸轮

图 4-4 凸轮形状分类

2. 按从动件的端部结构分类

（1）尖顶从动件。从动件端部以尖顶与凸轮轮廓接触，如图 4-5（a）所示。这种从动件结构最简单，尖顶能与复杂的凸轮轮廓保持接触，因此理论上可以实现任意预期的运动规律。尖顶从动件是研究其他类型从动件凸轮机构的基础，由于尖顶与凸轮是点接触，易磨损，故仅适用于低速轻载的凸轮机构中。

（2）滚子从动件。从动件端部装有可以自由转动的滚子，如图 4-5（b）所示，滚子与凸轮轮廓之间为滚动摩擦，耐磨损，可以承受较大的载荷，故应用广泛。

（3）平底从动件。从动件的端部是一平底，如图 4-5（c）所示，这种从动件与凸轮轮廓接触处在一定条件下易形成油膜，利于润滑，传动效率较高，且能传递较大的载荷，常用于高速凸轮机构中。

(a) 尖顶从动件　　(b) 滚子从动件　　(c) 平底从动件

图 4-5　从动件的端部结构形式

3. 按从动件的运动方式分类

（1）移动从动件。如图 4-1 所示，从动件作往复直线移动。在移动从动件中，若从动件的移动导路延长线与凸轮回转中心 O 之间存在偏心距 e，则称为**偏置移动从动件**；若 $e=0$，则称为**对心移动从动件**。

（2）摆动从动件。如图 4-3 所示，从动件作往复摆动。

4. 按锁合方式分类

使从动件与凸轮轮廓始终保持接触的特性称为**锁合**。

（1）力锁合。利用重力、弹簧力等的锁合称为**力锁合**。如图 4-1 所示的凸轮机构利用弹簧力锁合。

（2）形锁合。利用凸轮和从动件的特殊几何形状使从动件与凸轮始终保持接触的锁合称为**形锁合**，如图 4-6 所示。形锁合凸轮机构避免了弹簧附加的阻力，从而减少驱动力，提高效率，缺点是机构外廓尺寸较大，设计也较复杂。

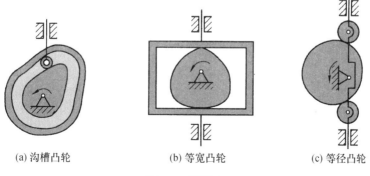

(a) 沟槽凸轮　　(b) 等宽凸轮　　(c) 等径凸轮

图 4-6　形锁合

将不同类型的从动件和凸轮组合起来，就可得到不同类型的凸轮机构。如平底对心移动从动件盘形凸轮机构［见图4-1（b）］、滚子移动从动件移动凸轮机构（见图4-2）、滚子摆动从动件圆柱凸轮机构（见图4-3）。

四、凸轮机构的常用材料与结构

1. 常用材料

凸轮机构属于高副机构，凸轮与从动件间的接触应力大，易出现严重磨损，且多数凸轮在工作时还承受一定的冲击。因此要求凸轮和滚子的工作表面硬度高、耐磨，芯部有较好的韧性。

速度较低、载荷不大的场合，凸轮常用45钢，调质处理，也可采用HT 200、HT 250或HT 300。速度较高、载荷较大的重要场合，可采用45、40Cr，表面淬火或高频淬火，也可采用15、20Cr、20CrMnTi，渗碳淬火。针对高速重载或使用靠模凸轮时，可采用碳素工具钢T 8或T 10等制造，淬火硬度可达58～62 HRC。

从动件接触端可用与凸轮相同的材料来制造。滚子材料可采用20Cr，经渗碳淬火，也可用滚动轴承作为滚子。

2. 凸轮机构的结构

（1）凸轮结构

当凸轮的尺寸较小，且与轴的尺寸相近时，则与轴做成一体，又称**凸轮轴**，如图4-7所示。

图4-7 凸轮轴实物

当凸轮尺寸大，且与轴的尺寸相差较大时，则做成组合式结构，即先分别制造凸轮与轴，再通过平键、销或其他方式将凸轮装在轴上。凸轮实物如图4-8所示。

图4-8 凸轮实物

（2）从动件结构

滚子从动件应用广泛，滚子可以是专门制造的圆柱体，也可以采用滚动轴承，滚子与从动件可用螺栓连接，也可用销轴连接，如图4-9所示。

(a) 专门制造的圆柱体　　　　　　　(b) 滚动轴承作为滚子

图 4-9　从动件实物

【任务思考】

图 4-1 所示的内燃机中的凸轮是什么形状？从动件的运动方式是什么？图 4-1（b）中采用的是平底从动件，能否采用其他类型的从动件？

任务 2　分析从动件运动规律

【任务要点】

◆ 明确从动件运动与凸轮转角之间的对应关系，学会正确选择从动件运动规律；

◆ 会绘制等速运动规律、等加速等减速运动规律的位移线图。

【任务提出】

在图 4-1 所示的内燃机配气机构中，气阀的启闭运动规律取决于凸轮的轮廓曲线。试分析在凸轮回转一周的过程中，从动件的位移、速度、加速度的变化规律。

【任务准备】

一、凸轮机构的运动过程

图 4-10 反映了尖顶移动从动件盘形凸轮机构的一个工作循环，凸轮作逆时针回转，从动件沿导路作上下移动，凸轮的转角用 φ 表示，凸轮的角速度用 ω 表示，从动件的位移用 s 表示。凸轮转动一周，从动件被凸轮推动，按照最低→最高→最低的过程运动。

1. 基圆

以凸轮回转中心 O 为圆心，凸轮轮廓的最小向径 r_b 为半径所作的圆称为凸轮的基圆。

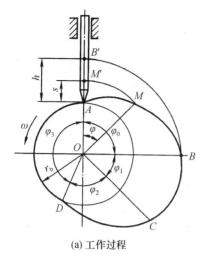

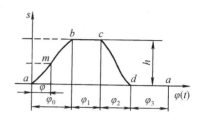

(a) 工作过程　　　　　　　　　　(b) 从动件位移线图

图 4-10　凸轮机构的工作循环

2. 推程和推程角

随着凸轮的转动，在向径渐增的 AB 段凸轮轮廓作用下，从动件从距回转中心最近的位置移动到距回转中心最远的位置，这一过程称为**推程**。与推程对应的凸轮转角 φ_0 称为**推程角**。

3. 远停程和近停程

随着凸轮的继续转动，当凸轮以等径的圆弧段 BC 与尖顶作用时，从动件在最远位置停留，这个过程称为**远停程**，对应的凸轮转角 φ_1 称为**远停程角**。

类似地，当凸轮以等径的圆弧段 DA 与尖顶作用时，从动件在最近位置停留，这个过程称为**近停程**，对应的凸轮转角 φ_3 称为**近停程角**。

4. 回程和回程角

随着凸轮的继续转动，从动件在外力作用下，沿向径渐减的 CD 段从距回转中心最远的位置移动到距回转中心最近的位置，这一过程称为**回程**。与回程对应的凸轮转角 φ_2 称为**回程角**。

5. 行程

从动件的最大位移 h 称为从动件的**行程**，在图 4-10（a）中，$h = AB'$。

从动件在运动过程中的位移 s、速度 v、加速度 a 随凸轮转角 φ（或时间 t）的变化规律，称为**从动件的运动规律**。图 4-10（b）为凸轮机构从动件的位移线图。

二、从动件的常用运动规律

在凸轮机构中，从动件的运动规律取决于凸轮轮廓曲线的形状。下面介绍几种从动件的常用运动规律：

1. 等速运动规律

凸轮以等角速度转动，从动件上升或下降的运动速度为常量，这种运动规律称为**等速运动规律**。

等速运动从动件推程段的运动方程为：

$$\begin{cases} s = \dfrac{h}{\varphi_0}\varphi \\ v = \dfrac{h}{\varphi_0}\omega \\ a = 0 \end{cases} \quad (4\text{-}1)$$

图 4-11 所示为等速运动规律的位移、速度、加速度线图。

由速度线图可知，在运动的起点和终点，由于从动件速度的突变，理论上加速度可以达到无穷大，这将产生极大的惯性力，导致机构产生强烈的冲击。这种从动件在某瞬时由于速度的突变，加速度和惯性力在理论上趋于无穷大时引起的冲击，称为**刚性冲击**。等速运动规律只适用于低速轻载的场合。

2. 等加速等减速运动规律

从动件在一个行程中，前半行程作等加速运动，后半行程作等减速运动，这种运动规律称为**等加速等减速运动规律**。

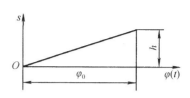
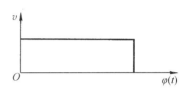
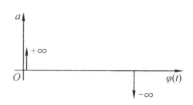

图 4-11　等速运动规律线图

等加速等减速运动的从动件的推程前半程（等加速）运动方程为：

$$\begin{cases} s = \dfrac{2h}{\varphi_0^2}\varphi^2 \\ v = \dfrac{4h\omega}{\varphi_0^2}\varphi \quad 0 \leqslant \varphi \leqslant \dfrac{\varphi_0}{2} \text{（推程等加速段）} \\ a = \dfrac{4h\omega^2}{\varphi_0^2} \end{cases} \quad (4\text{-}2)$$

等加速等减速运动的从动件的推程后半程（等减速）运动方程为：

$$\begin{cases} s = h - \dfrac{2h}{\varphi_0^2}(\varphi_0 - \varphi)^2 \\ v = \dfrac{4h\omega}{\varphi_0^2}(\varphi_0 - \varphi) \quad \dfrac{\varphi_0}{2} \leqslant \varphi \leqslant \varphi_0 \text{（推程等减速段）} \\ a = -\dfrac{4h\omega^2}{\varphi_0^2} \end{cases} \quad (4\text{-}3)$$

图 4-12 所示为等加速等减速运动规律的位移、速度、加速度线图。

从图中可以看出，等加速等减速运动规律在运动的开始点、中间点和终止点，从动件的加速度突变为有限值，将产生有限的惯性力，从而引起冲击。这种从动件在某瞬时加速度发生有限值的突变所引起的冲击称为**柔性冲击**。等加速等减速运动规律适用于中速场合。

等加速等减速运动的从动件推程段的位移曲线简化画法如下：

（1）选取横坐标轴代表凸轮转角 φ，纵坐标轴代表从动件位移 s。

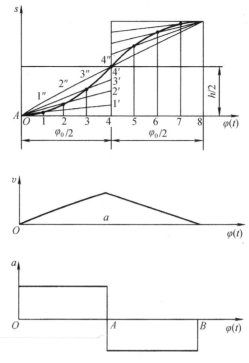

图 4-12 等加速等减速运动规律线图

（2）在横坐标上将推程角 φ_0 等分成两部分，各为 $\varphi_0/2$；在纵坐标上将行程 h 等分成两部分，各为 $h/2$。

（3）分别将横坐标、纵坐标的前半程分为若干等份，图中为四等份，得到 1、2、3、4 和 1′、2′、3′、4′各点。

（4）过 1、2、3、4 各点作垂直于横轴的直线；再从 1′、2′、3′、4′各点分别作直线与坐标原点相连。这两组直线分别相交于 1″、2″、3″、4″各点，然后用光滑的曲线将 O、1″、2″、3″、4″各点相连，即得前半部分（等加速上升）的位移曲线。

位移线图画法举例

（5）用与步骤（4）类似的作法，作出后半部分（等减速上升）的位移曲线。

3. 余弦加速度运动规律

余弦加速度运动规律又称简谐运动规律，其运动线图如图 4-13 所示。从图中可以看出，当从动件按照余弦加速度运动规律运动时，其速度曲线是一条正弦曲线，而加速度按照余弦运动规律变化。由于从动件在推程的起点、终点位置加速度作有限值突变，导致机构产生柔性冲击，故适用于中低速场合。

4. 正弦加速度运动规律

正弦加速度运动规律又称摆线运动规律，其运动线图如图 4-14 所示。从图中可以看出，当从动件按正弦加速度运动规律运动时，在全行程中无速度和加速度的突变，因此不产生冲击，适用于中高速场合。

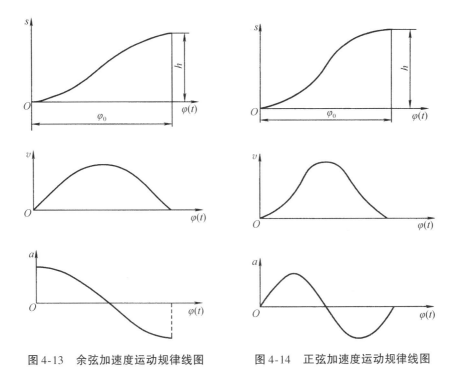

图 4-13　余弦加速度运动规律线图　　图 4-14　正弦加速度运动规律线图

三、从动件运动规律的选择

正确选择从动件运动规律是凸轮机构设计的重要环节，可按下列原则选用。

1. 满足机器工作过程所提出的要求

如果机器的工作过程对从动件运动规律有一定的要求，则应首先考虑为满足其工作要求来选择运动规律。例如，在图 4-3 所示的自动机床进刀机构中，为使被加工的零件表面光洁，并使机床的载荷稳定，要求刀具在进给时作等速运动，故从动件应选择等速运动规律。又如在图 4-1 所示的内燃机中的凸轮机构中，利用凸轮机构来控制内燃机气门的启闭，为使气门启闭迅速，同时又要避免产生过大的冲击和震动，从动件可选用等加速等减速运动规律。

2. 使机构具有良好的动力特性

若机器的工作过程对从动件运动规律没有提出特殊的要求，只需要从动件有一定位移量的凸轮机构，那么对于低速凸轮机构来说，可以从便于凸轮的加工制造考虑，采用圆弧、直线等组成的凸轮轮廓，如送料机构的凸轮机构。对于高速凸轮机构来说，主要依据减小其惯性力、减小冲击和震动、力求改善其传动性能的原则来选择运动规律，如纺织机械和某些自动化机械中的高速凸轮机构。

3. 选用不同的曲线组合

在实际设计中，单一使用上述运动规律，往往难以同时满足机器对从动件运动特性的要求，此时，可以将这几种常用运动规律进行修正和组合使用。为保证凸轮机构能获得良好的传动性能，应使修正或组合后的速度曲线和加速度曲线光滑连续，而且使从动件的最大速度和最大加速度尽可能小些，以减轻对机构的冲击和震动。

【任务思考】

在图 4-1 所示的内燃机中的凸轮机构中，从动件在升降过程中选用何种运动规律比较合适？请查阅相关内燃机的资料，分析从动件的运动有无停止时间。

任务 3　设计凸轮机构

【任务要点】

◆ 掌握反转法原理并能够利用图解法设计移动从动件盘形凸轮轮廓。

【任务分析】

当机器对从动件的运动规律提出要求后或者要改进从动件的运动规律，便要设计不同的凸轮轮廓曲线来实现此种运动规律。例如在图 4-1 中，若要求改变进气、排气的时长，应该如何实现？

【任务准备】

在确定了凸轮机构的类型和从动件的运动规律后，可以按照结构所允许的空间和具体要求，设计凸轮轮廓曲线。传统设计采用图解法来绘制凸轮轮廓曲线。

一、凸轮设计原理——反转法

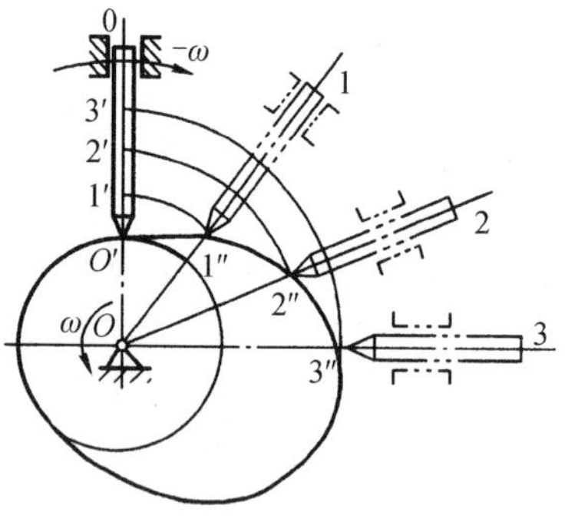

图 4-15　反转法原理

图解法绘制凸轮轮廓曲线是利用相对运动原理完成的。如图 4-15 所示，根据相对运动原理，如果给整个机构加上一个与凸轮角速度 ω 大小相等、方向相反的公共角速度"$-\omega$"，则凸轮处于相对静止状态，而从动件一方面按原定规律在机架导路中作往复移动，另一方面随同机架以"$-\omega$"角速度绕 O 点转动。由于从动件的尖顶始终与凸轮轮廓曲线相接触，故从动件在反转过程中，尖顶的运动轨迹就是凸轮的轮廓曲线。这就是凸轮轮廓设计的**反转法原理**。

二、凸轮轮廓曲线设计

1. 尖顶对心移动从动件盘形凸轮

已知基圆半径 $r_b = 40$ mm，凸轮按顺时针方向转动，运动规律如表 4-1 所示。

表 4-1 从动件位移规律

凸轮转角 φ	0°～180°	180°～210°	210°～300°	300°～360°
从动件的运动规律	等加速等减速上升 20 mm	停止不动	等速下降至原处	停止不动

如图 4-16 所示，作图步骤如下：

（1）选择比例尺 μ_φ、μ_l，作从动件位移线图（作法略），如图 4-16（b）所示。将横坐标轴在推程角和回程角范围内作一定的等分，并通过各等分点作 φ 轴垂线，与位移曲线相交，即得相应凸轮各转角的从动件的位移 $11'$，$22'$，$33'$……

（2）用同一长度比例尺绘制基圆。基圆的圆心为 O，半径为 $OB_0 = r_b/\mu_l$，此基圆与从动件导路中心线的交点 B_0 即为从动件尖顶的起始位置。

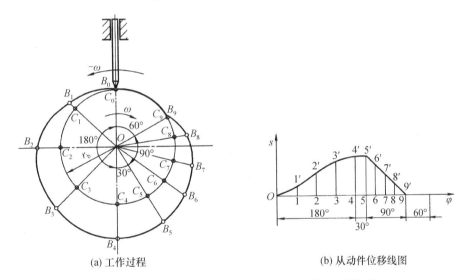

(a) 工作过程　　　　　　　　　　(b) 从动件位移图

图 4-16 尖顶对心移动从动件盘形凸轮轮廓曲线的画法

（3）自 OB_0 沿 ω 的相反方向（逆时针方向）量取角度 $\varphi_0 = 180°$、$\varphi_1 = 30°$、$\varphi_2 = 90°$、$\varphi_3 = 60°$，并将它们各分成与位移曲线对应的若干等份，得 C_0，C_1，C_2，C_3……连接 OC_1，OC_2，OC_3……延长各径向线，它们便是反转后从动件导路中心线的各个位置。

（4）在位移曲线中量取各个位移量，并取 $B_1C_1 = 11'$，$B_2C_2 = 22'$，$B_3C_3 = 33'$……于是，得到反转后从动件尖顶的一系列位置 B_1，B_2，B_3……

（5）将 B_0，B_1，B_2，B_3……用平滑的曲线连接起来，即为所求的凸轮轮廓曲线。

2. 滚子对心移动从动件盘形凸轮

滚子对心移动从动件盘形凸轮轮廓曲线的绘制可以分为两个步骤，如图 4-17 所示。

（1）将滚子的中心看作是尖顶从动件的尖顶，按前述方法绘制尖顶移动从动件盘形凸轮轮廓曲线，该曲线称为凸轮的**理论轮廓曲线**。

（2）以理论轮廓曲线上各点为圆心，以滚子半径为半径，作一系列的滚子圆，然后作这些滚子圆的内包络线，此包络线即为所求的滚子对心移动从动件盘形凸轮轮廓曲线，称为凸轮的**实际轮廓曲线**。

用图解法设计滚子从动件盘形凸轮轮廓时应注意：

（1）基圆是指凸轮理论轮廓曲线上的圆。

（2）凸轮理论轮廓曲线与实际轮廓曲线是等距曲线。

3. 尖顶偏置移动从动件盘形凸轮

在偏置移动从动件中，以偏心距 e 为半径所作的圆称为**偏距圆**。

假设从动件的运动规律仍同前述尖顶对心移动从动件，凸轮仍按顺时针方向转动，凸轮从动件的偏置方向在凸轮轴线的左边，如图 4-18 所示，作图步骤如下：

（1）取比例尺为 μ_l，以 O 为圆心、$OB_0 = r_b/\mu_l$ 为半径画基圆。

（2）以 O 为圆心、e/μ_l 为半径画偏心圆。

（3）过 B_0 点作与偏心圆相切的直线。

（4）将推程角和回程角分成与位移曲线相同的等分，按逆时针方向在每一等分点处作一条与偏心圆相切的直线，这些直线分别与凸轮的基圆相交于 C_1，C_2，C_3……

（5）在位移曲线中量取各个位移量，并取 $B_1C_1 = 11'$，$B_2C_2 = 22'$，$B_3C_3 = 33'$……于是，得到反转后从动件尖顶的一系列位置 B_1，B_2，B_3……

（6）将 B_0，B_1，B_2，B_3……用平滑的曲线连接起来，即为所求的凸轮轮廓曲线。

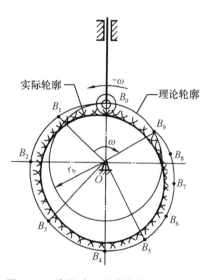

图 4-17 滚子对心移动从动件盘形凸轮

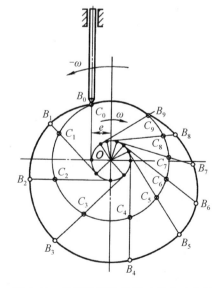

图 4-18 尖顶偏置移动从动件盘形凸轮

4. 平底对心移动从动件盘形凸轮

平底对心移动从动件盘形凸轮轮廓曲线的绘制方法与上述方法类似。如图 4-19 所示，首先，按照尖顶从动件盘形凸轮的设计方法求出从动件的各尖点 B_0，B_1，B_2，B_3……将各点作为从动件导路中心线与平底的交点，然后过 B_0，B_1，B_2，B_3……作一系列表示平底位置的直线，此直线族的包络线即为凸轮的实际轮廓曲线。

由于从动件的平底与凸轮实际轮廓的切点是随机构位置而变化的，所以为了保证在所有位置上平底都能与凸轮轮廓相切，从动件的平底左右两侧的长度必须分别大于导路至左右最远切点的距离。同时凸轮的轮廓必须是外凸的，因为内凹的轮廓无法与平底接触。

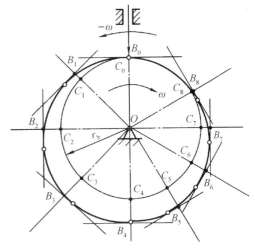

图 4-19 平底对心移动从动件盘形凸轮

三、基本尺寸的确定

在设计凸轮机构时，不仅要保证从动件实现预期的运动规律，还要求传力性能良好、结构紧凑。因此，设计凸轮机构时应注意下述几方面问题。

1. 滚子半径的选择

从强度和耐用性考虑，滚子的半径应取大些。但当滚子半径取值较大时，对凸轮的实际轮廓曲线影响很大，有时甚至使从动件不能完成预期的运动规律。

设理论轮廓曲线的曲率半径为 ρ，滚子半径为 r_T，对应的实际轮廓曲线的曲率半径为 ρ'，它们之间的关系如图 4-20 所示。

(1) 当凸轮理论轮廓内凹时，$\rho' = \rho + r_T$。

由图 4-20（a）可知，实际轮廓曲线的曲率半径恒大于理论轮廓曲线的曲率半径。因此，不论选择多大的滚子，都能作出实际轮廓曲线。

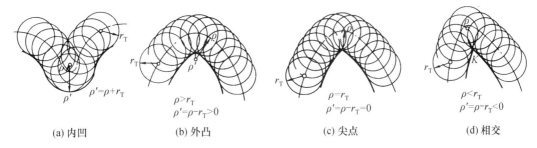

图 4-20 滚子半径的选择

(2) 当凸轮理论轮廓外凸时，$\rho' = \rho - r_T$。

当 $\rho > r_T$ 时，$\rho' = \rho - r_T > 0$，实际轮廓曲线为一平滑的曲线，如图 4-20（b）所示。

当 $\rho = r_T$ 时，$\rho' = \rho - r_T = 0$，实际轮廓曲线出现了尖点，如图 4-20（c）所示。这种尖点极易磨损，磨损后，从动件的运动规律会改变，进而影响凸轮机构的工作寿命。

当 $\rho < r_T$ 时，$\rho' = \rho - r_T < 0$，实际轮廓曲线出现交叉，如图 4-20（d）所示，相交部分在实际加工中被切去，使从动件工作时不能到达预定的工作位置，无法实现预期的运动规律，这种现象称为**运动失真**。

可见，滚子半径 r_T 不宜过大，否则会产生运动失真；但滚子半径 r_T 也不宜过小，否则凸轮与滚子接触应力过大且难以装在轴上。因此，一般推荐 $r_T \leq 0.8\rho_{min}$。

对于一般机械，滚子直径可取 20～35 mm。此外，为了加工方便，减少误差，设计时最好取滚子直径与切制凸轮时的铣刀直径相同。

2. 压力角的校核

图 4-21 所示的凸轮机构在工作时，不计凸轮与从动件之间的摩擦，凸轮加给从动件的作用力 F 沿凸轮轮廓的法线 $n-n$ 方向传递，从动件的线速度 v 沿导路方向，力 F 的方向与线速度 v 方向之间所夹锐角 α 称为凸轮机构的**压力角**。在工作过程中，压力角是变化的。

力 F 分解为两个相互垂直的分力，即与从动件线速度 v 方向一致的有效分力 F' 和与 v 垂直的有害分力 F''。当压力角 α 增大到某一值时，从动件将发生自锁（卡死）现象。

可见，压力角 α 越小越好，设计时规定最大压力角 α_{max} 要小于许用压力角 $[\alpha]$，即 $\alpha_{max} \leq [\alpha]$。一般规定。推程时，移动从动件 $[\alpha] = 30°\sim 40°$，摆动从动件 $[\alpha] = 40°\sim 50°$；回程时一般不会发生自锁，故取 $[\alpha] = 70°\sim 80°$。

凸轮的最大压力角 α_{max}，一般出现在推程的起始位置、理论轮廓曲线上比较陡的位置以及从动件最大速度的位置。在设计时，可按图 4-22 所示的方法，用量角器检验。

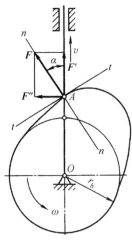

图 4-21 凸轮机构压力角

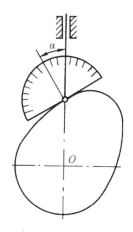

图 4-22 检验压力角

3. 基圆半径的确定

基圆半径也是凸轮设计的一个重要参数，它对凸轮机构的结构尺寸、体积、重量、受力状况和工作性能等都有重要影响。

如图 4-23 所示，在从动件运动规律不变的情况下，当基圆半径 $r_{b1} < r_{b2}$ 时，压力角 $\alpha_1 > \alpha_2$，可见基圆半径与压力角成反比关系。因此，在进行凸轮机构压力角检验时，若发现 $\alpha_{max} > [\alpha]$，则应适当增大凸轮基圆半径，重新设计。

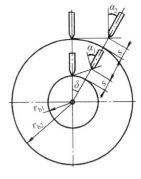

图 4-23 基圆半径与压力角的关系

【任务思考】

（1）绘制凸轮轮廓时，若方向画反，对凸轮的实际工作有何影响？

（2）若设计出的压力角超过许用值，如何解决？

拓展阅读：凸轮机构与其他机构的组合

生产和生活中对机构的运动要求是多种多样的，而凸轮机构、连杆机构等基本机构由于自身结构的限制，很难满足运动的多方面要求。为了扩大基本机构的应用范围，可将几种基本机构组合起来使用，综合各种基本机构的优点，从而实现基本机构实现不了的新的运动，以满足生产和生活中的多种需要以及提高自动化程度。这里介绍两种凸轮机构与连杆机构的组合实例。

（1）实现特定运动规律的凸轮-连杆机构

对于单一的凸轮机构，从动件只能作往复移动或摆动，且行程或摆角不能太大，否则会导致压力角超过许用值。如果要求从动件按规定的运动规律作整周转动，则很难实现。对于连杆机构，从动件可作整周转动，但又很难精确满足所要求的运动规律。而凸轮-连杆机构就可以取长补短。图 4-24 所示的凸轮-连杆机构，由五杆运动链和凸轮 5（与机架固连）组成。主动杆 1 和从动杆 4 的转动轴线重合于 A 点。当杆 1 等速转动时，铰链 C 处的滚子 6 沿固定凸轮 5 的凹槽运动，使 C 点相对 A 点的向径变化，迫使杆 1 和连杆 2 的夹角发生变化，从而杆 4 按要求作变速转动，也可以实现局部停歇。当杆 1 旋转一周时，杆 4 也旋转一周。

（2）实现特定运动轨迹的凸轮-连杆机构

图 4-25 所示的凸轮-连杆机构，在具有 2 个自由度的连杆机构中接入与曲柄 1 固连的凸轮 6，使凸轮 6 与从动件 4 的滚子组成高副，形成具有一个自由度的凸轮-连杆机构。只要凸轮轮廓设计得当，在凸轮和曲柄一起绕 A 点转动时，就能使铰链 C 沿给定的轨迹 cc 运动。

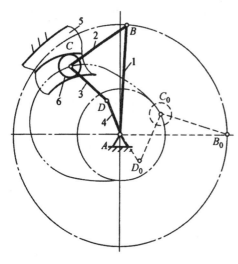

图 4-24 实现特定运动规律

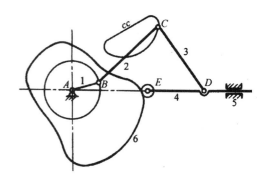

图 4-25 实现特定运动轨迹

此外,将凸轮、齿轮机构组合成齿轮-凸轮机构,同样可以综合两种机构的优点,满足生产中的多种需要。因篇幅有限,详情可查阅相关机械设计手册。

任务实施——凸轮机构拼装与设计

☺ **特别提示**:任务实施不单独安排课时,而是穿插在任务1~3中进行,按理论实践一体化实施。

一、训练目的

(1) 进一步理解凸轮机构的工作原理。
(2) 能够拼装凸轮机构并分析其运动特性。
(3) 能够根据从动件运动规律设计凸轮轮廓。

二、实训设备及用具

(1) 机构创意组合实验台。
(2) 操作工具一套。

三、实训内容与步骤

1. 构思、拼装机构

根据从动件的结构要求,选择合理的零件,拼装移动从动件盘形凸轮机构。

2. 分析运动特性

轻轻转动凸轮,分析凸轮机构的运动特性,找出基圆、推程、远停程、回程、近停程,并量出对应的推程角、远停程角、回程角、近停程角。

3. 绘制位移规律

以从动件在最低位置开始，轻轻转动凸轮，每转10°，量出从动件尖顶与凸轮中心的距离，通过计算，求出各瞬时从动件的尖顶的位移，在相应的二维图中绘出从动件的位移规律。根据位移规律分析从动件的运动，特别是在起点、中点、末点的运动。

5. 反转法

保持凸轮静止不动，沿原先凸轮回转的反方向转动从动件及导路，思考从动件尖顶轨迹如何，分析在反转过程中凸轮轮廓曲线与从动件尖顶轨迹的关系。

知识巩固

一、填空题

（1）凸轮机构由_____、_____和_____三个基本构件组成。

（2）在设计凸轮机构中，凸轮基圆半径取得越_____，所设计的机构越紧凑，但压力角越_____，越容易使机构的工作情况变坏。

（3）在凸轮机构从动件的常用运动规律中，等速运动规律在推程运动的起点和终点存在_____冲击，等加速等减速运动规律在推程运动的起点和终点存在_____冲击。

（4）设计滚子从动件盘形凸轮机构时，滚子中心的轨迹称为凸轮的_____轮廓曲线；与滚子相包络的凸轮轮廓曲线称为_____轮廓曲线。

（5）平底垂直于导路的移动从动件盘形凸轮机构，其压力角等于_____。

二、选择题

（1）通常情况下，避免滚子从动件凸轮机构运动失真的合理措施是_____。
　　A. 增大滚子半径　　　　　　　B. 增大基圆半径
　　C. 减小滚子半径　　　　　　　D. 减小基圆半径

（2）在设计滚子从动件盘形凸轮时，轮廓曲线出现尖顶或交叉是因为滚子半径_____理论轮廓曲线的曲率半径。
　　A. 等于　　　　　　　　　　　B. 小于
　　C. 大于　　　　　　　　　　　D. 大于或等于

（3）凸轮机构中的压力角是指_____间的夹角。
　　A. 凸轮上接触点的法线与从动件的运动方向
　　B. 凸轮上接触点的法线与该点线速度
　　C. 凸轮上接触点的切线与从动件的运动方向
　　D. 凸轮上接触点的切线与该点线速度

（4）凸轮机构中极易磨损的是_____从动件。
　　A. 尖顶　　　　　　　　　　　B. 滚子
　　C. 平底　　　　　　　　　　　D. 球面底

（5）图解法设计盘形凸轮轮廓时，从动件应按_____方向转动，来绘制其相对于凸轮转动时的位置。

A. 与凸轮转向相同 B. 与凸轮转向相反
C. 两者都可以 D. 以上选项都不正确

(6) 在移动从动件盘形凸轮机构中，_____传力性能最好。
A. 尖顶从动件 B. 滚子从动件
C. 平底从动件 D. 以上选项都不正确

三、判断题

(1) 因凸轮机构是高副机构，所以与连杆机构相比，更适用于重载场合。（　）
(2) 凸轮机构工作过程中，按工作要求可不含远停程角或近停程角。（　）
(3) 凸轮机构的压力角越大，机构的传力性能越差。（　）
(4) 当凸轮机构的压力角增大到一定值时，就会产生自锁现象。（　）
(5) 凸轮机构的从动件作等加速等减速运动时，因加速度有突变，会产生刚性冲击。（　）
(6) 平底移动从动件盘形凸轮机构中，其压力角始终不变。（　）

四、综合应用题

(1) 标出图中所示位置凸轮机构的压力角。

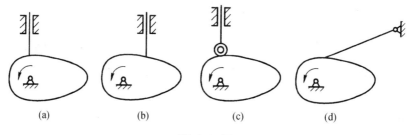

题（1）图

(2) 设计一尖顶对心移动从动件盘形凸轮机构，凸轮按逆时针方向转动，基圆半径为 20 mm，从动件运动规律如表中所示。

凸轮转角 φ	0°～120°	120°～150°	150°～300°	300°～360°
从动件位移 s	等加速等减速上升 20 mm	停止不动	等速下降至原处	停止不动

要求：① 作从动件的位移曲线（保留作图线）；
② 利用反转法画出凸轮的轮廓曲线（保留作图线）；
③ 校核压力角，要求 $\alpha_{max} \leqslant 30°$。

(3) 将第（2）题改为滚子对心移动从动件盘形凸轮机构，滚子半径 $r_T = 10$ mm，作出凸轮实际轮廓曲线。

(4) 将第（2）题改为尖顶偏置移动从动件盘形凸轮机构，偏心距 $e = 10$ mm，作出凸轮轮廓曲线。

(5) 将第（2）题改为平底对心移动从动件盘形凸轮机构，平底与推杆导路相垂直，作出凸轮轮廓曲线。

子项目 5　间歇机构运动分析

▶ 学习目标

知识目标：
☆ 了解棘轮、槽轮、不完全齿轮、凸轮式间歇运动机构的工作原理、运动特性及应用场合。

能力目标：
☆ 能分析棘轮、槽轮、不完全齿轮机构的运动特性并合理选用。

一个运转良好的机构，需要靠构件与构件之间的相互配合才能正常工作，每一个结构细节、装配细节，环环相扣，都会影响到整个机构的工作。因此，必须严格遵守职业规范，树立质量第一意识。同时在产品整个生命周期内，往往也需要项目团队的协同工作，才能更好地解决问题。

间歇机构拼装实践

▶ 案例引入

在图 5-1 所示的牛头刨床中，为刨削工件的整个平面，刨刀每往复一次，工作台需横向移动一定距离。摇杆往复摆动，推动棘轮间歇转动，棘轮与丝杠固连，从而使工作台作间歇横向进给运动。

可见，当主动件作连续运动时，从动件实现周期性的运动和停歇，这种实现间歇运动的机构称为**间歇运动机构**。间歇运动机构类型多样，广泛应用于各种机械中。

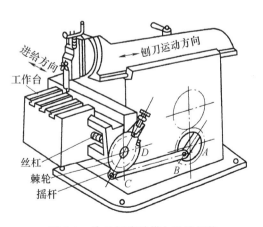

图 5-1　牛头刨床的横向进给机构

项目一 典型设备机构分析与设计

▶ **任务框架**

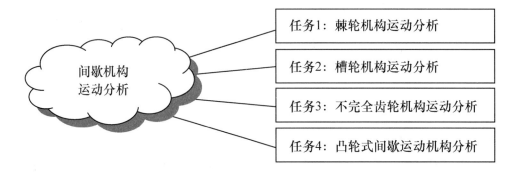

任务1 棘轮机构运动分析

【任务要点】

◆ 会分析棘轮机构的工作原理和运动特性,了解其应用场合。

【任务提出】

由前述可知,在图5-1所示的牛头刨床中,由于机械加工工艺的需要,刀架每往复一次,工作台需横向进给一定距离。试分析工作台是如何实现横向间歇进给运动的。

【任务准备】

一、棘轮机构的组成和工作原理

棘轮机构主要由棘轮、棘爪、摇杆、止动棘爪和机架组成。图5-2所示为齿式棘轮机构工作原理图,利用曲柄摇杆机构将曲柄的连续转动转换成摇杆的往复摆动。当摇杆3按逆时针方向摆动时,与它相连的棘爪2插入棘轮1的齿槽内,推动棘轮按逆时针方向转过一定的角度;当摇杆按顺时针方向摆动时,棘爪便在棘轮齿背上滑过,这时,止动棘爪4插入棘轮的齿间,阻止棘轮反转,故棘轮静止。因此,当摇杆往复摆动时,棘轮作单方向时动时停的间歇运动。

子项目 5　间歇机构运动分析

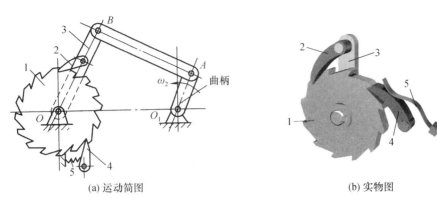

(a) 运动简图　　　　　　　　　　(b) 实物图

图 5-2　齿式棘轮机构工作原理

1—棘轮　2—棘爪　3—摇杆　4—止动棘爪　5—弹簧

二、棘轮机构的类型

棘轮机构的分类方式有以下几种：

1. 按啮合原理分

（1）齿式棘轮机构

图 5-2 所示为齿式棘轮机构，靠棘爪插入棘轮的齿间进行工作。

（2）摩擦式棘轮机构

如图 5-3 所示，摩擦式棘轮机构是用偏心扇形楔块代替齿式棘轮机构中的棘爪，以摩擦轮代替棘轮。当摇杆按逆时针方向转动时，利用棘爪与棘轮之间的摩擦力带动棘轮转动；当摇杆按顺时针方向转动时，棘爪在棘轮上滑过，这时止动棘爪与棘轮楔紧阻止棘轮反转。

摩擦式棘轮机构的特点是通过摩擦力推动从动轮间歇转动，克服了齿式棘轮机构噪声大、转角不能无级调节的缺点，但运动准确性差，因此适用于低速轻载的间歇传动。

棘轮机构

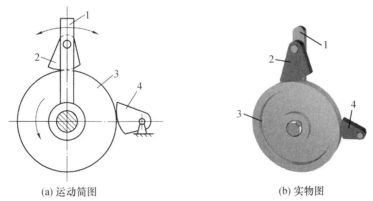

(a) 运动简图　　　　　　　　　　(b) 实物图

图 5-3　摩擦式棘轮机构

1—摇杆　2—棘爪（偏心楔块）　3—棘轮（摩擦轮）　4—止动棘爪

2. 按啮合方式分

（1）外啮合式棘轮机构

外啮合式棘轮机构的棘爪安装在棘轮的外部，加工、安装和维修方便，应用较广。

图5-2所示即为外啮合式棘轮机构。

（2）内啮合式棘轮机构

如图5-4所示，内啮合式棘轮机构的棘爪在棘轮内部，结构紧凑，外形尺寸小。

（3）移动棘轮机构

如图5-5所示，当棘轮半径为无穷大时，棘轮就成为棘齿条。当主动件往复摆动时，棘爪即推动棘齿条作单向间歇移动。

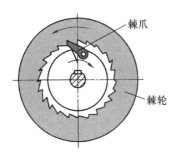

图5-4　内啮合棘轮机构

图5-5　移动棘轮机构

3. 按棘轮运动形式分

（1）单动式棘轮机构

单动式棘轮机构的特点是摇杆按某一个方向摆动时，才能推动棘轮转动，摇杆反向时棘轮静止，如图5-2、图5-4所示。

（2）双动式棘轮机构

如图5-6所示，双动式棘轮机构的特点是主动摇杆往复摆动均能使棘轮沿同一方向间歇转动。图5-6（a）所示为钩头式棘爪，图5-6（b）所示为直头式棘爪。

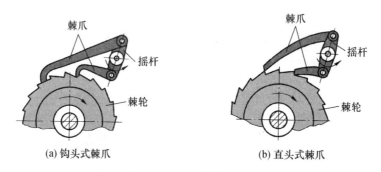

图5-6　双动式棘轮机构

（3）双向式棘轮机构

双向式棘轮机构可通过改变棘爪的摆动方向，实现棘轮两个方向的转动，但棘轮必须采用对称齿形。

在图5-7（a）中，当棘爪处于实线位置时，随着棘爪的摆动，棘轮按逆时针方向间歇转动；当棘爪处于虚线位置时，随着棘爪的摆动，棘轮按顺时针方向间歇转动。

图5-7（b）所示为牛头刨床横向进给装置中使用的棘轮机构，当棘爪处于图示位置时，随着棘爪的摆动，棘轮按逆时针方向间歇转动；将棘爪提起，并绕本身轴线旋

转180°后再插入棘轮齿槽，棘轮将按顺时针方向间歇转动；将棘爪提起并绕自身轴线转动90°，棘爪与棘轮脱开将不起作用，当棘爪摆动时，棘轮静止不动。

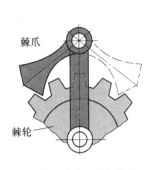 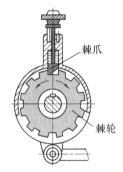

(a) 绕回转中心改变角度　　　　(b) 绕自身轴线改变角度

图 5-7　双向式棘轮机构

三、齿式棘轮机构棘轮转角的调节

齿式棘轮机构中，棘轮转过的角度是棘轮齿间角的倍数，在主动摇杆摆角一定的条件下，棘轮每次的转角不变。常用以下两种方法调整。

（1）调整曲柄长度改变棘轮转角

在图5-8所示的棘轮机构中，通过调整曲柄摇杆机构中曲柄长度的方法来改变摇杆摆角的大小，从而改变棘轮转角的大小。

（2）遮板改变棘轮转角

在图5-9所示的棘轮机构中，在棘轮上加一遮板遮住棘爪行程内的部分棘齿，即可使棘爪行程的一部分在遮板上滑过，不与棘轮的齿接触，从而改变棘轮转角的大小。显然，用遮板的方法只能减小棘轮的转角。

调整曲柄长度

调整遮板位置

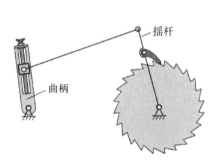 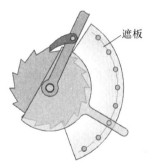

图 5-8　调整曲柄长度改变棘轮转角　　　图 5-9　遮板改变棘轮转角

四、棘轮机构的特点和应用

齿式棘轮机构的优点是结构简单，制造方便，工作可靠；缺点是工作时冲击、噪声、磨损较大，棘轮转角只能有级调整。因此，它适用于低速、轻载的场合。主要用途有：

1. 间歇送进

图5-1所示为牛头刨床的横向进给机构，即间歇送进工作台。

图 5-10 所示为浇铸式流水线输送装置，由压缩空气为原动力的气缸带动摇杆摆动，通过齿式棘轮机构使流水线的输送带作间歇输送运动，当输送带停止时，进行自动浇铸。

2. 防逆转制动

图 5-11 所示的带制动棘爪的棘轮机构，当机构提升重物（棘轮逆时针转动）时，棘爪在齿背上滑过，不影响棘轮正常转动。当出现异常时，棘爪可阻止棘轮逆转，防止重物下跌。在起重机、卷扬机等机械中，常使用这种棘轮机构来防止运动的逆转。

棘轮机构的应用

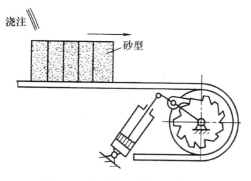

图 5-10 浇铸式流水线输送装置

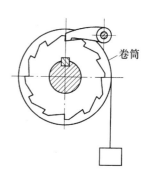

图 5-11 提升机的棘轮制动器

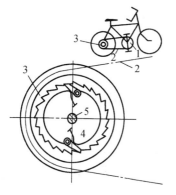

图 5-12 自行车后轮轴上的棘轮机构
1、3—链轮 2—链条 4—棘爪 5—后轮轴

3. 超越

图 5-12 所示为自行车后轮轴上的棘轮机构。当脚蹬踏板时，经链轮 1 和链条 2 带动内圈具有棘齿的链轮 3 顺时针转动，再通过棘爪 4 的作用，使后轮轴 5 顺时针转动，从而驱使自行车前进。当自行车前进时，如果踏板不动，后轮轴 5 便会超越链轮 3 而转动，让棘爪 4 在棘轮齿背上划过，从而实现不蹬踏板的自由滑行。这种特性称为**超越**。

【任务思考】

在图 5-1 中，如何调整工作台的横向进给量？

任务 2　槽轮机构运动分析

【任务要点】

◆ 会分析槽轮机构的工作原理和运动特性，了解其应用场合。

【任务提出】

图 5-13 所示为电影放映机的胶片卷片机构，当转动拨盘使槽轮转动一次时，卷过一张胶片，此过程射灯不发光；当槽轮停歇时，射灯发光，银幕上出现该胶片的投影。断续出现的投影在观众看来都是连续的动作，这是因为人眼有"视觉暂留"现象的生理特点。

在卷片机构中使用的是槽轮机构（也称"马尔他机构"），试分析槽轮机构如何实现从动件的间歇运动，并与棘轮机构作比较。

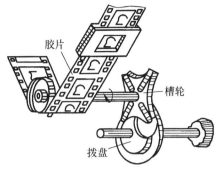

图 5-13 电影放映机的胶片卷片机构

【任务准备】

一、槽轮机构的组成和工作原理

如图 5-14 所示，槽轮机构由具有圆销的主动拨盘、具有若干径向槽的从动槽轮及机架组成。主动拨盘作逆时针转动，当拨盘的圆销 A 未进入槽轮径向槽时，槽轮内凹的锁止弧 β 被拨盘外凸的锁止弧 α 锁住，槽轮静止不动；当主动拨盘的圆销 A 进入槽轮径向槽的位置时，锁止弧被松开，槽轮受圆销 A 驱动而转动；当圆销开始脱出径向槽时，槽轮的另一内凹锁止弧又被拨盘的外凸锁止弧卡住，槽轮又静止不动。因此，当拨盘匀速转动时，槽轮重复上述的运动循环，作间歇运动。

槽轮机构

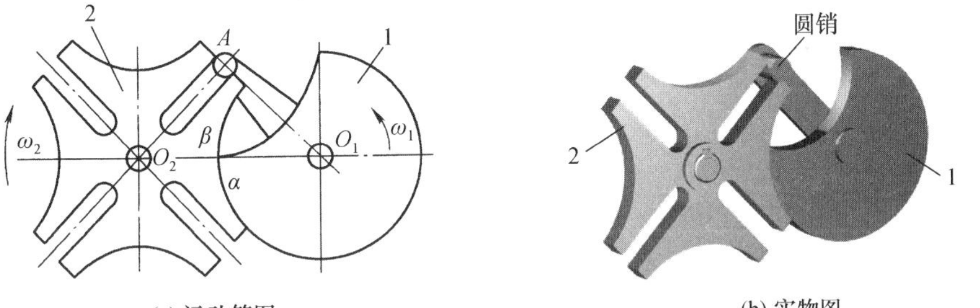

(a) 运动简图　　　　　(b) 实物图

图 5-14　槽轮机构工作原理

1—主动拨盘　2—槽轮　A—圆销　α、β—锁止弧

二、槽轮机构的类型

槽轮机构分为传递平行轴运动的平面槽轮机构和传递相交轴运动的空间槽轮机构。

1. 按啮合方式分

（1）平面槽轮机构

平面槽轮机构又分为外啮合槽轮机构（见图 5-14）和内啮合槽轮机构（见图 5-15）。外啮合槽轮机构的槽轮径向槽开口是自圆心向外，主动构件与从动槽轮转向相反。

内啮合槽轮机构的槽轮上径向槽开口是向着圆心的，主动件与从动槽轮转向相同。与外槽轮机构相比，内槽轮机构传动较平稳、停歇时间较短、所占空间小。

（2）空间槽轮机构

图5-16所示的球面槽轮机构是一种典型的空间槽轮机构，两轴垂直相交。其从动槽轮是半球形，主动件的轴线与销的轴线都通过球心。当主动件连续转动时，球面槽轮作间歇运动。空间槽轮机构结构比较复杂，设计和制造难度较大。

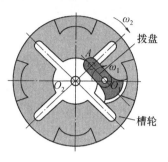

图5-15 内啮合槽轮机构

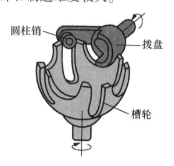

图5-16 球面槽轮机构

2. 按圆销数目分

（1）单圆销槽轮机构

单圆销槽轮机构的特点是主动件运动一个循环，槽轮运动一次。

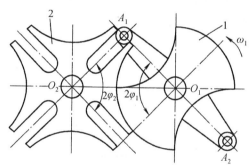

图5-17 双圆销外啮合槽轮机构
1—拨盘　2—槽轮　A_1、A_2—圆销

（2）多圆销槽轮机构

槽轮机构中拨盘上的圆销可以是一个，也可以是多个。图5-17所示为双圆销外啮合槽轮机构，图中的A_1、A_2为圆销，此时拨盘1转动一周，槽轮2转动两次。

在槽轮机构中，槽轮在进入和退出啮合时比棘轮机构平稳，但仍然存在有限的加速度突变，即存在柔性冲击。槽轮的槽数越少，这种变化越大，影响其动力特性，所以槽轮的槽数不宜选得过少，一般选取$Z=4\sim8$。

三、槽轮机构的特点和应用

1. 槽轮机构的特点

槽轮机构具有结构简单、工作可靠、转动精度高、机械效率高和运动较平稳等优点；其缺点是槽轮的转角大小不能调节，存在柔性冲击，且槽轮机构的结构比棘轮机构复杂，加工精度要求较高，因此制造成本上升。

2. 槽轮机构的应用

槽轮机构适用于转速不高、定转角的间歇运动装置中。图5-18所示为六角车床的刀架转位机构。刀架上装有6种刀具，与刀架固联的槽轮上开有6个径向槽，拨盘装有一个圆销，每当拨盘转动一周，圆柱销就进入槽轮一次，驱使槽轮转过60°，刀架也随之转动60°，从而将下一工序的刀具换到工作位置上。

子项目 5　间歇机构运动分析

图 5-19 所示为自动机中的自动传送链装置，拨盘 1 使槽轮 2 间歇转动，并通过齿轮 3、4 传至链轮 5，从而使传送链 6 间歇运动，以满足自动流水线上装配作业的要求。

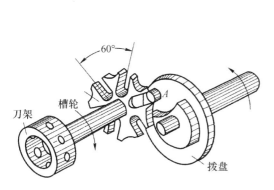

图 5-18　六角车床的刀架转位机构

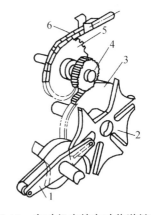

图 5-19　自动机中的自动传送链装置

1—拨盘　2—槽轮　3、4—齿轮　5—链轮　6—传送链

【任务思考】

在电影放映机工作时，如果需要使胶片的停顿时间短一些，如何实现？

任务 3　不完全齿轮机构运动分析

【任务要点】

◆ 会分析不完全齿轮机构的工作原理和运动特性，了解其应用场合。

【任务提出】

前述的棘轮机构和槽轮机构均能实现间歇运动，各有特点。图 5-20 是另一种形式的间歇运动机构，称为不完全齿轮机构，试分析其工作特性。

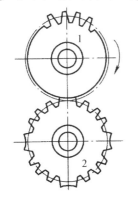 

图 5-20　不完全齿轮机构

1—主动轮　2—从动轮

【任务准备】

一、不完全齿轮机构的工作原理

不完全齿轮机构

如图 5-20 所示,不完全齿轮机构是由齿轮机构演化而成的间歇机构。主动轮 1 上只有一个或几个齿,从动轮 2 上带锁止弧。在主动轮连续转动过程中,当两轮轮齿相啮合时,从动轮转动;当两轮轮齿脱离啮合、它们的凹凸锁止弧相配合时,从动轮则静止不动。如此循环,便实现了从动轮的间歇转动。

二、不完全齿轮机构的分类

不完全齿轮机构可分为外啮合(见图 5-20)、内啮合(见图 5-21)和不完全齿条(见图 5-22)机构三种形式。外啮合不完全齿轮机构主动轮和从动轮转向相反,内啮合机构主动轮、从动轮转向相同。在不完全齿条机构中,齿条为从动轮,当主动轮转一周时,齿条往复移动一次。除不完全圆柱齿轮机构外,还有不完全锥齿轮机构。

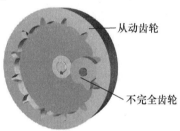

图 5-21　内啮合不完全齿轮机构

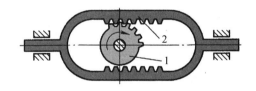

图 5-22　不完全齿条机构
1—主动轮　2—齿条

三、不完全齿轮机构的特点和应用

不完全齿轮机构与其他间歇运动机构相比,其优点是结构简单,制造方便,工作可靠,设计灵活,从动轮的运动时间和静止时间的比例可在较大范围内变化。缺点是从动轮在进入和脱离啮合时,存在严重的刚性冲击,故一般只宜用于低速、轻载的场合。

不完全齿轮机构常用在多工位自动和半自动工作台的间歇转位及某些间歇进给机构中。图5-23所示为蜂窝煤压制机工作台五个工位的间歇转位机构。该机构完成煤粉的装填、压制、退煤等五个动作,因此每转1/5周需要停歇一次。当不完全齿轮 1 连续转动时,通过齿轮 2 使工作台 3（其外周是一个大齿圈）获得预期的间歇运

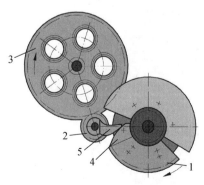

图 5-23　蜂窝煤压制机工作台
1—不完全齿轮　2—齿轮　3—工作台　4、5—附加板

动。此外，为使工作比较平稳，在齿轮1和2上添加了一对启动用的附加板4和5，还添加了凸形和凹形的圆弧板，以起到锁止作用。

【任务思考】

在图 5-23 中，如果工作台每转 1/6 周需要停歇一次，如何解决？

任务4　凸轮式间歇运动机构分析

【任务要点】

◆ 了解凸轮式间歇运动机构的工作原理、运动特性及应用场合。

【任务提出】

在项目一的子项目4中我们讨论过凸轮机构，试考虑凸轮机构是否能实现间歇运动。这里介绍一种特殊的凸轮机构——凸轮式间歇运动机构，请分析其运动特性并与棘轮、槽轮、不完全齿轮机构相比较。

【任务准备】

一、凸轮式间歇运动机构的工作原理

如图 5-24 所示，圆柱凸轮式间歇运动机构是由凸轮、转盘等组成的。转盘端面上装有沿圆周均匀分布的若干滚子。当主动凸轮连续转动时，转盘作间歇转动，从而实现交错轴间的间歇运动。

凸轮式间歇运动机构有圆柱凸轮式间歇运动机构（见图 5-24）和蜗杆凸轮式间歇运动机构（见图 5-25）两种形式。圆柱凸轮的槽数和蜗杆凸轮的头数一般取1，两种机构从动件的滚子数一般应大于6。

凸轮式间歇运动机构

图5-24　圆柱凸轮式间歇运动机构

图5-25　蜗杆凸轮式间歇运动机构

二、凸轮间歇机构的特点与应用

图 5-26 钻孔攻丝机转位机构

前述几种间歇运动机构由于结构、运动和动力条件的限制，一般只能用于低速的场合。而凸轮式间歇运动机构则可以通过合理地选择转盘的运动规律，使得机构传动平稳，动力特性较好，冲击震动较小，而且转盘转位精确，不需要专门的定位装置，因而常用于高速转位（分度）机构中。但凸轮加工较复杂，精度要求较高，装配调整也比较困难。拉链嵌齿机、火柴包装机等机械装置中，应用了凸轮间歇运动机构来实现高速转位运动。

图 5-26 所示为钻孔攻丝机转位机构，运动由变速箱传给圆柱凸轮，经转盘带动与之固连的工作台，使工作台获得间歇转位。

【任务思考】

哪种间歇运动机构可以用来传递交错轴间的分度运动和间歇转位？

任务实施——间歇运动机构拼装与分析

特别提示：任务实施不单独安排课时，而是穿插在任务 1～4 中进行，按理论实践一体化实施。

一、训练目的

(1) 能够分析棘轮机构、槽轮机构、不完全齿轮机构的工作原理及运动特性。
(2) 能够正确拼装棘轮机构、槽轮机构、不完全齿轮机构。

二、实训设备及用具

(1) 机构创意组合实验台。
(2) 操作工具一套。

三、实训内容与步骤

1. 选择零部件

从实验台中取连杆、棘轮、棘爪、槽轮、主动拨盘、不完全齿轮及相应的连接件。

2. 实施拼装

分别拼装棘轮机构、槽轮机构和不完全齿轮机构。

3. 分析运动特性

(1) 转动棘轮机构、槽轮机构和不完全齿轮机构。
(2) 主动件转一周，记录从动件的转角。

知识巩固

一、选择题

（1）自行车飞轮采用的是一种典型的超越机构，下列_____机构可实现超越。
　　A. 外啮合棘轮机构　　　　　　　B. 内啮合棘轮机构
　　C. 槽轮机构　　　　　　　　　　D. 以上选项都不正确

（2）在单向间歇运动机构中，棘轮机构常用于_____的场合。
　　A. 低速轻载　　　　　　　　　　B. 高速轻载
　　C. 高速重载　　　　　　　　　　D. 以上选项都不正确

（3）在间歇运动机构中，可以把摆动转变为转动的间歇机构是_____。
　　A. 槽轮机构　　　　　　　　　　B. 棘轮机构
　　C. 不完全齿轮机构　　　　　　　D. 以上选项都不正确

（4）在双圆柱销四槽轮机构中，当拨盘转一周时，槽轮转过_____。
　　A. 90°　　　　　　　　　　　　 B. 45°
　　C. 180°　　　　　　　　　　　　D. 以上选项都不正确

二、综合应用题

（1）常见的棘轮机构、槽轮机构有哪几种形式？各有什么特点？各适用于什么场合？

（2）不完全齿轮机构有什么特点？适用于什么场合？

子项目6　齿轮机构运动分析

▶ **学习目标**

知识目标：
☆ 了解齿轮机构的类型、特点和应用场合；
☆ 掌握圆柱齿轮传动的基本参数和尺寸计算；
☆ 了解圆锥齿轮、蜗杆传动的参数及尺寸计算；
☆ 了解齿轮加工原理及变位齿轮的概念。

能力目标：
☆ 能分析齿轮传动的工作特性；
☆ 能根据参数计算直齿、斜齿圆柱齿轮的尺寸；
☆ 能合理避免根切并正确选择变位方法。

记里鼓车

　　记里鼓车，又称记里车，被称为中国最早的计程车，是中国古代用来记录车辆行驶距离的马车。车有上下两层，每层各有木制机械人，手执木槌，下层机械人打鼓，车每行一里路，敲鼓一下，上层机械人敲打铃铛，车每行十里，敲打铃铛一次。记里鼓车中传动的核心部分就是齿轮传动。

▶ **案例引入**

　　在图6-1所示的内燃机中，齿轮1分别与齿轮2、齿轮2′啮合传动，可将曲柄轴的回转运动传递到凸轮轴上，从而通过推杆控制进气和排气。

　　齿轮机构是由一对相互啮合的齿轮及机架组成的，可用于传递空间任意两轴间的运动和动力，是应用最为广泛的机械传动机构之一。小到玩具，大到重型机械，齿轮机构已广泛应用在国防、矿山、化工、纺织、食品工业、仪表制造等各个领域。那么，齿轮机构为什么会应用如此广泛？有什么特点呢？本节主要从认识齿轮机构、计算齿轮尺寸、选用齿轮类型、齿轮加工原理等方面进行讨论。

子项目6　齿轮机构运动分析

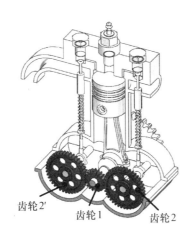

图 6-1　内燃机中的齿轮机构

▶ **任务框架**

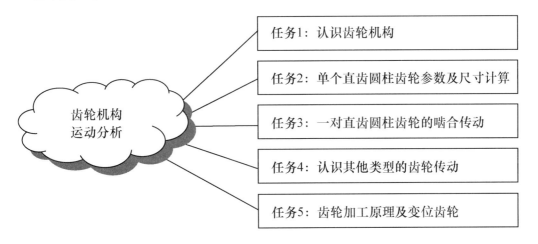

任务1　认识齿轮机构

【任务要点】

- ◆ 掌握齿轮机构的传动特点、应用和分类；
- ◆ 熟悉渐开线的形成原理及其基本性质。

【任务提出】

齿轮机构应用广泛，而且类型很多，试分析齿轮机构的齿廓曲线及其啮合特点。

【任务准备】

一、齿轮机构的类型

（1）按照两轴线位置及轮齿方向分为平行轴齿轮机构、相交轴齿轮机构、交错轴齿轮机构，如表6-1所示。

（2）按照工作条件不同，可分为开式传动齿轮机构和闭式传动齿轮机构两种。开式传动齿轮机构齿轮外露，灰尘易落入齿面；闭式传动齿轮机构齿轮被封闭在箱体内，润滑条件良好。重要的齿轮传动一般都采用闭式传动，如减速器中的齿轮传动。

表6-1 齿轮机构的主要类型

两轴线位置		外啮合			内啮合	齿轮齿条
轴线平行	（圆柱齿轮）	 直齿	 斜齿	 人字齿		
轴线相交	（圆锥齿轮）	 直齿	 斜齿	 曲线齿		
轴线交错		 交错轴斜齿圆柱齿轮传动	 蜗杆传动	 准双曲面齿轮传动		

二、齿轮机构的传动特点

与其他传动形式相比，齿轮传动具有瞬时传动比恒定，圆周速度和功率范围广，工作可靠，寿命长，结构紧凑，且可以传递空间任意两轴间的运动及动力的特点。但齿轮传动的制造和安装精度较高，精度低时噪声大，不适宜远距离传动，且无过载保护功能。

三、齿轮的齿廓曲线

齿轮的齿廓曲线有渐开线、圆弧、摆线等，由于渐开线齿轮具有很好的啮合特性、良好的工艺性和互换性，因此应用广泛。

1. 渐开线的形成

一条直线沿圆周作纯滚动时，直线上任一点的轨迹即为**渐开线**。如图 6-2 所示，直线 NK 称为**发生线**，这个圆称为渐开线的**基圆**，半径用 r_b 表示。

2. 渐开线的性质

从渐开线的形成过程可知，渐开线的性质如下：

（1）发生线沿基圆滚过的长度等于基圆上被滚过的弧长，即 $\overline{NK} = \overset{\frown}{NA}$。

（2）渐开线的法线必与基圆相切，即过渐开线上任意一点 K 的法线与过 K 点的基圆的切线重合。

（3）渐开线上各点的曲率半径不等。N 点是渐开线上 K 点的曲率中心，NK 是渐开线上 K 点的曲率半径，K 点离基圆越远，曲率半径越大，反之则越小。

（4）渐开线的形状与基圆的大小有关。如图 6-3 所示，基圆的直径越大，渐开线越平直，若基圆半径趋于无穷大，则渐开线将成为直线。齿条就是其基圆半径为无穷大时的齿轮，因此渐开线齿条的齿廓就是直线。

（5）基圆内无渐开线。

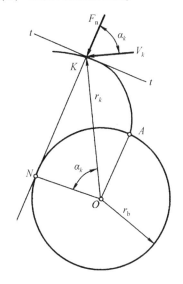

图 6-2　渐开线的形成

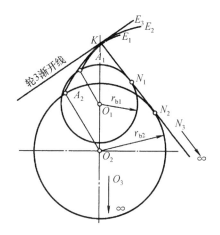

图 6-3　基圆大小对渐开线的影响

四、渐开线齿廓的啮合特性

1. 传动比为常数

要使齿轮传动平稳，必须保证瞬时传动比不变，即 $i_{12} = \omega_1 / \omega_2 =$ 常数（ω_1、ω_2 为齿轮 1、2 的瞬时角速度），否则，当主动轮以等角速度转动时，从动轮会以变角速度转动，从而引起震动、冲击和噪声，影响机器的工作精度和寿命。

如图6-4所示，两齿轮的一对齿廓在 K 点接触，过 K 点作两齿轮齿廓的公法线 nn 与两轮的轴心连线 O_1O_2 交于 P 点，要使瞬时传动比为常数，经理论推导可得

$$i_{12} = \frac{\omega_1}{\omega_2} = \frac{O_2P}{O_1P} = \frac{r_2'}{r_1'} = \frac{r_{b2}}{r_{b1}} = 常数 \tag{6-1}$$

则 P 点为轴心连线上的固定点，称为**节点**，以 O_1P、O_2P 为半径所作的圆称为**节圆**，半径用 r_2'、r_1' 表示，可见一对节圆作纯滚动。

2. 齿廓间的传力方向不变

如图6-5所示，由渐开线的性质可知，过 K 点的公法线 N_1N_2 必与两基圆相切。因齿轮传动时两基圆位置不变，而同一方向的内公切线只有一条，所以一对渐开线齿廓从开始啮合到脱离接触，所有的啮合点都在 N_1N_2 线上，则 N_1N_2 线为渐开线齿轮传动的**啮合线**。

啮合线 N_1N_2 与两轮节圆的公切线 tt 间所夹的锐角称为**啮合角**，以 α' 表示，由图中可知，啮合角 α' 恒等于节圆的压力角。由于两齿轮啮合时，其正压力沿啮合线 N_1N_2 方向，且始终保持不变，因此传动平稳。

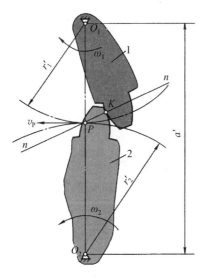

图6-4　齿廓曲线与传动比的关系

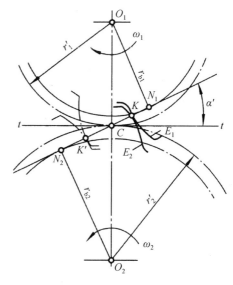

图6-5　渐开线齿廓的啮合

3. 中心距具有可分性

在实际的齿轮传动中，可能存在安装、制造误差及轴承磨损，常导致中心距的微小改变。由式（6-1）可知，渐开线齿轮的传动比取决于两轮基圆半径之比，当渐开线齿廓加工完成之后，基圆大小已经确定，故其角速度之比仍保持原值不变，渐开线齿廓的这一特性称为**中心距的可分性**。

【任务思考】

请思考渐开线齿轮为何应用如此广泛？

任务 2 单个直齿圆柱齿轮参数及尺寸计算

【任务要点】

◆ 熟练掌握直齿圆柱齿轮的基本参数及几何尺寸计算。

【任务提出】

如图 6-6 所示为渐开线直齿圆柱齿轮实物，求其轮齿部分的主要尺寸。

【任务准备】

图 6-6 直齿圆柱齿轮实物

一、直齿圆柱齿轮各部分的名称及符号

图 6-7 所示为渐开线标准直齿圆柱外齿轮的一部分，每个轮齿的两侧齿廓都是由形状相同、方向相反的渐开线曲面组成的。

（1）齿顶圆直径 d_a　轮齿顶部所在的圆称为**齿顶圆**，直径用 d_a 表示，半径用 r_a 表示。

（2）齿根圆直径 d_f　轮齿根部所在的圆称为**齿根圆**，直径用 d_f 表示，半径用 r_f 表示。

（3）齿厚 s_k　齿轮任意圆周上，同一轮齿两侧齿廓间的弧长称为**齿厚**，用 s_k 表示。

（4）齿槽宽 e_k　相邻两齿之间的空间称为**齿槽**。沿任意圆周量得的齿槽两侧齿廓间的弧长称为该圆周的**齿槽宽**，用 e_k 表示。

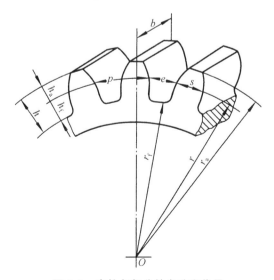

齿轮各部分名称

图 6-7 齿轮各部分的名称和代号

(5) 齿距 p_k　在齿轮的任意圆周上，相邻两齿同侧齿廓间的弧长称为该圆周上的**齿距**，用 p_k 表示。

(6) 分度圆直径 d　在齿顶和齿根之间，齿厚等于齿槽宽的圆称为**分度圆**，直径用 d 表示，半径用 r 表示。分度圆是计算齿轮各部分几何尺寸的基准，其齿厚、齿槽宽、齿距分别用 s、e、p 表示。

(7) 齿顶高 h_a　分度圆至齿顶圆之间的径向距离，称**齿顶高**，用 h_a 表示。

(8) 齿根高 h_f　分度圆至齿根圆之间的径向距离，称**齿根高**，用 h_f 表示。

(9) 全齿高 h　齿顶至齿根之间的径向距离，称**全齿高**，用 h 表示，$h = h_a + h_f$。

(10) 齿宽 b　轮齿沿轴线方向的厚度。

二、直齿圆柱齿轮的基本参数

1. 齿数 z

齿数是圆周上均匀分布的轮齿总数，用 z 表示。

2. 模数 m

由前述可知，分度圆直径 d 与齿距 p 及齿数 z 之间的关系为 $\pi d = pz$，则 $d = pz/\pi$，由于式中的 π 为无理数，将给计算、制造和检验等带来不便。为规范生产和便于互换，人为地把 p/π 规定为简单有理数并标准化，称为齿轮的模数，用 m 表示，即 $m = p/\pi$，其单位为 mm，所以 $d = mz$。

模数

模数的大小反映了轮齿的大小，模数越大，轮齿的尺寸越大，齿轮相应的尺寸也越大，齿轮的承载能力也越大。表6-2 为我国标准模数系列的一部分。

表6-2　标准模数系列　　　　　　　　　　　　（单位：mm）

第一系列	1　1.25　1.5　2　2.5　3　4　5　6　8　10　12　16　20　25　32　40　50
第二系列	1.75　2.25　2.75　(3.25)　3.5　(3.75)　4.5　5.5　(6.5)　7　9　(11)　14　18　22　28　(30)　36　45

注：(1) 选用时应优先选用第一系列，括号内的模数尽可能不用；
　　(2) 对斜齿圆柱齿轮是指法面模数。

3. 压力角 α

齿轮啮合时齿廓上任一点受力方向与速度方向之间所夹的锐角，称为渐开线在 K 点的压力角 α，用 α_k 表示，如图6-2 所示。

$$\cos \alpha_k = \frac{r_b}{r_k} \tag{6-2}$$

由此可见，渐开线上各点的压力角不等，随着 r_k 的增大，压力角越来越大，故齿顶位置的压力角最大。

为便于设计、制造和互换使用，将分度圆上的压力角规定为标准值，我国规定 $\alpha = 20°$，国外常用的压力角有 20°、15°等。

4. 齿顶高系数 h_a^* 和顶隙系数 C^*

一对齿轮啮合时，一齿轮的齿顶与另一齿轮的齿根之间具有一定的径向间隙 C（又称顶隙），这样可以避免传动时齿轮之间卡死，且有利于储存润滑油。可见，齿轮的齿根高大于齿顶高。为了以模数 m 表示齿轮的几何尺寸，规定顶隙、齿顶高、齿根高分别为：

$$C = C^* \cdot m \tag{6-3}$$
$$h_a = h_a^* \cdot m \tag{6-4}$$
$$h_f = (h_a^* + C^*) \, m \tag{6-5}$$

式中：h_a^* 为齿顶高系数，C^* 为顶隙系数。

我国规定正常齿制：
$$h_a^* = 1, \quad C^* = 0.25。$$

根据齿轮参数，得到以下结论：

（1）分度圆是指齿轮上具有标准模数和标准压力角的圆；

（2）标准齿轮是指模数、压力角、齿顶高系数和顶隙系数均为标准值，且分度圆上的齿厚等于齿槽宽的齿轮；

（3）根据式（6-2），基圆 $d_b = d\cos\alpha = mz\cos\alpha$，而齿轮渐开线的形状与基圆大小有关，因此，$m$、$z$、$\alpha$ 是决定轮齿渐开线形状的三个参数。当 m、α 不变时，z 越大，渐开线越平直。

三、标准直齿圆柱齿轮的几何尺寸计算

标准直齿圆柱齿轮的几何尺寸计算公式见表6-3。

表6-3　标准直齿圆柱齿轮几何尺寸计算公式

序号	名　称	符号	计算公式
1	齿顶高	h_a	$h_a = h_a^* \cdot m$
2	齿根高	h_f	$h_f = (h_a^* + C^*) \, m$
3	全齿高	h	$h = (2h_a^* + C^*) \, m$
4	顶隙	C	$C = C^* m$
5	分度圆直径	d	$d = mz$
6	齿顶圆直径	d_a	$d_a = d + 2h_a = m \, (z + 2h_a^*)$
7	齿根圆直径	d_f	$d_f = d - 2h_f = m \, (z - 2h_a^* - 2C^*)$
8	基圆直径	d_b	$d_b = d\cos\alpha = mz\cos\alpha$
9	齿厚	s	$s = p/2 = \pi m/2$
10	齿槽宽	e_k	$e_k = p/2 = \pi m/2$
11	齿距	p	$p = \pi m$
12	标准中心距	a	$a = \dfrac{d_2 + d_1}{2} = \dfrac{m}{2} \, (z_2 + z_1)$
13	传动比	i	$i = \dfrac{\omega_1}{\omega_2} = \dfrac{z_2}{z_1}$

【任务训练】

例 6-1 为修配一残损的正常齿制标准直齿圆柱外齿轮,实测全齿高为 8.98 mm,齿顶圆直径为 135.92 mm。试确定该齿轮的主要尺寸。

解:由表 6-3 可知,$h = (2h_a^* + C^*)m$

由于是正常制齿轮,所以 $h_a^* = 1$,$C^* = 0.25$,

$m = h/(2h_a^* + C^*) = 8.98/(2 \times 1 + 0.25) \approx 3.99 \text{(mm)}$

查表 6-2 取接近的标准模数,$m = 4 \text{ mm}$

根据 $d_a = m(z + 2h_a^*)$,则

$z = (d_a - 2h_a^* m)/m = (135.92 - 2 \times 1 \times 4)/4 = 31.98$

取整,齿数 $z = 32$

分度圆直径　　$d = mz = 4 \times 32 = 128 \text{(mm)}$

齿顶圆直径　　$d_a = m(z + 2h_a^*) = 4 \times (32 + 2 \times 1) = 136 \text{(mm)}$

齿根圆直径　　$d_f = m(z - 2h_a^* - 2C^*) = 4 \times (32 - 2 \times 1 - 2 \times 0.25) = 118 \text{(mm)}$

齿距　　　　　$p = \pi m = 3.14 \times 4 = 12.56 \text{(mm)}$

【任务思考】

对于一个齿轮实物,若要求其轮齿部分的主要尺寸,能否把测量值作为最终尺寸?为什么?

任务 3　一对直齿圆柱齿轮的啮合传动

【任务要点】

◆ 掌握直齿圆柱齿轮的正确传动、连续传动、正确安装条件及相关尺寸计算。

图 6-8　两个直齿轮实物

【任务提出】

如图 6-8 所示的两个直齿圆柱齿轮 1、2,能不能搭配起来啮合传动?为什么?两个直齿圆柱齿轮需要满足什么条件才能相啮合传动?

【任务准备】

一、正确传动条件

如图 6-9 所示,当一对齿轮啮合时,前一对轮齿在 K 点接触,后一对轮齿在 K' 点接触,这时齿轮 1 和齿轮 2 的法向齿距相等,且均等于 KK'。由渐开线的性质可知,法

向齿距 KK' 等于两轮基圆上的齿距 p_b，因此，要使两轮正确啮合，必须满足：

$$KK' = p_{b1} = p_{b2}$$

故

$$\pi m_1 \cos\alpha_1 = \pi m_2 \cos\alpha_2$$

由于齿轮的模数和压力角为标准值，所以两轮的**正确传动条件**为

$$\begin{cases} m_1 = m_2 = m \\ \alpha_1 = \alpha_2 = \alpha \end{cases} \quad (6\text{-}6)$$

即两轮的模数与压力角分别相等。

二、正确安装条件

1. 标准安装

为了避免冲击和震动，理论上齿轮传动应为无侧隙传动，如图 6-10 所示。因为标准直齿圆柱齿轮的 $e_1 = s_2 = s_1 = e_2 = \pi m/2$，此时两轮的分度圆相切，节圆与分度圆重合，这种安装称为**标准安装**。

标准安装时的中心距称为**标准中心距**，以 a 表示。

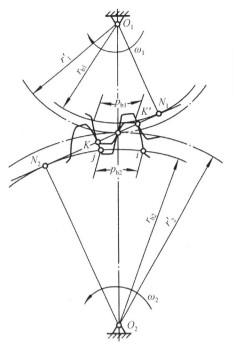

图 6-9　正确传动条件

$$a = r_1 + r_2 = \frac{m(z_1 + z_2)}{2} \quad (6\text{-}7)$$

2. 非标准安装

当存在制造或安装误差，而使安装中心距不等于标准中心距时，这种安装称为**非标准安装**。此时两节圆相切，但两分度圆不相切。此时啮合角也不再等于分度圆上的压力角，而等于节圆上的压力角，实际中心距不等于标准中心距，为节圆半径之和，即

$$a' = r_1' + r_2' = \frac{r_{b1}}{\cos\alpha_1'} + \frac{r_{b2}}{\cos\alpha_2'}$$

$$= \frac{(r_1 + r_2)\cos\alpha}{\cos\alpha'} = \frac{a\cos\alpha}{\cos\alpha'} \quad (6\text{-}8)$$

无论是标准安装还是非标准安装，其传动比不变，即

$$i_{12} = \frac{\omega_1}{\omega_2} = \frac{r_2'}{r_1'} = \frac{r_2}{r_1} = \frac{z_2}{z_1} \quad (6\text{-}9)$$

必须指出，为了保证齿面润滑，避免轮齿因摩擦发生热膨胀而产生卡死现象，以及

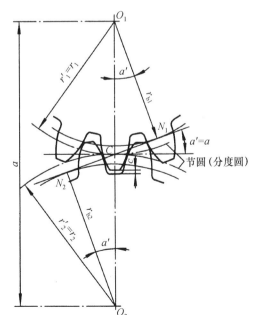

图 6-10　无侧隙传动

为了补偿加工误差等,齿轮传动应留有很小的侧隙。侧隙一般在制造时由齿厚负偏差来保证,而在设计计算齿轮尺寸时仍按无侧隙计算。

三、连续传动条件

如图 6-11 所示,一对相互啮合的齿轮,设齿轮 1 为主动轮,齿轮 2 为从动轮,齿轮的传动是依靠两轮的轮齿依次啮合实现的。齿廓的啮合起始于主动轮的齿根推动从动轮的齿顶,即图中的 B_2 点,随着轮齿的啮合,当啮合点移到齿轮 1 的齿顶圆与啮合线的交点,即图中的 B_1 时,齿廓啮合终止。可见,B_1B_2 是其实际啮合线。要使两齿轮能够实现连续传动,必须前一对轮齿啮合还没有脱离,后一对轮齿就进入啮合。当前一对轮齿在 K 点啮合尚未到达啮合终点 B_1 时,后一对轮齿已在啮合始点 B_2 开始啮合,即 $B_1B_2 \geqslant B_1K$,由渐开线的性质可知,线段 B_1K 等于基圆齿距 p_b,故**连续传动条件**为

$$\varepsilon = \frac{B_1B_2}{p_b} \geqslant 1 \quad (6-10)$$

式中 ε 称为**重合度**,重合度 ε 越大,表示同时参加啮合的轮齿对数越多,轮齿的承载能力越强,传动越平稳。

理论上 $\varepsilon = 1$ 就能保证一对齿轮连续传动,但由于齿轮存在制造误差,为保证连续性,常取 $\varepsilon \geqslant (1.1 \sim 1.4)$,标准齿轮一般都能满足这一条件。

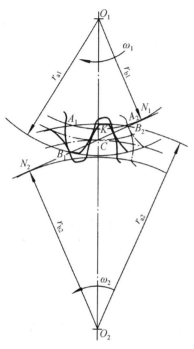

图 6-11 渐开线齿轮连续传动条件

【任务训练】

例 6-2 已知一对外啮合标准直齿圆柱齿轮传动,标准中心距为 160 mm,小齿轮齿数 $z_1 = 30$,模数 $m = 4$ mm,压力角 $\alpha = 20°$,大齿轮丢失。试求大齿轮的齿数、模数、分度圆直径、齿顶圆直径、齿根圆直径。

解:根据 $a = \dfrac{m}{2}(z_1 + z_2)$,求得齿数 $z_2 = 50$

根据一对齿轮的正确传动条件,则 $m_2 = m_1 = 4$ mm

分度圆直径 $d_2 = mz_2 = 4 \times 50 = 200 \text{(mm)}$

齿顶圆直径 $d_{a2} = m(z_2 + 2h_a^*) = 4 \times (50 + 2 \times 1) = 208 \text{(mm)}$

齿根圆直径 $d_{f2} = m(z_2 - 2h_a^* - 2C^*) = 4 \times (50 - 2 \times 1 - 2 \times 0.25) = 190 \text{(mm)}$

例 6-3 已知备件库中有以下四种规格的标准直齿圆柱齿轮,它们的参数分别为:$z_1 = 24$,$d_{a1} = 104$ mm;$z_2 = 48$,$d_{a2} = 250$ mm;$z_3 = 47$,$d_{a3} = 196$ mm;$z_4 = 48$,$d_{a4} = 200$ mm;今欲安装在中心距为 144 mm 的两轴上,要求传动比为 2。请回答有无符合要

求的一对齿轮。

解：（1）根据传动比 $i = z_B/z_A = 2$，排除齿轮 3；

（2）根据齿顶圆 $d_a = m (z + 2h_a^*)$，求得 $m_1 = m_4 = 4$ mm，$m_2 = 5$ mm，因此排除齿轮 2；

（3）验证中心距 $a_{14} = m(z_1 + z_4)/2 = 4 \times (24 + 48)/2 = 144$（mm）。

综合以上，可见齿轮 1、4 符合要求。

例 6-4 已知一对标准直齿圆柱齿轮传动，已知 $z_1 = 20$，$z_2 = 40$，$m = 2$ mm，若它们的安装中心距为 63 mm，问：

（1）是否为标准安装？为什么？

（2）两齿轮的节圆半径、分度圆半径各为多少？

解：（1）标准中心距 $a = m(z_1 + z_2)/2 = 2 \times (20 + 40)/2 = 60$（mm）

实际中心距 $a' = 63 >$ 标准中心距 a，因此为非标准安装

（2）根据 $\begin{cases} a' = r_1' + r_2' = 63 \\ \dfrac{r_2'}{r_1'} = \dfrac{z_2}{z_1} = \dfrac{40}{20} = 2 \end{cases}$

求得节圆半径 $r_1' = 21$ mm，$r_2' = 42$ mm

分度圆半径 $r_1 = mz_1/2 = 2 \times 20/2 = 20$（mm）

$r_2 = mz_2/2 = 2 \times 40/2 = 40$（mm）

【任务思考】

在一批齿轮中，如何找出能够相互啮合的一对齿轮？其参数有什么要求？

任务4　认识其他类型的齿轮传动

【任务要点】

◆ 了解平行轴斜齿圆柱齿轮传动、直齿圆锥齿轮传动、蜗杆传动等三类传动的啮合特点；

◆ 掌握三类传动的基本参数、正确传动条件及斜齿轮传动的几何尺寸计算；

◆ 了解直齿圆锥齿轮传动、蜗杆传动的几何尺寸计算。

【任务提出】

一对轴线平行的直齿圆柱齿轮传动能保证传动比为常数，但由于齿轮啮合时是整个齿宽进入或退出啮合，啮合过程中的冲击在所难免。为提高传动的平稳性，常用平行轴斜齿轮传动取代直齿轮传动，请确定一对斜齿轮的参数和尺寸。

直齿轮或斜齿轮可以传递平行轴之间的运动和动力，若机器上的两轴轴线是相交或交错的，请问应如何选择合适的齿轮传动将运动或动力从一根轴传递至另一根轴。

【任务准备】

一、平行轴斜齿圆柱齿轮传动

1. 齿廓曲面形成

斜齿轮齿廓形成

前文提到的渐开线直齿圆柱齿轮的齿形，实际上只是直齿轮的端面齿形，具有一定宽度的直齿轮的齿廓曲面的形成如图6-12（a）所示。当发生面绕基圆柱作纯滚动时，其上与基圆柱轴线平行的直线 KK 在空间所走过的轨迹即为渐开线曲面，形成的曲面即为直齿轮的齿廓曲面。

斜齿轮的齿廓曲面形成与直齿轮相似，只是 KK 不再与齿轮的轴线平行，而与它成一夹角 β_b，如图6-12（b）所示。当发生面沿基圆柱作纯滚动时，直线 KK 上各点展成的渐开线集合形成了斜齿轮的渐开螺旋面，β_b 称为基圆柱螺旋角。

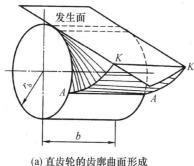
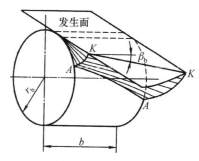

(a) 直齿轮的齿廓曲面形成　　　　　　(b) 斜齿轮的齿廓曲面形成

图6-12　圆柱齿轮的齿廓曲面形成

2. 基本参数

（1）螺旋角 β

如图6-13所示，将斜齿轮的分度圆柱展开，该圆柱上的螺旋线与齿轮轴线间的夹角，即为分度圆柱上的螺旋角，简称**螺旋角**，用 β 表示，通常取 $\beta = 8° \sim 20°$。

根据螺旋线的方向，斜齿轮分为右旋和左旋两种，其判定方法是，将斜齿轮的轴线竖直放置，轮齿的右边高为右旋，左边高则为左旋，如图6-14所示。

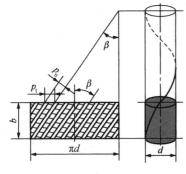

图6-13　分度圆柱螺旋角

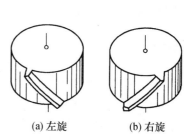

(a) 左旋　　　　(b) 右旋

图6-14　斜齿轮旋向

(2) 模数

斜齿圆柱齿轮上垂直于齿轮轴线的平面称为**端面**，端面上的参数以下标 t 表示；垂直于分度圆柱螺旋线的平面称为**法面**，法面上的参数以下标 n 表示。斜齿轮的几何尺寸是按端面计算的，而法面参数反映了斜齿轮的齿形，因此必须建立端面参数与法面参数间的对应关系。国标规定，法面上的参数为标准值，同直齿轮。

端面与法面

由图 6-13 可得，端面齿距和法面齿距的关系为

$$P_n = P_t\cos\beta，而 P_n = \pi m_n，P_t = \pi m_t$$

因此
$$m_n = m_t\cos\beta \tag{6-11}$$

(3) 压力角

如图 6-15 所示，当斜齿圆柱齿轮和斜齿条啮合时，它们的法面压力角和端面压力角应分别相等，所以斜齿圆柱齿轮法面压力角 α_n 和端面压力角 α_t 的关系可以通过斜齿条得到，即

$$\tan\alpha_n = \tan\alpha_t\cos\beta \tag{6-12}$$

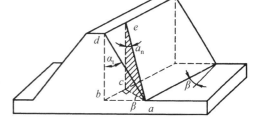

图 6-15　斜齿条的压力角

(4) 齿顶高系数及顶隙系数

斜齿轮的齿顶高和齿根高，不论从端面还是法面看都是相等的，即

$$h_{an}^* \cdot m_n = h_{at}^* \cdot m_t; \quad C_n^* m_n = C_t^* m_t$$

由式 (6-11) 可知，$m_n = m_t\cos\beta$，故

$$\begin{cases} h_{at}^* = h_{an}^*\cos\beta \\ C_t^* = C_n^*\cos\beta \end{cases} \tag{6-13}$$

3. 平行轴斜齿轮传动的正确传动条件

一对外啮合平行轴斜齿圆柱齿轮的正确传动条件为两轮的法面模数和压力角应分别相等，螺旋角大小相等、方向相反，即

$$\begin{cases} m_{n1} = m_{n2} = m_n \\ \alpha_{n1} = \alpha_{n2} = \alpha_n \\ \beta_1 = -\beta_2 \quad (内啮合时，\beta_1 = +\beta_2) \end{cases} \tag{6-14}$$

4. 斜齿轮传动的几何尺寸计算

标准斜齿圆柱齿轮传动的几何尺寸计算公式如表 6-4 所示。

表 6-4　外啮合标准斜齿圆柱齿轮传动的几何尺寸计算公式（$h_{an}^* = 1$，$C_n^* = 0.25$）

序号	名称	代号	计算公式
1	法面模数	m_n	与直齿圆柱齿轮 m 相同
2	螺旋角	β	一般 $\beta = 8° \sim 20°$
3	端面模数	m_t	$m_t = m_n/\cos\beta$
4	分度圆直径	d	$d = m_n z/\cos\beta$
5	法面齿距	p_n	$p_n = \pi m_n$
6	齿顶高	h_a	$h_a = m_n$

续表

序号	名称	代号	计算公式
7	齿根高	h_f	$h_f = 1.25 m_n$
8	全齿高	h	$h = h_a + h_f$
9	齿顶圆直径	d_a	$d_a = d + 2h_a$
10	齿根圆直径	d_f	$d_f = d - 2h_f$
11	中心距	a	$a = \dfrac{1}{2}(d_1 + d_2) = \dfrac{m_n}{2\cos\beta}(z_1 + z_2)$
12	传动比	i	$i = \omega_1/\omega_2 = z_2/z_1$

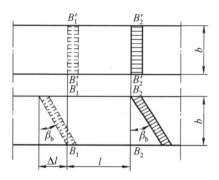

图 6-16 斜齿轮传动的重合度

5. 斜齿轮传动的重合度

图 6-16 的上图为直齿圆柱齿轮（简称直齿轮）传动的实际啮合线长度。如图 6-16 下部分所示，斜齿圆柱齿轮（简称斜齿轮）传动啮合时，由从动轮前端平面齿顶 B_2 开始啮合，至 $B_1 - B_1$ 位置时，前端平面开始脱离啮合，但此时后端平面依然处于啮合状态，直到后端平面退出啮合，整个轮齿才全部退出啮合。因此，斜齿轮啮合线长度比直齿轮的长 Δl。斜齿轮重合度为

$$\varepsilon = \frac{l}{p_b} + \frac{\Delta l}{p_b} = \varepsilon_t + \varepsilon_\beta = \varepsilon_t + \frac{b\tan\beta_b}{p_b} \quad (6\text{-}15)$$

可见增加部分 ε_β 是与螺旋角有关的，因此，斜齿轮的重合度随着螺旋角 β 及齿宽 b 的增大而增大，所以斜齿轮传动较直齿轮传动平稳，承载能力高。

6. 斜齿轮传动的特点

同直齿圆柱齿轮传动相比，斜齿圆柱齿轮传动有以下特点：

（1）传动平稳，噪声小。一对直齿轮啮合传动时，每对齿是逐渐进入啮合又逐渐退出啮合的，齿面的接触线均平行于齿轮轴线，从而使轮齿的受力具有突加性，因此传动的平稳性较差，如图 6-17（a）所示。而斜齿轮在啮合过程中，接触线长度由零逐渐增加到最大值，然后又由最大值逐渐减小到零，如图 6-17（b）所示，因此斜齿圆柱齿轮的传动平稳。

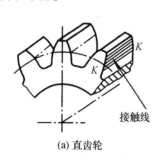

(a) 直齿轮

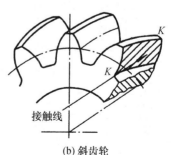

(b) 斜齿轮

图 6-17 圆柱齿轮传动的接触线

（2）承载能力大。因斜齿轮的重合度高于直齿轮，同时参与啮合的齿的对数多，故其承载能力较高。

（3）有轴向力。因为有螺旋角，故工作时会产生轴向力，提高了对轴承支承结构的要求。

因此，斜齿轮传动适用于高速大功率传动。

【任务训练】

例6-5 在机器上使用的一对正常齿标准直齿圆柱齿轮传动，已知模数 $m = 4$ mm，$z_1 = 20$，$z_2 = 40$，为提高传动的平稳性，改为斜齿轮传动，保证模数不变。求这对斜齿轮的齿数 z_A、z_B、螺旋角 β。（提示：初选 $\beta = 14°$）

解：要将机器上的直齿轮换成斜齿轮，必须保证传动比 i 和中心距 a 不变。

直齿轮的中心距 $a = \dfrac{m(z_1 + z_2)}{2} = \dfrac{4 \times (20 + 40)}{2} = 120$ (mm)

直齿轮的传动比 $i = z_2/z_1 = \dfrac{40}{20} = 2$

则斜齿轮的中心距 $a = \dfrac{m_n}{2\cos\beta}(z_A + z_B) = \dfrac{4 \times (z_A + z_B)}{2 \times \cos 14°} = \dfrac{2(z_A + z_B)}{0.9703} = 120$ (mm)

斜齿轮的传动比 $i = \dfrac{z_B}{z_A} = 2$

经整理得到方程组

$$\begin{cases} a = \dfrac{m_n}{2\cos\beta}(z_A + z_B) = \dfrac{4 \times (z_A + z_B)}{2 \times \cos 14°} = \dfrac{2(z_A + z_B)}{0.9703} = 120 \\ \dfrac{z_B}{z_A} = 2 \end{cases}$$

求得：$z_A = 19.41 \approx 19$，$z_B = 38$，并将之代入 $a = \dfrac{m_n}{2\cos\beta}(z_A + z_B)$，求得螺旋角 $\beta = 18.19°$。

二、直齿圆锥齿轮传动

1. 直齿圆锥齿轮传动的特点及应用

圆锥齿轮机构用于两相交轴之间的传动，其轮齿分布在圆锥体上，从大端到小端逐渐减小，两轴的夹角 Σ 由传动要求确定，可为任意值，$\Sigma = 90°$ 的圆锥齿轮传动应用最广泛，如图6-18所示。与圆柱齿轮相似，圆锥齿轮具有基圆锥、分度圆锥、齿顶圆锥、齿根圆锥。

圆锥齿轮传动

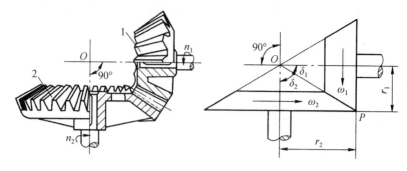

图 6-18 直齿圆锥齿轮传动

圆锥齿轮的轮齿有直齿、斜齿和曲线齿三种类型。其中斜齿圆锥齿轮传动应用较少，曲线齿圆锥齿轮传动平稳、承载能力高、使用寿命长但制造复杂，一般场合不使用。目前，应用最多的为直齿圆锥齿轮传动。

设 δ_1、δ_2 为两轮的分度圆锥角，则 $\Sigma = \delta_1 + \delta_2 = 90°$，两齿轮大端分度圆锥的半径分别为 r_1、r_2，齿数分别为 z_1、z_2，两轮的传动比

$$i = \frac{\omega_1}{\omega_2} = \frac{n_1}{n_2} = \frac{z_2}{z_1} = \cot\delta_1 = \tan\delta_2 \tag{6-16}$$

2. 直齿圆锥齿轮传动的正确传动条件

为了便于计算和测量，规定直齿圆锥齿轮以大端的参数为标准值，一对直齿圆锥齿轮传动的正确传动条件为两轮的大端模数和压力角分别相等，同时两轮的分度圆锥角之和等于两轴夹角，即

$$\begin{cases} m_1 = m_2 = m \\ \alpha_1 = \alpha_2 = \alpha \\ \delta_1 + \delta_2 = \Sigma \end{cases} \tag{6-17}$$

3. 直齿圆锥齿轮传动的几何尺寸计算

如图 6-19 所示，直齿圆锥齿轮传动的直径均指大端尺寸，其几何尺寸计算公式如表 6-5 所示。

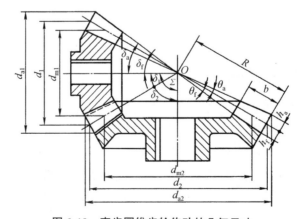

图 6-19 直齿圆锥齿轮传动的几何尺寸

表 6-5 直齿圆锥齿轮传动的几何尺寸计算公式

序号	名称	代号	计算公式
1	锥距	R	$R = \dfrac{mz}{2\sin\delta} = \dfrac{m}{2}\sqrt{z_1^2 + z_2^2}$
2	分度圆锥角	δ	$\delta_1 = \arctan(z_1/z_2) \quad \delta_2 = 90° - \delta_1$
3	顶锥角	δ_a	$\delta_a = \delta + \arctan(h_a^* m / R)$
4	根锥角	δ_f	$\delta_f = \delta - \arctan[(h_a^* + c^*) m / R]$
5	分度圆直径	d	$d = mz$
6	齿顶圆直径	d_a	$d_a = d + 2h_a \cos\delta = m(z + 2h_a^* \cos\delta)$
7	齿根圆直径	d_f	$d_f = d - 2h_f \cos\delta = m[z - (2h_a^* + c^*)\cos\delta]$

三、蜗杆传动

1. 蜗杆传动的类型和特点

蜗杆传动是一种特殊类型的齿轮传动,由蜗杆、蜗轮和机架组成,如图 6-20 所示。一般蜗杆为主动件,用于传递空间交错轴之间的运动和动力,通常两轴交错角为 90°。蜗杆类似于螺杆,有左旋和右旋之分,蜗轮可以看成是一个具有凹形轮缘的斜齿轮。

(1) 类型

蜗杆传动按蜗杆形式分为圆柱蜗杆传动、圆弧面蜗杆传动和锥面蜗杆传动,如图 6-21 所示。其中,圆柱蜗杆传动又可分为阿基米德蜗杆传动和渐开线蜗杆传动。

图 6-20 蜗杆传动

(a) 圆柱蜗杆传动

(b) 圆弧面蜗杆传动

(c) 锥面蜗杆传动

图 6-21 蜗杆传动的类型

(2) 特点

与其他类型的齿轮传动相比,蜗杆传动具有以下特点:

① 结构紧凑,传动比大。一般动力机构中 $i = 8 \sim 80$,分度机构中 i 可达 1 000。

② 工作平稳,噪声低。由于蜗杆的齿是连续不断的螺旋齿,蜗杆和蜗轮轮齿是逐

步进入和退出啮合的，且同时啮合的齿数多，所以工作平稳，噪声低。

③ 可具有自锁性。所谓"自锁"，即蜗杆为主动件时才能驱动蜗轮转动，而蜗轮不能驱动蜗杆传动。带自锁的蜗杆常用于升降机构中，起安全保护作用。

④ 传动效率低。由于齿面的相对滑动速度大，齿面摩擦损失大，其传动效率一般只有 0.7~0.8，具有自锁性的蜗杆机构，效率低于 0.5。

⑤ 制造成本高。为了减摩耐磨，蜗轮齿圈常用贵重的青铜制造，成本较高。

蜗杆传动一般用于传动比大，传递功率小于 50 kW 且不作长期连续运转的场合。

2. 蜗杆传动的基本参数

中间平面

通过蜗杆轴线并垂直于蜗轮轴线的平面，称为**中间平面**或**主平面**。在中间平面内，蜗杆传动相当于齿轮与齿条的啮合传动。因此，规定蜗杆传动的中间平面上的参数为标准值。

（1）模数 m 和压力角 α

由于在中间平面内，蜗杆传动相当于齿轮齿条的啮合传动，所以蜗杆的轴面模数 m_{a1} 和轴面压力角 α_{a1} 分别与蜗轮的端面模数 m_{t2} 和端面压力角 α_{t2} 相等，且为标准值。

（2）蜗杆头数 z_1、蜗轮齿数 z_2

蜗杆头数 z_1（齿数）即为蜗杆螺旋线的数目。z_1 的选择要综合考虑传动比、效率、加工制造三个方面。z_1 愈少，传动比愈大，但传动效率愈低；z_1 愈多，传动效率就愈高，但难于制造。通常，$z_1 = 1 \sim 4$；当有自锁时，取 $z_1 = 1$。

蜗轮的齿数 $z_2 = iz_1$。齿数越多，蜗轮尺寸越大，蜗杆轴也相应增长，但刚度减小，影响啮合精度，一般不超过 100，其值可参阅相关设计手册。

（3）蜗杆分度圆柱导程角 λ

蜗杆分度圆柱面上螺旋线的展开图如图 6-22 所示，λ 为蜗杆分度圆柱面上螺旋线的导程角，d_1 为蜗杆分度圆柱直径，p_{a1} 为蜗杆的轴向齿距，由图可知：

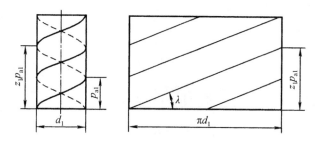

图 6-22 蜗杆分度圆柱面上螺旋线的导程角

$$\tan \lambda = \frac{z_1 p_{a1}}{\pi d_1} = \frac{z_1 \pi m}{\pi d_1} = \frac{m z_1}{d_1} \tag{6-18}$$

可见，导程角 λ 越大，传动效率越高。

(4) 蜗杆分度圆直径 d_1 和直径系数 q

由式 (6-18) 可知, 当模数 m 一定时, 取不同的 z_1 值和 λ 值, 会得到各种不同的蜗杆直径。由于蜗轮是用与蜗杆尺寸相同的蜗轮滚刀配对加工而成的, 为了使刀具标准化, 减少滚刀规格, 规定蜗杆的分度圆直径 d_1 为标准值, 并把 d_1 与 m 的比值称为蜗杆直径系数 q, 即 $q=d_1/m$。表 6-6 是部分蜗杆基本参数。

表 6-6 蜗杆基本参数 ($\Sigma = 90°$)

模数 m/mm	分度圆直径 d_1/mm	蜗杆头数 z_1	直径系数 q	模数 m/mm	分度圆直径 d_1/mm	蜗杆头数 z_1	直径系数 q
2	(18)	1,2,4	9.000	4	(31.5)	1,2,4	7.875
	22.4	1,2,4,6	11.200		40	1,2,4,6	10.000
	(28)	1,2,4	14.000		(50)	1,2,4	12.500
	35.5	1	17.750		71	1	17.750
2.5	(22.4)	1,2,4	8.960	5	(40)	1,2,4	8.000
	28	1,2,4,6	11.200		50	1,2,4,6	10.000
	(35.5)	1,2,4	14.200		(63)	1,2,4	12.600
	45	1	18.000		90	1	18.000
3.15	(28)	1,2,4	8.889	6.3	(50)	1,2,4	7.936
	35.5	1,2,4,6	11.270		63	1,2,4	10.000
	(45)	1,2,4	14.286		(80)	1,2,4	12.698
	56	1	17.778		112	1	17.778

(1) 表中模数均为第一系列;
(2) 模数和分度圆直径均应优先选用第一系列, 括号中的数字尽可能不采用。

3. 蜗杆传动的正确传动条件

蜗杆传动以中间平面上的参数为标准值, 其正确传动条件为蜗杆的轴面模数及压力角分别与蜗轮的端面模数和压力角相等, 同时蜗杆的导程角 λ 等于蜗轮的螺旋角 β。即

$$\begin{cases} m_{a1} = m_{t2} = m \\ \alpha_{a1} = \alpha_{t2} = \alpha \\ \lambda = \beta \quad (螺旋旋向相同) \end{cases} \quad (6-19)$$

4. 蜗杆传动的几何尺寸计算

标准圆柱蜗杆传动的几何尺寸计算公式见表 6-7。

表 6-7　蜗杆传动的几何尺寸计算公式

序号	名称	符号	蜗杆	蜗轮
1	齿顶高	h_a	\multicolumn{2}{c}{$h_a = h_a^* m$}
2	齿根高	h_f	\multicolumn{2}{c}{$h_f = (h_a^* + c^*) m$}
3	全齿高	h	\multicolumn{2}{c}{$h = h_a + h_f = (2h_a^* + c^*) m$}
4	分度圆直径	d	$d_1 = mq$	$d_2 = mz_2$
5	齿顶圆直径	d_a	$d_{a1} = d_1 + 2h_a$	$d_{a2} = d_2 + 2h_a$
6	齿根圆直径	d_f	$d_{f1} = d_1 - 2h_f$	$d_{f2} = d_2 - 2h_f$
7	蜗杆导程角	λ	$\lambda = \arctan(mz_1/d_1)$	
8	蜗轮螺旋角	β		$\beta = \lambda$
9	中心距	a	\multicolumn{2}{c}{$a = (d_1 + d_2)/2$}

四种齿轮
传动对比

【任务思考】

在生产实际中，若将机器上的一对直齿轮换为斜齿轮，应保证哪些参数或尺寸不变？

任务5　齿轮加工原理及变位齿轮

【任务要点】

- ◆ 了解齿轮加工原理；
- ◆ 掌握范成法加工齿轮产生根切的原因及避免方法；
- ◆ 了解变位齿轮的概念及应用场合。

【任务分析】

机器上的齿轮，除了标准齿轮外，还有非标准齿轮，也即变位齿轮，请分析标准齿轮与变位齿轮的区别与联系，它们分别是如何加工出来的，为何要进行变位加工。

【任务准备】

一、渐开线齿轮的切制原理

根据原理不同，切制渐开线齿轮的方法分为仿形法和范成法两大类。

1. 仿形法

仿形法是利用成形刀具的轴向剖面形状与齿轮齿槽形状一致的特点，在普通铣床上用铣刀在齿轮毛坯上加工出齿形的方法,如图 6-23 所示。在加工时,先切出一个齿槽,然后轮坯返回原位置,通过分度机构将轮坯转过 $360°/z$,再加工第二个齿槽,如此循环,直至加工出全部齿槽。

常用的刀具有盘状铣刀[见图 6-23 (a)]和指状铣刀[见图 6-23 (b)]两种。

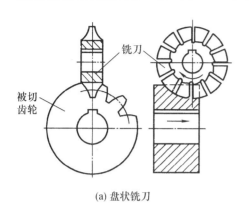
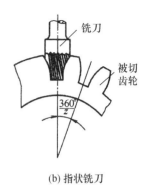

仿形法

(a) 盘状铣刀　　　　　　　　　　　　　(b) 指状铣刀

图 6-23　仿形法加工齿轮

由于渐开线齿廓的形状取决于基圆的大小,而基圆直径 d_b 与参数 m、z、α 有关,故要加工精确的齿廓,即使在相同 m 及 α 的情况下,不同齿数的齿轮也需要不同的铣刀,这在实际生产中是做不到的。同一模数只备 8 个刀号的铣刀,各号齿轮铣刀切制齿轮的齿数范围见表 6-8。因同一刀号的铣刀的齿形与齿数范围中最小齿数的齿形一致,故用这种方法加工出来的齿廓通常是近似的。

表 6-8　各号齿轮铣刀切制齿轮的齿数范围

刀号	1	2	3	4	5	6	7	8
齿数范围	12~13	14~16	17~20	21~25	26~34	35~54	55~134	≥135

因此,仿形法切制齿轮的生产率低,精度差,但其加工方法简单,不需要专用齿轮加工机床,成本低,所以常用在修配或精度要求不高的单件及小批量生产中。

2. 范成法

范成法是利用一对齿轮(或齿轮与齿条)啮合时,两轮齿廓互为包络线的原理来切制齿轮的加工方法。将其中一个齿轮(或齿条)制成刀具,当它的节圆(或齿条刀具节线)与被加工轮坯的节圆作纯滚动时(该运动是由加工齿轮的机床提供的,称为**范成运动**),刀具在与轮坯相对运动的各个位置切去轮坯上的材料,留下刀具的渐开线齿廓外形,轮坯上刀具的各个渐开线齿廓外形的包络线,便是被加工齿轮的齿廓,如图 6-24 所示。

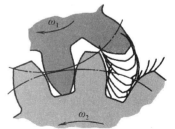

图 6-24　范成法加工原理

范成法切制齿轮时,常用的刀具有齿轮插刀、齿条插刀和齿轮滚刀,其切齿方法如图 6-25 所示。

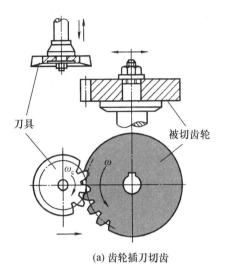

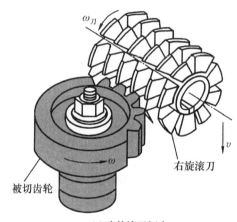

(c) 齿轮滚刀切齿

图 6-25　范成法切齿方法

用此方法加工齿轮，只要刀具和被加工齿轮的模数 m 和压力角 α 相等，则不管被加工齿轮的齿数是多少，都可以用同一把刀具来加工。这给实际生产带来了很大的方便，故范成法得到了较广泛的应用。

二、范成法加工齿轮的根切现象

1. 根切现象

当用范成法加工齿轮时，若刀具的齿顶线（或齿顶圆）超过理论啮合极限点 N，如图 6-26 中的虚线所示，则切削刃会把齿轮齿根附近的渐开线齿廓切去一部分，这种现象称为**根切**，如图 6-27 所示。根切大大削弱了轮齿的弯曲强度，降低齿轮传动的平稳性和重合度，因此应力求避免。

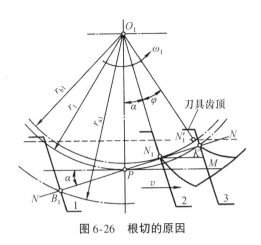

图 6-26 根切的原因

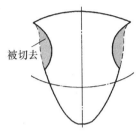

图 6-27 齿廓的根切现象

根切现象

2. 不发生根切的最少齿数

由上述内容可知，若要在切制标准齿轮时避免根切的产生，在保证刀具的分度线与轮坯分度圆相切的前提下，还必须使刀具的齿顶线不超过 N 点，如图 6-28 所示，即

$$h_a^* m \leqslant NM$$

而

$$NM = PN\sin\alpha = r\sin^2\alpha = \frac{mz}{2}\sin^2\alpha$$

由此得

$$z \geqslant \frac{2h_a^*}{\sin^2\alpha}$$

即

$$z_{\min} = \frac{2h_a^*}{\sin^2\alpha} \qquad (6-20)$$

因此，当 $\alpha = 20°$，$h_a^* = 1$ 时，标准直齿圆柱齿轮不发生根切的最少齿数为 $z_{\min} = 17$。

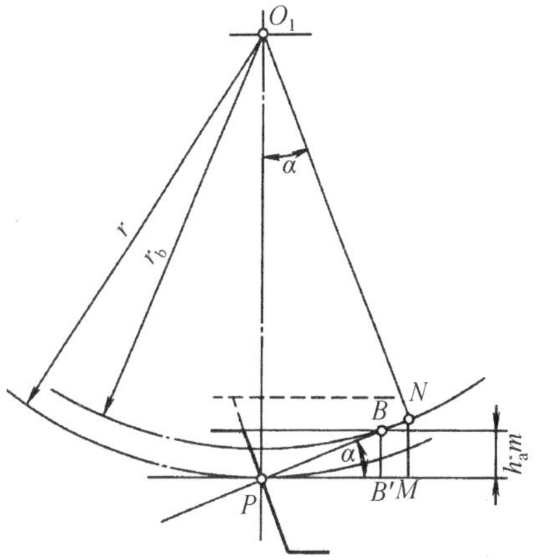

三、变位齿轮

图 6-28 避免根切的条件

1. 标准齿轮传动的缺点

（1）受最少齿数 $z_{\min}$ 的限制

当齿数 $z < z_{\min}$ 时，用范成法加工标准齿轮必然会产生根切。

（2）难以凑配中心距

在标准齿轮的实际中心距 a' 不等于标准中心距 a 时，若 $a' < a$，则无法安装；而若 $a' > a$，则虽然可以安装，但将产生较大的齿侧间隙，影响传动的平稳性，降低其重合度。

（3）小齿轮比大齿轮易损坏

在一对相互啮合的标准齿轮中，由于小齿轮齿厚度小，相对强度低，啮合次数较多。因此，在其他条件相同的情况下，小齿轮更容易损坏，同时也限制了大齿轮的承载能力。

2. 变位齿轮的概念

为了弥补标准齿轮的传动局限，出现了变位齿轮。如图 6-29 所示，若将齿条插刀

变位齿轮

远离轮心 O 一段距离（xm）至实线位置，齿顶线不再超过极限点，则切出的齿轮不会发生根切，但此时齿条的分度线与齿轮的分度圆不再相切。这种改变刀具与齿坯相对位置后切制出来的齿轮称为**变位齿轮**，刀具移动的距离 X 称为**变位量**，$X = xm$，x 称为**变位系数**。

刀具远离轮心的变位称为**正变位**，此时 $x > 0$；相反，刀具靠近轮心的变位称为**负变位**，此时 $x < 0$；标准齿轮就是变位系数 $x = 0$ 的齿轮。

3. 变位齿轮的特点

加工变位齿轮时，齿轮的模数 m、压力角 α、齿数 z、分度圆 d、基圆 d_b 均与标准齿轮相同，齿廓曲线是相同的渐开线，只是截取了不同的部位，如图 6-30 所示。但齿顶圆 d_a、齿根圆 d_f、齿厚 s、齿槽宽 e 发生了变化。

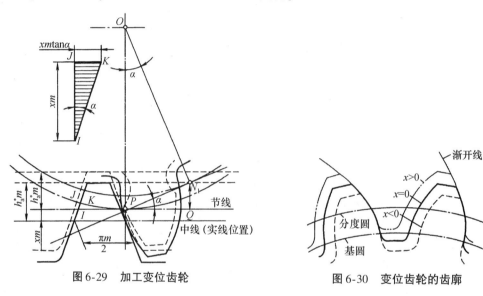

图 6-29　加工变位齿轮　　　　图 6-30　变位齿轮的齿廓

【任务思考】

当待加工的标准直齿圆柱齿轮的齿数 $z = 15$ 时，如何加工才能不出现根切？变位齿轮与标准齿轮相比，哪些参数和尺寸是不变的？哪些是变化的？

拓展阅读：圆弧齿轮传动简介

圆弧齿轮即圆弧圆柱齿轮，因其基本齿条法向工作齿廓曲线为圆弧而得名，国际上称为 Wildhaber-Novikov 齿轮，简称 W-N 齿轮。

图 6-31 所示为圆弧齿轮传动的外形图，它是一种以圆弧做齿廓的斜齿（或人字齿）轮。为加工方便，一般法向齿廓做成圆弧，而端面齿廓只是近似的圆弧。

按照圆弧齿轮的齿廓组成，圆弧齿轮可分为单圆弧齿轮和双圆弧齿轮传动两种形式。单圆弧齿轮传动如图 6-32 所示，通常小齿轮的轮齿做成凸圆弧形，大齿轮的轮齿做成凹圆弧形。双圆弧齿轮传动如图 6-33 所示，其大、小齿轮均采用同一种齿廓，其齿顶部分的齿廓为凸圆弧，齿根部分的齿廓为凹圆弧，整个齿廓由凸凹圆弧组成。

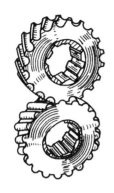

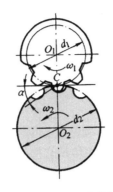

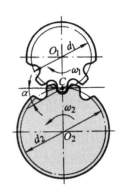

图 6-31　圆弧齿轮传动的外形图　　图 6-32　单圆弧齿轮传动　　图 6-33　双圆弧齿轮传动

与渐开线齿轮相比，圆弧齿轮具有承载能力强、工艺简单、制造成本低、使用寿命长等优点，且加工时无根切现象，因此齿轮最少齿数可以更小（$z_{1\min}=6\sim8$）。在我国，圆弧齿轮已广泛应用于冶金轧钢、矿山运输、采油炼油、化工化纤、发电设备、轻工榨糖、建材水泥和交通航运等行业的高低速齿轮传动。目前，低速应用的最大模数为 30 mm，高速应用的最大功率为 7 700 kW，最大圆周速度为 117 m/s。

与此同时，还制定了一系列圆弧齿轮技术标准，这些标准涉及齿轮模数、双圆弧齿轮基本齿廓、双圆弧齿轮承载能力计算方法、双圆弧齿轮滚刀、基本术语、齿轮精度等方面，表明圆弧齿轮在我国已形成独立完整的齿轮传动体系。而渗碳淬火硬齿面双圆弧齿轮滚刮制造技术的研究成功和应用，必将促进圆弧齿轮磨齿工艺的研究和发展，进一步提高圆弧齿轮的承载能力和使用寿命。

关于圆弧齿轮的参数及尺寸计算，请查阅相关机械设计手册。

任务实施——齿轮参数及加工原理

特别提示：任务实施不单独安排课时，而是穿插在任务 1～5 中进行，按理论实践一体化实施。

任务实施 1　认识各种类型的齿轮传动

一、训练目的

认识各种类型的齿轮传动，并进行比较。

二、实训设备及用具

机械原理与机械零件陈列柜、齿轮实物。

三、实训内容与步骤

1. 观看各种类型的齿轮传动

2. 比较

重点观察并比较直齿圆柱齿轮、斜齿圆柱齿轮、直齿圆锥齿轮、蜗杆传动的两轴位置关系及啮合特点。

任务实施 2　渐开线直齿圆柱齿轮的参数测定

一、训练目的

掌握用简单量具测定渐开线直齿圆柱齿轮基本参数的方法,加深理解渐开线的性质及齿轮各参数之间的关系,巩固齿轮传动几何尺寸的计算。

二、实训设备及用具

(1) 待测齿轮两个(一个为奇数齿,一个为偶数齿)。
(2) 游标卡尺及齿厚尺等量具。

三、实训内容及步骤

齿轮参数测量

1. 直接测量被测齿轮的齿数 z
2. 测定齿顶圆直径 d_a 和齿根圆直径 d_f

对于偶数齿齿轮,可用游标卡尺直接从被测齿轮上量出齿顶圆直径 d_a 和齿根圆直径 d_f,如图 6-34(a)所示。对于奇数齿齿轮,其 d_a 和 d_f 须间接测量,如图 6-34(b)所示。先量出被测齿轮装配孔的直径 D,再分别量出孔壁到齿顶的距离 H_1 和孔壁到齿根的距离 H_2,最后按式(6-21)计算:

$$d_a = D + 2H_1, \quad d_f = D + 2H_2 \tag{6-21}$$

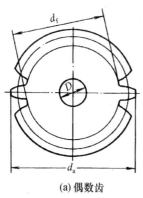
(a) 偶数齿

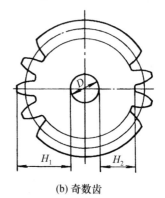
(b) 奇数齿

图 6-34　齿顶圆直径和齿根圆直径的测量

3. 测定公法线长度 W_k,以确定模数 m

用游标卡尺的量足跨过齿轮的 k 个齿,测得齿廓间公法线长度为 W_k,然后再跨过 $k+1$ 个齿,测得齿廓间公法线长度为 W_{k+1},如图 6-35 所示。为了保证卡尺的两个量足与齿廓的渐开线部分相切,卡尺的两个量足所跨的齿数 k 应按表 6-9 选取。

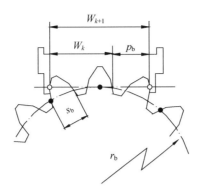

图 6-35 公法线长度

由渐开线的性质可知,齿轮齿廓的公法线长度与其对应的基圆上的圆弧长度相等,因此:

$$W_k = (k-1)p_b + s_b$$
$$W_{k+1} = k \cdot p_b + s_b$$

所以

$$p_b = W_{k+1} - W_k$$
$$m = \frac{p_b}{\pi\cos\alpha} = \frac{W_{k+1} - W_k}{\pi\cos\alpha}$$

压力角 α 的标准值一般为 20°(常用),可计算出模数,并按表 6-2 选取与计算值相接近的标准模数。

表 6-9 跨齿数

齿数 z	12～18	19～27	28～36	37～45	46～54	55～63	64～72	73～81
跨齿数 k	2	3	4	5	6	7	8	9

四、数据填写

1. 测量数据

表 6-10 测量数据 （单位:mm）

测量项目	偶数齿				奇数齿			
	1次	2次	3次	平均值	1次	2次	3次	平均值
H_1								
H_2								
D								
d_a								
d_f								
W_k								
W_{k+1}								

(注:奇数齿 d_a、d_f 根据 H_1、H_2、D 的平均值,按 $d_a = D + 2H_1$,$d_f = D + 2H_2$ 计算填入)

2. 计算数据

表 6-11 计算数据 （单位：mm）

序号	项目	计算公式	计算结果	
			偶数齿	奇数齿
1	p_b	$p_b = W_{k+1} - W_k$		
2	m	计算值：$m = p_b/(\pi\cos\alpha)$		
		标准值：按表 6-2 选取		
3	d	$d = mz$ （模数按标准值代入）		
4	d_a	$d_a = m(z+2)$ （模数按标准值代入）		
5	d_f	$d_f = m(z-2.5)$ （模数按标准值代入）		

五、注意事项

（1）实验前应检查游标卡尺的初读数是否为零，若不为零应设法修正。

（2）齿轮被测量的部位应选择在光整无缺陷之处，以免影响测量结果的正确性。在测量公法线长度时，必须保证卡尺与齿廓渐开线相切。

（3）测量各尺寸时，应选择不同位置测量 3 次，取其平均值作为测量结果。

（4）测量的尺寸精确到小数点后第 2 位。

任务实施 3　范成法加工渐开线齿轮

一、训练目的

（1）掌握范成法加工渐开线齿轮的基本原理，观察齿廓的形成过程。

（2）了解渐开线齿轮产生根切（切齿干涉）现象的原因及避免根切的方法。

（3）了解变位齿轮的齿形和几何尺寸的变化。

二、实训设备及用具

（1）齿轮范成仪。

（2）剪刀、绘图纸等。

三、实训设备结构

齿轮范成仪是按照齿轮与齿条的啮合原理设计的。所用的刀具模型为齿条插刀，其结构如图 6-36 所示。

绘图纸做成圆形轮坯，用压环固定在轮盘上，齿条刀具既可以随滑架作水平左右移动，又可以作径向调整。滑架背面采用齿轮齿条啮合传动，保证轮坯分度圆与滑架基准刻线作纯滚动。当齿条刀具分度线与基准刻线对齐时，可以范成标准齿轮齿廓。调节齿条刀具相对齿坯中心的径向位置，可以范成变位齿轮齿廓。

子项目6 齿轮机构运动分析

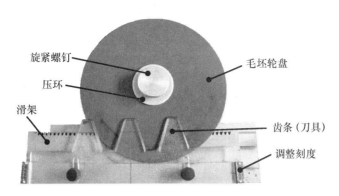

图 6-36　范成仪的结构

用铅笔将刀刃的各个位置记录在图纸上，我们就能清楚地观察和了解到渐开线齿廓的范成过程。

四、实训步骤

1. 确定被加工齿轮的主要参数

（1）确定模数 m。量齿条刀具分度线齿距 p，计算模数 m，按表6-2确定模数 m 的值。

（2）初步确定齿坯分度圆半径 r。将齿条刀具的分度线与滑架上的"0"刻度线对准，测量轮坯中心与刀具分度线之间的距离，此即为被加工齿轮的分度圆半径 r。

（3）确定被加工齿轮齿数 z。按公式 $z=d/m$，则 $z=2r/m$，计算出齿数 z，并取整。

（4）计算被加工齿轮的主要尺寸。按表6-3计算齿顶圆直径、齿根圆直径、分度圆直径、基圆直径。

齿轮范成实验

2. 在图纸上画圆并剪纸

按照上述计算尺寸，在图纸上分别画出标准齿轮的齿顶圆、分度圆、齿根圆、基圆。用剪刀沿比齿顶圆稍大一些的圆周剪下，视之为齿轮坯。

3. 标准齿轮齿廓的范成

（1）将剪好的纸片放在毛坯轮盘上，使二者圆心重合，然后用压环和旋紧螺钉将纸片夹紧在毛坯轮盘上。

（2）将齿条刀具的分度线与滑架上的"0"刻度线对准。

（3）将滑架推至左（或右）极限位置，用削尖的铅笔在圆形纸片上画下齿条刀具的齿廓在该位置上的投影线（代表齿条刀具插齿加工每次切削所形成的痕迹）。然后将滑架向右（或左）移动一个很小的距离，此时毛坯轮盘也相应转过一个小角度，再将齿条刀具的齿廓在该位置上的投影线画在圆形纸片上。连续重复上述工作，绘出齿条刀具的齿廓在各个位置上的投影，这些投影线的包络线即为被加工齿轮的渐开线齿廓。

（4）按上述方法，绘出2～3个完整的齿形，如图6-37所示。

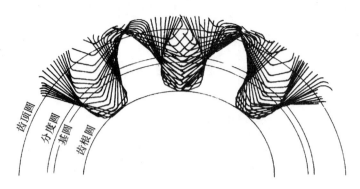

图 6-37　标准渐开线齿轮齿廓的范成过程

4. 变位齿轮齿廓的范成

（1）将齿坯相对齿条刀具转动约 120°，重新安装齿坯。

（2）调整刀具径向位置，使齿条刀具分度线相对于绘制标准齿轮时的位置向下移动 X 距离，绘制正变位齿轮。

（3）再将齿坯转动约 120°，重新安装齿坯，使齿条刀具分度线相对于绘制标准齿轮时的位置向上移动 X 距离，绘制负变位齿轮，方法同标准齿轮、正变位齿轮。

（4）图 6-38 即为使用范成仪绘制的三种齿轮的齿廓，观察绘制的齿廓并与标准齿轮的齿廓作对照和分析。

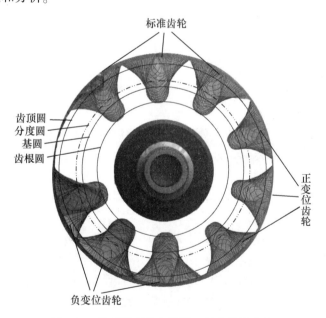

图 6-38　使用范成仪绘制的三种齿轮的齿廓

五、注意事项

（1）代表轮坯的纸片应有一定厚度，纸面应平整无明显翘曲，以防在实验过程中顶在齿条刀具的齿顶部。

（2）轮坯纸片装在轮盘上时应固定可靠，在实验过程中不得随意松开或重新固定，否则可能导致实验失败。

（3）在实验过程中，应自始至终将滑架从一个极限位沿一个方向逐渐推动直到画出所需的全部齿廓，不得来回推动以免范成仪啮合间隙影响实验结果的精确性。

知识巩固

一、填空题

（1）渐开线直齿圆柱齿轮的基本参数有5个，即_____、_____、_____、齿顶高系数和齿顶隙系数。

（2）渐开线直齿圆柱齿轮的正确啮合条件是_____和_____应分别相等。

（3）直齿圆柱齿轮连续传动的条件为_____，重合度越大，传动越_____，承载能力越_____。

（4）斜齿圆柱齿轮中，与轴线垂直的平面称为_____面，与轮齿垂直的面称为_____面。

（5）斜齿圆柱齿轮的螺旋角越大，其轴向分力越_____。

（6）用范成法加工标准直齿圆柱齿轮不发生根切的最少齿数为_____。

（7）蜗杆传动中，中间平面是指通过_____轴线并与_____轴线垂直的平面，在中间平面内，蜗杆传动相当于_____传动。

二、选择题

（1）渐开线直齿圆柱外齿轮齿顶圆压力角_____分度圆压力角。
  A. 大于   B. 小于   C. 等于   D. 大于等于

（2）一对能正确啮合传动的渐开线直齿圆柱齿轮必须满足_____。
  A. 齿形相同   B. 模数相等，齿厚等于齿槽宽
  C. 模数相等，压力角相等   D. 模数相等，压力角不相等

（3）当安装中心距大于标准中心距时，渐开线圆柱齿轮的节圆直径_____分度圆直径。
  A. 等于   B. 大于
  C. 小于   D. 以上选项都不正确

（4）用范成法切制渐开线齿轮时，齿轮根切的现象可能发生在_____的场合。
  A. 模数较大   B. 模数较小
  C. 齿数较多   D. 齿数较少

（5）渐开线直齿圆锥齿轮的几何参数是以_____作为标准的。
  A. 小端   B. 中端
  C. 大端   D. 小端、大端都可以

（6）用齿条插刀加工齿轮时，刀具分度线远离被加工齿轮的分度圆，这样加工出的齿轮称_____齿轮。
  A. 负变位   B. 标准
  C. 正变位   D. 以上选项都不正确

三、判断题

（1）基圆以内无渐开线。　　　　　　　　　　　　　　　　　　　　（　）
（2）渐开线的形状与基圆的大小无关。　　　　　　　　　　　　　　（　）
（3）齿轮的标准压力角和标准模数都在分度圆上。　　　　　　　　　（　）
（4）节圆是一对齿轮相啮合时才存在的圆。　　　　　　　　　　　　（　）
（5）对于单个齿轮来说，节圆半径就等于分度圆半径。　　　　　　　（　）
（6）满足正确啮合条件的大小两直齿圆柱齿轮齿形相同。　　　　　　（　）
（7）齿数越多越容易出现根切。　　　　　　　　　　　　　　　　　（　）
（8）蜗轮的螺旋角一定等于蜗杆的导程角。　　　　　　　　　　　　（　）
（9）蜗轮和蜗杆轮齿的螺旋方向一定相同。　　　　　　　　　　　　（　）

四、综合应用题

（1）在下表中分别填写不同类型齿轮传动的两轴位置、标准参数所在的面、正确传动条件（用公式表示）、传动比的表达式。

齿轮传动类型	两轴位置	标准面	正确传动条件	传动比
直齿圆柱齿轮传动				
平行轴斜齿圆柱齿轮传动				
直齿圆锥齿轮传动				
蜗杆传动				

（2）一标准正常齿直齿圆柱齿轮，已知模数 $m=3$ mm，齿数 $z=30$，试计算齿轮的分度圆直径 d、齿顶圆直径 d_a、齿根圆直径 d_f、齿距 p、齿顶高 h_a、齿根高 h_f、全齿高 h。

（3）已知一对标准正常齿外啮合标准直齿圆柱齿轮传动，标准中心距为 144 mm，小齿轮 $z_1=24$，模数 $m=4$ mm，压力角 $\alpha=20°$，大齿轮丢失。试求丢失的大齿轮的齿数、模数、分度圆直径、齿顶圆直径、齿根圆直径。

（4）一对正常齿标准直齿圆柱齿轮传动，$z_1=30$，$z_2=60$，$m=2$ mm，若它们的安装中心距为 93 mm，试问：

① 是否为标准安装？为什么？
② 两齿轮的节圆半径、分度圆半径各为多少？
③ 此时啮合角为多少？

（5）在机器上使用的一对正常齿标准直齿圆柱齿轮传动，已知模数 $m=2$ mm，$z_1=20$，$z_2=40$，为提高传动的平稳性，改为平行轴斜齿圆柱齿轮传动，保证模数不变。试求这对斜齿轮的齿数 z_A、z_B 以及螺旋角 β。

（6）已知一对直齿圆锥齿轮的参数为 $m=2$ mm，$z_1=19$，$z_2=41$，$\alpha=20°$，$h_a^*=1$，$C^*=0.2$，$\Sigma=90°$，试计算两轮的分度圆直径、分度圆锥角、锥距。

（7）已知某蜗杆减速器中蜗杆的参数为 $z_1=2$，右旋，$d_{a1}=48$ mm，$p_{a1}=12.56$ mm，中心距 $a=100$ mm，试计算蜗杆的模数、分度圆直径、蜗杆直径系数以及蜗轮的主要几何尺寸。

子项目 7　齿轮系传动比计算

▶ 学习目标

知识目标：
　☆ 了解齿轮系的概念和分类；
　☆ 掌握轮系传动比的计算方法及应用。

能力目标：
　☆ 能区分轮系的类型；
　☆ 会计算各类轮系的传动比。

　　五轮沙漏，又称为计时器，是元代大书法家詹希元创制的。在他发明的五轮沙漏里设有齿轮系，用流沙的动力推动齿轮组转动。这样的沙漏设有时刻盘，上面刻有一天的时刻，相当于当今时钟的钟面，时刻盘中心有一根指针，指针由最后一级齿轮的轴传动。齿轮转动使指针在时刻盘上指示时刻。詹希元还巧妙地在中轮上添加了一组机械传动装置，这些机械装置能使五轮沙漏上的两个小木人每到整点便能够转出来击鼓报时。这再次让我们看到了古人的智慧及创造力的伟大。

五轮沙漏

▶ 案例引入

　　齿轮传动在各种机器和机械设备中应用广泛，为了减速、增速、变速等，经常采用一系列互相啮合的齿轮组成传动系统，这种由一系列相互啮合的齿轮组成的传动系统称为**齿轮系**。
　　在图 7-1 所示的内燃机中，三个圆柱齿轮组成齿轮系，从而控制凸轮轴的运动速度，控制进、排气阀的启闭。子项目 6 已经学习了一对齿轮的传动比计算，齿轮系的传动比又该如何计算？
　　如何计算各类齿轮系的传动比是本项目重点要讨论和解决的问题。

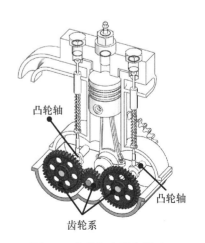

图 7-1　内燃机中的齿轮系

项目一 典型设备机构分析与设计

▶ **任务框架**

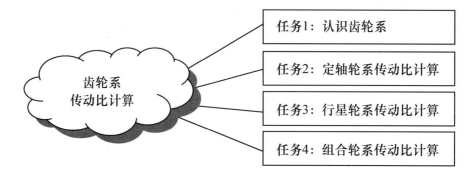

任务1 认识齿轮系

【任务要点】

◆ 能够判断轮系的类型和组成；了解轮系的功用。

【任务提出】

图 7-1 所示的是由三个圆柱齿轮组成的齿轮系，其三根轴线相互平行。有些机械设备的传动系统中会应用圆锥齿轮、蜗轮蜗杆等齿轮传动；还有些齿轮系中某些齿轮的几何轴线位置是变化的。不同类型的齿轮系其运动特性是不一样的，速度的计算方法也有所不同。试分析不同类型齿轮系的结构组成。

【任务准备】

一、轮系的类型

轮系一般可分为定轴轮系、行星轮系和组合轮系。

1. 定轴轮系

当轮系运转时，若各齿轮的轴线相对于机架的位置均固定不动，则这种轮系称为**定轴轮系**，如图 7-2 所示。其中，图 7-2（a）所示的定轴轮系是由轴线相互平行的齿轮组成的，称为**平面定轴轮系**；图 7-2（b）所示的定轴轮系包含相交轴齿轮、交错轴齿轮等，称为**空间定轴轮系**。

定轴轮

(a) 平面定轴轮系　　　　　　(b) 空间定轴轮系

图 7-2　定轴轮系

2. 行星轮系

当轮系运转时，若其中至少有一个齿轮的轴线绕着其他齿轮的轴线回转，则这种轮系称为**行星轮系**，也称为**周转轮系**。图 7-3 所示为一常见的平面行星轮系。

3. 组合轮系

如果轮系中既包含定轴轮系，又包含行星轮系，或者包含几个行星轮系，则称为**组合轮系**。图 7-4（a）所示为两个行星轮系串联在一起的组合轮系，图 7-4（b）所示为定轴轮系和行星轮系串联在一起的组合轮系。

图 7-3　行星轮系

(a) 两个行星轮系串联的组合轮系　　　(b) 定轴轮系和行星轮系串联的组合轮系

图 7-4　组合轮系

二、轮系的功用

轮系广泛应用在各种机械设备中，它的功用可以概括为以下几个方面。

1. 用于相距较远的两轴间传动

如图 7-5 所示，当两轴间的距离较大时，相对于一对齿轮传动（图中虚线部分），采用齿轮系（图中实线部分）传动，可使齿轮尺寸小，节约材料，且制造安装更方便。

2. 实现换向传动

在主动轴转向不变的条件下，利用轮系可以改变从动轴的转向。如图 7-6 所示，可通过扳动手柄转动三角形构件，使轮 1 与轮 2 或轮 3 啮合，这样轮 4 可得到两种不同的转向。

远距离传动

换向传动

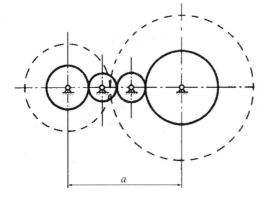

图 7-5　相距较远的两轴传动

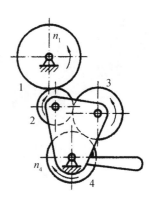

图 7-6　换向传动

3. 可获得大的传动比

一般一对齿轮的传动比不宜大于 8，采用轮系可获得较大的传动比，有些行星轮系，仅由两对齿轮组成，其传动比甚至可达 10 000 倍。

4. 实现分路传动

分路传动

利用轮系可将主动轴的转速同时传给几个从动轴，以获得所需的各种转速。图 7-7 所示为滚齿机上的定轴轮系，电动机通过主轴，一路将运动传递给滚刀 A，另一路驱动轮坯 B 转动，从而使滚刀与轮坯之间具有确定的范成运动关系。

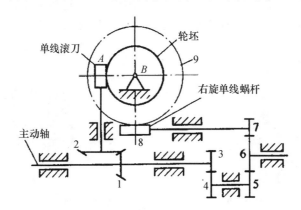

图 7-7　实现分路传动

5. 实现变速传动

输入轴转速不变时，利用轮系可使输出轴获得多种工作转速。图 7-8 所示为车床用变速箱，电动机轴为输入轴，通过中间的滑移齿轮，输出轴可以得到 6 档转速，实现了变速。一般汽车、机床、起重机等设备上也都需要这种变速传动。

6. 实现运动的合成与分解

利用行星轮系中差动轮系的特点，可以将两个输入运动合成为一个输出运动。图 7-9 所示为滚齿机中的轮系，可把转速 n_1 和转速 n_H 通过轮系合成后，变为转速 n_3 输出，使滚齿机工作台得到需要的转速。

在有些轮系中，还可以把某个转速分别传给不同的构件，从而实现运动分解。

子项目7　齿轮系传动比计算

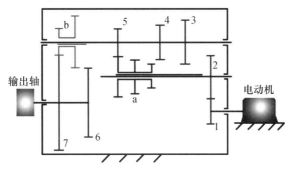

图 7-8　实现传动

变速传动

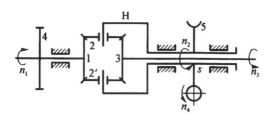

图 7-9　实现运动合成

【任务思考】

定轴轮系、行星轮系的本质区别是什么？

任务2　定轴轮系传动比计算

【任务要点】

◆ 掌握定轴轮系的传动比计算并能判断轮系中各齿轮的转向。

【任务提出】

在图 7-10 所示的定轴轮系中，请求出轴Ⅰ与轴Ⅲ的传动比，并判断轴Ⅰ与轴Ⅲ的转向关系。

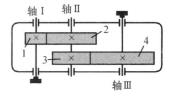

图 7-10　定轴齿轮传动系统

【任务准备】

一、一对齿轮的传动比

我们已经知道，一对相互啮合的齿轮的速度与齿数成反比，具体为：

1. 一对圆柱齿轮传动

图 7-11 所示为一对圆柱齿轮传动，设主动轮 1 的转速为 n_1，齿数为 z_1；从动轮 2 的转速为 n_2，齿数为 z_2，则其传动比为

$$i_{12} = \frac{n_1}{n_2} = \pm \frac{z_2}{z_1} \tag{7-1}$$

式中：外啮合为"−"，内啮合为"+"。

两轮的转向也可用箭头在图中表示出来：外啮合传动的主、从动轮转向相反，故表示其转向的箭头方向相反；内啮合传动时，两轮转向相同，箭头同向。

外啮合圆柱齿轮传动

内啮合圆柱齿轮传动

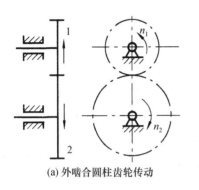
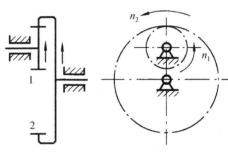

(a) 外啮合圆柱齿轮传动　　　(b) 内啮合圆柱齿轮传动

图 7-11　一对圆柱齿轮传动

2. 一对圆锥齿轮传动或蜗杆传动

图 7-12 所示为一对圆锥齿轮传动或蜗杆传动，其传动比大小为

$$i_{12} = \frac{n_1}{n_2} = \frac{z_2}{z_1}$$

因轴线不平行，两轮的转向关系不能用正负号表示，故只能用画箭头的方法在图上标注。

(1) 一对圆锥齿轮传动：一对圆锥齿轮传动的箭头应同时垂直于各自轴线并指向啮合点或背离啮合点，如图 7-12(a) 所示。

圆锥齿轮转动方向

(2) 蜗杆传动：蜗杆与蜗轮之间转向关系按右（左）手定则确定，即右旋用右手，左旋用左手，保持四指与大拇指相垂直，用手握住轴线，四指方向表示蜗杆转动方向，蜗轮在啮合点的速度方向与大拇指方向相反，如图 7-12(b) 所示。

蜗杆传动转动方向

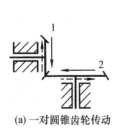
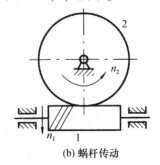

(a) 一对圆锥齿轮传动　　　(b) 蜗杆传动

图 7-12　空间齿轮传动

二、定轴轮系传动比计算

轮系的传动比是指首轮与末轮的速度或角速度之比,常用字母 i_{ab} 表示,下标 a、b 分别为首、末轮的代号,在传动比的计算中,既要确定其传动比的大小,又要确定转速的方向。在图 7-13 中,设齿轮 1 为首轮,齿轮 5 为末轮,各轮的齿数为 z_1、z_2……各轮的转速为 n_1,n_2……根据式(7-1)可求出各对齿轮啮合的传动比

$$i_{12} = \frac{n_1}{n_2} = -\frac{z_2}{z_1} \qquad i_{2'3} = \frac{n_{2'}}{n_3} = +\frac{z_3}{z_{2'}}$$

$$i_{3'4} = \frac{n_{3'}}{n_4} = -\frac{z_4}{z_{3'}} \qquad i_{45} = \frac{n_4}{n_5} = -\frac{z_5}{z_4}$$

又:$n_2 = n_{2'}$,$n_3 = n_{3'}$,将以上各式两边连乘得

$$i_{12} \cdot i_{2'3} \cdot i_{3'4} \cdot i_{45} = \frac{n_1 n_{2'} n_{3'} n_4}{n_2 n_3 n_4 n_5}$$

$$= (-1)^3 \frac{z_2 z_3 z_4 z_5}{z_1 z_{2'} z_{3'} z_4}$$

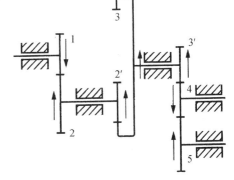

图 7-13 定轴轮系简图

因此有

$$i_{15} = \frac{n_1}{n_5} = i_{12} \cdot i_{2'3} \cdot i_{3'4} \cdot i_{45} = (-1)^3 \frac{z_2 z_3 z_4 z_5}{z_1 z_{2'} z_{3'} z_4} = (-1)^3 \frac{z_2 z_3 z_5}{z_1 z_{2'} z_{3'}}$$

从以上分析可知,平面定轴轮系的传动比等于轮系中各对啮合齿轮传动比的连乘积,也等于轮系中所有从动轮齿数的乘积与所有主动轮齿数的乘积之比,传动比的正负号取决于外啮合的次数。归纳如下:

(一)平面定轴轮系的传动比的计算

1. 计算公式

将上述计算推广到一般情况,则定轴轮系的传动比计算公式为

$$i_{AK} = \frac{n_A}{n_K} = (-1)^m \frac{A \text{ 至 K 间各对齿轮从动轮齿数的连乘积}}{A \text{ 至 K 间各对齿轮主动轮齿数的连乘积}} \qquad (7-2)$$

式中:A——首轮;

K——末轮;

m——外啮合齿轮对数。

i_{AK} 为负,则首末两轮转向相反,反之转向相同。也可用画箭头的方法来表示首末两轮的相对转向关系,如图 7-13 所示。

2. 惰轮

在图 7-13 中,齿轮 4 同时与两个齿轮啮合,它既是前一级的从动轮,又是后一级的主动轮。其齿数 z_4 在计算式的分子和分母中各出现一次,最后被消去,即齿轮 4 的齿数不影响传动比的大小。这种不影响传动比的大小,只改变转向的齿轮称为**惰轮**或**过桥齿轮**。

(二)空间定轴轮系传动比的计算

空间定轴轮系传动比的计算同平面定轴轮系,由于各齿轮的轴线有些是不平行

惰轮

的，因此齿数前不再用正负号表示，首末两轮的转向只能通过画箭头来确定。

【任务训练】

例 7-1 在图 7-13 中，已知 $n_1 = 960$ r/min，各齿轮的齿数分别为 $z_1 = 20$，$z_2 = 60$，$z_{2'} = 45$，$z_3 = 90$，$z_{3'} = 30$，$z_4 = 24$，$z_5 = 30$。试求齿轮 5 的转速 n_5，并注明其转向。

解：由图可知该轮系为轴线互相平行的平面定轴轮系，有 3 对外啮合传动，1 对内啮合传动，因此 $m = 3$，根据式（7-2）计算得

$$i_{15} = \frac{n_1}{n_5} = (-1)^3 \frac{z_2 z_3 z_4 z_5}{z_1 z_{2'} z_{3'} z_4} = -\frac{60 \times 90 \times 24 \times 30}{20 \times 45 \times 30 \times 24} = -6$$

$$n_5 = \frac{n_1}{i_{15}} = \frac{960}{-6} = -160 \text{ (r/min)}$$

传动比为负号，所以齿轮 5 的转向与齿轮 1 的转向相反。

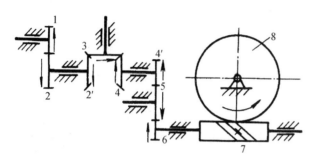

图 7-14 非平行轴的定轴轮系

例 7-2 如图 7-14 所示的定轴轮系，已知 $z_1 = 20$，$z_2 = 30$，$z_{2'} = 40$，$z_3 = 20$，$z_4 = 60$，$z_{4'} = 40$，$z_5 = 30$，$z_6 = 40$，$z_7 = 2$，$z_8 = 40$，齿轮 1 的转速 $n_1 = 2\,400$ r/min，转向如图示，求传动比 i_{18}、蜗轮 8 的转速和转向。

解：轮系为空间定轴轮系，包含圆柱齿轮、圆锥齿轮及蜗杆传动，共有 6 对传动，分别是 1-2、2-3、3-4、4'-5、5-6、7-8，传动比为

$$i_{18} = \frac{n_1}{n_8} = \frac{z_2 z_3 z_4 z_5 z_6 z_8}{z_1 z_{2'} z_3 z_{4'} z_5 z_7} = \frac{30 \times 20 \times 60 \times 30 \times 40 \times 40}{20 \times 40 \times 20 \times 40 \times 30 \times 2} = 45$$

蜗轮 8 的转速为

$$n_8 = \frac{n_1}{i_{18}} = \frac{2\,400}{45} = 53.3 \text{ (r/min)}$$

方向由画箭头的方法确定，蜗轮 8 为逆时针方向旋转。

【任务思考】

在利用式（7-2）计算图 7-10 轴Ⅰ至轴Ⅲ的传动比时，m 的取值为多少？

任务 3　行星轮系传动比计算

【任务要点】

◆ 会计算行星轮系的传动比大小并判断各轮转向。

【任务提出】

若轮系中含有轴线不固定的齿轮,试分析能不能直接用定轴轮系的公式求各构件间的传动比。

【任务准备】

一、行星轮系组成

如前所述,行星轮系中至少有一个齿轮的轴线是不固定的,如图 7-15 所示,行星轮系一般由行星轮、行星架、太阳轮及机架组成。

(1) 行星架。**行星架**是用于支撑行星轮的构件,又称系杆或转臂,用字母 H 表示。

行星轮系

(2) 行星轮。**行星轮**是指轴线不固定的齿轮,如图 7-15 中的齿轮 2,一方面绕着自身轴线 O_2O_2 自转,另一方面其轴线 O_2O_2 又随构件 H 一起绕着固定轴线 OO 公转。

(3) 太阳轮。与行星轮相啮合,且绕着自身固定轴线 OO 转动,称为**太阳轮**(或中心轮),如图 7-15 中的齿轮 1、3。

其中,太阳轮和行星架一般作为运动的输入和输出构件,称为基本构件。行星轮系中各基本构件的回转轴线必须重合,否则轮系不能运动。

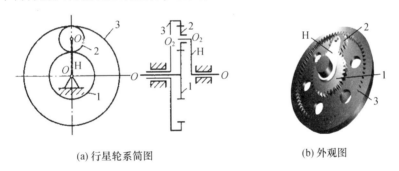

(a) 行星轮系简图　　　　　　　　(b) 外观图

图 7-15　行星轮系

1、3—太阳轮　2—行星轮　H—行星架

根据机构自由度的不同,行星轮系可以分为**差动轮系**和**简单行星轮系**两类。图 7-15 所示的为差动轮系,若图中的齿轮 3 固定,则称为简单行星轮系。

二、行星轮系传动比计算

由于行星轮既自转又绕着太阳轮公转,因此不能直接用定轴轮系传动比计算公式来求行星轮系的传动比。

1. 转化轮系

如果能够使行星架固定不动,那么行星轮系就可以转化为定轴轮系。如图 7-16(a) 所示,假想给整个轮系加上一个公共的转速($-n_H$),根据相对运动原理可知,各机构之间的相对运动关系并不改变。但此时行星架的转速就变成了 $n_H - n_H = 0$,即行星架可视为固定不动,于是行星轮系就转化成一个假想的定轴轮系,这个假想的定轴轮系称

转化轮系

125

为行星轮系的**转化轮系**，如图7-16(b)所示。转化轮系中各个构件的转速变化情况如表7-1所示。

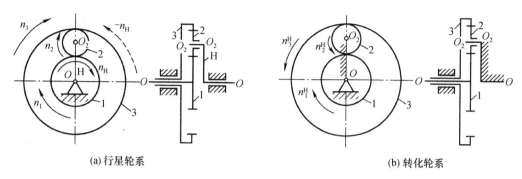

(a) 行星轮系　　　　　　　　　　(b) 转化轮系

图7-16　行星轮系的转化

1、3—太阳轮　2—行星轮　H—行星架

表7-1　轮系转速变化表

构件代号	行星轮系中各构件的转速	转化轮系中各构件的转速
1	n_1	$n_1^H = n_1 - n_H$
2	n_2	$n_2^H = n_2 - n_H$
3	n_3	$n_3^H = n_3 - n_H$
H	n_H	$n_H^H = n_H - n_H = 0$

表中转化轮系中各构件的转速 n_1^H、n_2^H、n_3^H、n_H^H 右上方加的上标 H，表示这些转速是各构件相对行星架 H 的转速。由于 $n_H^H = 0$，因此，该转化轮系的传动比便可按定轴轮系传动比的计算方法来计算。

则图7-16所示行星轮系的转化轮系的传动比为

$$i_{13}^H = \frac{n_1^H}{n_3^H} = \frac{n_1 - n_H}{n_3 - n_H} = -\frac{z_3}{z_1}$$

在上式中，若已知各轮的齿数及两个转速，则可求得另一个转速。

2. 转化轮系传动比公式

设首轮 A 的转速为 n_A，末轮 K 的转速为 n_K，行星架 H 的转速为 n_H，将上式推广到一般情况，则有

$$i_{AK}^H = \frac{n_A^H}{n_K^H} = \frac{n_A - n_H}{n_K - n_H} = \pm \frac{\text{A 至 K 间各对齿轮从动轮齿数的连乘积}}{\text{A 至 K 间各对齿轮主动轮齿数的连乘积}} \quad (7-3)$$

应用上式时必须注意：

（1）该公式只适用于轮 A、轮 K 和行星架 H 的轴线相互平行或重合的情况。

（2）等式右边的正负号，按转化轮系中轮 A、轮 K 的转向关系，用定轴轮系传动比的转向判断方法确定。当轮 A、轮 K 转向相同时，等式右边取正号，相反时取负号。这里的正负号并不代表轮 A、轮 K 的真正转向关系，只表示行星架相对静止不动时轮 A、轮 K 的转向关系。

(3) 转速 n_A、n_K、n_H 是代数值，代入公式时必须带正负号。假定某一转向取正号，则与其同向的取正号，与其反向的取负号。待求构件的实际转向由计算结果的正负号确定。

【任务训练】

例 7-3 在图 7-15(a) 所示的平面差动轮系中，设 $z_1 = z_2 = 30$，$z_3 = 90$，设齿轮 1、3 的转速大小分别为 $n_1 = 200 \text{ r/min}$ 和 $n_3 = 100 \text{ r/min}$。试求当齿轮 1、3 转向相同和相反时，行星架转速 n_H 的大小和转向。

解：由式（7-3）得 $i_{13}^H = \dfrac{n_1 - n_H}{n_3 - n_H} = -\dfrac{z_2 z_3}{z_1 z_2} = -\dfrac{z_3}{z_1} = -\dfrac{90}{30} = -3$

即 $$n_H = \dfrac{n_1 + 3n_3}{4}$$

(1) 当 n_1、n_3 转向相同时，则 $n_H = \dfrac{n_1 + 3n_3}{4} = \dfrac{200 + 3 \times 100}{4} = 125 \text{ (r/min)}$

(2) 当 n_1、n_3 转向相反时，则 $n_H = \dfrac{n_1 + 3n_3}{4} = \dfrac{200 + 3 \times (-100)}{4} = -25 \text{ (r/min)}$

例 7-4 在图 7-17 所示的行星轮系中，已知各轮齿数 $z_1 = 100$，$z_2 = 101$，$z_{2'} = 100$，$z_3 = 99$，$n_3 = 0$，试求传动比 i_{H1}。

解：图中齿轮 1 为活动太阳轮，齿轮 3 为固定太阳轮，双联齿轮 2、2′为行星轮，H 为行星架。齿轮 1 和 3 在转化轮系中转向相同，由式（7-3）得

$$i_{13}^H = \dfrac{n_1 - n_H}{n_3 - n_H} = \dfrac{z_2 z_3}{z_1 z_{2'}} = \dfrac{101 \times 99}{100 \times 100} = \dfrac{9\,999}{10\,000}$$

$$\dfrac{n_1 - n_H}{0 - n_H} = \dfrac{9\,999}{10\,000}$$

$$\dfrac{n_1}{n_H} = 1 - \dfrac{9\,999}{10\,000} = \dfrac{1}{10\,000}$$

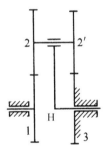

图 7-17 行星轮系举例

所以 $i_{H1} = \dfrac{n_H}{n_1} = 10\,000$

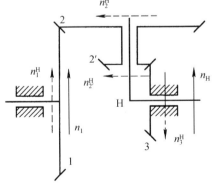

图 7-18 空间轮系举例

本例说明，当行星架 H 转 10 000 圈时，轮 1 只转 1 圈。该轮系仅用两对齿数差不多的齿轮，便能获得很大的传动比，并且传动机构非常紧凑。

例 7-5 在图 7-18 所示的由锥齿轮组成的行星轮系中，各齿轮的齿数为 $z_1 = 42$，$z_2 = 48$，$z_{2'} = 18$，$z_3 = 21$，转速 $n_1 = 100 \text{ r/min}$，转向如图所示，试求行星架 H 的转速 n_H。

解：这是由锥齿轮组成的行星轮系，齿轮 1、3 及行星架 H 的轴线相互平行，齿轮 1 和 3 在转化轮系中转向相反，由式（7-3）得

$$i_{13}^H = \frac{n_1 - n_H}{n_3 - n_H} = -\frac{z_2 z_3}{z_1 z_{2'}}$$

设 n_1 的转向为正，则

$$\frac{100 - n_H}{0 - n_H} = -\frac{48 \times 21}{42 \times 18} = -\frac{4}{3}$$

解得 $n_H = 42.86$ r/min，n_H 为正值，表示行星架 H 与齿轮 1 的转向相同。

【任务思考】

在图 7-16 中，转化轮系的传动比 i_{13}^H 可以应用式（7-3）计算，那么，轮系的传动比 i_{13}、i_{1H} 如何计算？

任务 4　组合轮系传动比计算

【任务要点】

◆ 会计算组合轮系的传动比并判断各轮的转向。

【任务提出】

图 7-4 所示的是两种不同类型的组合轮系，试分析能否直接用定轴轮系或行星轮系的传动比计算公式计算组合轮系的传动比。

【任务准备】

由于组合轮系中既包含定轴轮系，又包含行星轮系或者包含多个行星轮系，所以在计算组合轮系的传动比时，不能将整个轮系单纯地按定轴轮系或行星轮系传动比的方法计算，一般按下列步骤计算：

（1）找出行星齿轮。
（2）划分基本轮系，将各基本轮系区分开。
（3）分别列出各个基本轮系的传动比计算公式。
（4）找出基本轮系中各联系构件之间的关系。
（5）联立方程求解。

分析组合轮系的关键是正确划分出其中的行星轮系。方法是先找出轴线不固定的行星轮和行星架，然后找出与行星轮啮合的太阳轮，这组行星轮、太阳轮和行星架就构成一个单一的行星轮系。找出所有的行星轮系后，剩下的就是定轴轮系。

组合轮系传动比

【任务训练】

例 7-6　如图 7-19 所示的轮系，已知各齿轮齿数为 $z_1 = 24$，$z_2 = 36$，$z_{2'} = 20$，$z_3 = 40$，$z_4 = 80$，齿轮 1 的转速 $n_1 = 600$ r/min，试求传动比 i_{1H} 和行星架 H 的转速 n_H。

解：（1）划分基本轮系。

齿轮 3 为行星轮，齿轮 2′、3、4、行星架 H 组成行星轮系；齿轮 1、2 组成定轴轮系。

（2）分别列出基本轮系的传动比计算公式，联立求解：

在定轴轮系中：$i_{12} = \dfrac{n_1}{n_2} = -\dfrac{z_2}{z_1} = -\dfrac{36}{24} = -\dfrac{3}{2}$ ①

在行星轮系中：$i_{2'4}^H = \dfrac{n_{2'} - n_H}{n_4 - n_H} = -\dfrac{z_3 \cdot z_4}{z_{2'} \cdot z_3} = -\dfrac{80}{20} = -4$ ②

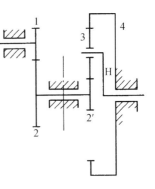

图 7-19　组合轮系例 1

由①得　　$n_2 = -\dfrac{2}{3} n_1 = -\dfrac{2}{3} \times 600 = -400 \text{ (r/min)}$

由图可知　　$n_2 = n_{2'}$　　$n_4 = 0$

代入②得　　$\dfrac{-400 - n_H}{0 - n_H} = -4$

则　　$n_H = -80 \text{ r/min}$

$$i_{1H} = \dfrac{n_1}{n_H} = \dfrac{600}{-80} = -7.5$$

由计算结果可知 n_H 为负值，表示行星架 H 与齿轮 1 的转向相反。

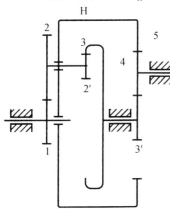

图 7-20　电动卷扬机减速器

例 7-7　在图 7-20 所示的电动卷扬机减速器中，齿轮 1 为主动轮，动力由卷筒 H 输出。各轮齿数为 $z_1 = 24$，$z_2 = 33$，$z_{2'} = 21$，$z_3 = 78$，$z_{3'} = 18$，$z_4 = 30$，$z_5 = 78$。求 i_{1H}。

解：（1）分解轮系。

在该轮系中，双联齿轮 2-2′ 的几何轴线是绕着齿轮 1 和 3 的轴线转动的，所以是行星轮；支持它运动的构件（卷筒 H）就是行星架；和行星轮相啮合的齿轮 1 和 3 是中心轮。所以齿轮 1、2-2′、3 和行星架 H 组成行星轮系；剩下的齿轮 3′、4、5 是一个定轴轮系。

（2）分别列出基本轮系的传动比计算公式。

定轴轮系传动比：$i_{3'5} = \dfrac{n_{3'}}{n_5} = -\dfrac{z_4 z_5}{z_{3'} z_4} = -\dfrac{13}{3}$

行星轮系传动比：$i_{13}^H = \dfrac{n_1 - n_H}{n_3 - n_H} = -\dfrac{z_2 z_3}{z_1 z_{2'}} = -\dfrac{33 \times 78}{24 \times 21} = -\dfrac{143}{28}$

（3）分析组合轮系的内部联系。

定轴轮系中内齿轮 5 与行星轮系中行星架 H 是同一构件，因而，$n_5 = n_H$；

定轴轮系中齿轮 3′ 与行星轮系中心轮 3 是双联齿轮，因而 $n_3 = n_{3'}$。代入上面的两个式子中，得：

$$\dfrac{n_1 - n_H}{-\dfrac{13}{3} n_H - n_H} = -\dfrac{143}{28}$$

则　　$i_{1H} = 28.24$

【任务思考】

区别组合轮系基本组成的关键是什么？

拓展阅读：谐波齿轮传动简介

谐波齿轮传动

谐波齿轮传动是一种依靠弹性变形运动来实现传动的新型传动，它突破了机械传动采用刚性构件机构的模式，使用了一个柔性构件机构来实现机械传动，从而获得了一系列其他传动难以实现的特殊性能。构成谐波齿轮传动的三个主要部件有：

（1）波发生器，具有长短轴，通过它的转动迫使柔轮按一定的变形规律产生弹性变形。

（2）柔轮，是一个孔径略小于波发生器长轴的薄壁柔性齿轮，在波发生器的作用下，可产生弹性变形。

（3）刚轮，带有轮齿的刚性齿环，通常与柔轮相差 2 齿。

谐波齿轮传动的原理就是在柔性齿轮构件中，通过波发生器的作用，产生一个移动变形波，并与刚轮齿相啮合，从而达到传动目的。

图 7-21 谐波齿轮传动工作原理

如图 7-21 所示，当波发生器装入柔轮后，迫使柔轮在长轴处产生径向变形，变成椭圆状。椭圆的长轴两端，柔轮外齿与刚轮内齿沿全齿高相啮合，短轴两端则处于完全脱开状态，其他各点处于啮合与脱开的过渡阶段。设刚轮固定，波发生器进行逆时针转动，当其长轴转到图示啮入状态处时，a 点必移至 b 点，即柔轮进行了顺时针旋转。当长轴不断旋转时，柔轮齿相继由啮合转向啮出，由啮出转向脱开，由脱开转向啮入，由啮入转向啮合，从而迫使柔轮进行连续旋转。

谐波齿轮传动具有传动比大（单级传动比为 70～320，双级可达 3 000～60 000）、传动侧隙小、传动平稳、精度高、结构简单、体积小、重量轻、承载能力大、传动效率高等特点，特别是利用其柔性的特点，可向密闭空间传递运动，这一特点是其他任何机械传动无法实现的。

由于谐波传动具有其他传动无法比拟的诸多独特优点，近几十年来，它已被迅速推广到能源、通信、机床、仪器仪表、机器人、汽车、造船、纺织、冶金、常规武器、精密光学设备、印刷机构以及医疗器械等领域，并获得了广泛的应用。

子项目 7　齿轮系传动比计算

任务实施——齿轮系拼装与分析

特别提示： 任务实施不单独安排课时，而是穿插在各任务中进行，按理论实践一体化实施。

一、训练目的

（1）能够拼装定轴齿轮系统，并分析其传动路线。
（2）能够计算定轴轮系的传动比。

二、实训设备及用具

（1）机构创意组合实验台。
（2）操作工具一套。

三、实训内容与步骤

1. 选择零部件及连接件
2. 实施拼装
（1）拼装平面定轴轮系

选择不同的直齿圆柱齿轮，至少 3 对以上，并从零件库中选出必要的连接件，实施拼装，保证转动灵活。

（2）拼装空间定轴轮系

选择一对圆锥齿轮、蜗轮蜗杆、斜齿圆柱齿轮（若无，用直齿轮代替）、连接件若干，实施拼装。

3. 记录并计算

记录每个齿轮的齿数，按比例画出传动简图，并计算传动比的大小、方向。

知识巩固

一、选择题

（1）当两轴相距较远，且要求传动比准确时，应选用_____。
　　A. 带传动　　　　　　　　　　B. 链传动
　　C. 齿轮系传动　　　　　　　　D. 以上选项都不正确
（2）若主动轴转速为 1 200 r/min，现要求从动轴获得 12 r/min 的转速，应采用_____。
　　A. 单头蜗杆传动　　　　　　　B. 一对齿轮传动
　　C. 齿轮系传动　　　　　　　　D. 以上选项都不正确
（3）定轴轮系的传动比大小与轮系中惰轮的齿数_____。
　　A. 有关　　　　　　　　　　　B. 无关
　　C. 成正比　　　　　　　　　　D. 以上选项都不正确

（4）平面定轴轮系，若外啮合齿轮为偶数对时，首末两轮转向_____。

　　A. 相同　　　B. 相反　　　C. 不确定　　　D. 以上选项都不正确

二、判断题

（1）定轴轮系中每个齿轮的几何轴线位置都是固定的。　　　　　　　　　　（　　）

（2）轮系中加惰轮既会改变总传动比的大小，又会改变从动轮的旋转方向。

（　　）

三、综合应用题

（1）如图所示的轮系，设已知 $z_1=16$，$z_2=32$，$z_{2'}=20$，$z_3=40$，$z_{3'}=2$，$z_4=40$，均为标准齿轮传动。轮1的转速 $n_1=1\,000$ r/min，试求轮4的转速大小及转向。

（2）在如图所示的轮系中，1为蜗杆（右旋），2为蜗轮，$z_1=2$，$z_2=60$，$z_3=25$，$z_4=25$，$z_5=20$，$z_6=25$，$z_7=40$，$z_8=45$，$z_9=28$，$z_{10}=135$，若 $n_1=900$ r/min。试求：

① i_{1-10} 的值。

② n_{10} 的大小和方向。

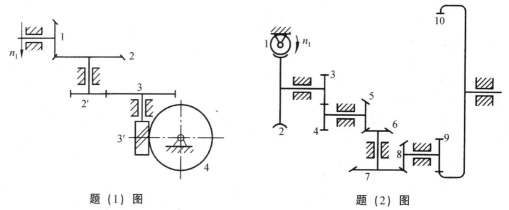

题（1）图　　　　　　　　　　题（2）图

（3）如图所示的轮系中，已知 $z_1=48$，$z_2=27$，$z_{2'}=45$，$z_3=102$，$z_4=120$，设输入转速 $n_1=3\,750$ r/min，试求 i_{14}、n_4。

（4）如图所示的轮系中，各轮的齿数分别为 $z_1=36$，$z_2=60$，$z_3=23$，$z_4=49$，$z_{4'}=69$，$z_5=30$，$z_6=131$，$z_7=94$，$z_8=36$，$z_9=167$。设输入转速 $n_1=3\,549$ r/min，试求行星架H的转速 n_H。

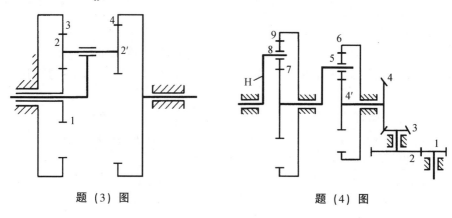

题（3）图　　　　　　　　　　题（4）图

项目二

典型传动装置设计

项目二 典型传动装置设计

▶ 项目导入

带式输送机又称带式运输机,是以输送带作为传送物料、牵引工件的输送机械,主要由机架、输送带、卷筒、传动装置、托辊等组成。它既可以进行碎散物料的输送,也可以进行成件物品的输送。除进行纯粹的物料输送外,带式输送机还可以与企业生产流程中工艺过程的要求相配合,形成流水作业运输线。图1是煤矿用带式输送机,图2是食堂用于餐具输送的带式输送机。

图02-1 煤矿用带式输送机

图02-2 食堂用于餐具输送的带式输送机

带式输送机的应用

带式输送机是一种应用广泛的机械传输设备,其传动装置中包括了齿轮、轴、轴承、联轴器、螺栓、键等常用零件,极具典型性与代表性。

项目二重点围绕带式输送机传动装置的设计,以设计任务为主线,将传动装置的设计分为多个子项目,主要包括传动装置总体设计、挠性传动设计、齿轮传动设计、轴的设计、轴承的设计与选用、连接件的选用等,使学生初步具备设计一般机械传动装置的能力。

子项目 8　传动装置总体设计

▶ 学习目标

> **知识目标：**
> ☆ 传动方案的分析与确定；
> ☆ 电动机的型号确定；
> ☆ 计算传动装置的运动和动力参数；
> ☆ 掌握减速器的作用、类型和结构。
>
> **能力目标：**
> ☆ 能根据工作要求拟订传动方案；
> ☆ 会计算各轴的运动和动力参数；
> ☆ 能分析减速器的结构。

一个机械产品的传动方案直接影响到产品的综合性能，因此规划传动方案时必须树立节约意识、绿色环保意识，选择污染少的材料、制定最佳传动路线、优化零部件结构，使设计的产品成本低、性能好，对环境的破坏少。

▶ 案例引入

为研究方便，将前述的带式输送机简化（如省略托辊、张紧装置等），如图 8-1 所示。带式输送机由**原动机**、**传动装置**和**工作机**（包括输送带、卷筒等）三部分组成。其中，传动装置在原动机和工作机之间，主要作用是将原动机的运动和动力传递至工

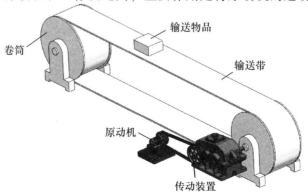

图 8-1　带式输送机简化模型

作机，使工作机工作。传动装置可以由带传动、齿轮传动等组成，齿轮传动一般密封在减速器中。

本子项目主要完成传动方案的拟订、电动机的选择、传动参数的计算等。

▶ 任务框架

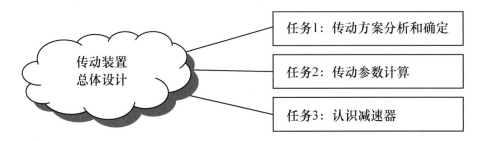

任务1　传动方案分析和确定

【任务要点】

◆ 会根据实际工作条件拟订传动方案。

【任务提出】

在图8-1中，已知卷筒直径 D（mm）、输送带有效拉力 F（N）、输送带速度 v（m/s）、卷筒效率（包括轴承），输送机由电动机驱动，经传动装置、联轴器到工作机。试确定其传动方案，并画出传动装置的示意图。

【任务准备】

如前所述，传动装置在原动机和工作机之间传递运动和动力，是机器的重要组成部分。传动装置的传动方案设计是否合理将直接影响其工作性能、机器自重和成本。

拟订传动方案就是根据工作机的功能要求和工作条件，选择合适的传动机构类型，确定各类传动机构的布置顺序以及各组成部分的连接方式，绘出传动装置的运动简图。

一、传动方案拟订原则

满足工作机的要求是拟订传动方案的最基本原则。传动方案除了要满足工作机的性能要求、适应工作条件、工作可靠外，还应该具有结构简单、紧凑、成本低，传动效率高和操作维护方便等特点。一种方案要同时满足这些要求往往是较困难的。因此，设计时应统筹兼顾，有目的地保证重点要求。

在拟订传动方案时，通常可提出多种方案进行比较分析，择优选定。

二、选择传动机构类型

常用的传动机构的类型、性能和适用范围可参阅相关机械设计手册。表 8-1 列出了常用机械传动机构的性能及适用范围。

表 8-1 常用机械传动机构的性能及适用范围

选用指标		带传动		链传动	齿轮传动		蜗杆传动
		平带	V 带				
常用功率/kW		小 (≤20)	中 (≤100)	中 (≤100)	大 (最大达 50 000)		小 (≤50)
单级传动比	常用值	2~4	2~4	2~4	圆柱 3~6	圆锥 2~3	10~40
	最大值	5	7	6	8	5	80
许用线速度/(m/s)		≤25	≤25~30	≤40	6 级精度直齿≤18,斜齿≤36,5 级精度达 100		≤15~35
外廓尺寸		大	大	大	小		小
传动精度		低	低	中等	高		高
工作平稳性		好	好	较差	一般		好
自锁能力		无	无	无	无		可有
过载保护作用		有	有	无	无		无
使用寿命		短	短	中等	长		中等
缓冲吸振能力		好	好	中等	差		差
制造安装精度		低	低	中等	高		高
要求润滑条件		不需要	不需要	中等	高		高
环境适应性		不可接触酸、碱、油类及爆炸性气体		好	一般		一般

选择传动机构类型应综合考虑各有关要求和工作条件,如工作机的功能,对尺寸、重量的限制,工作寿命与经济性要求等。选择传动机构类型的基本原则如下。

(1)在传递大功率时,应充分考虑提高传动装置的效率,以减少能耗,降低运行费用;应选用传动效率高的传动机构,如齿轮传动。而对于小功率传动,在满足功能的条件下,可选用结构简单、制造方便的传动机构类型,以降低制造费用。

(2)在载荷多变和可能发生过载时,应考虑缓冲吸震及过载保护问题,如选用带传动、采用弹性联轴器或其他过载保护装置。

(3)在传动比要求严格、尺寸要求紧凑的场合,可选用齿轮传动或蜗杆传动。但应注意蜗杆传动效率低,故常用于中小功率、间歇工作的场合。

(4)在多粉尘、潮湿、易燃、易爆场合中,宜选用链传动、闭式齿轮传动或蜗杆传动,而不宜采用带传动或摩擦传动。

三、多级传动的顺序布置

对采用多种传动机构组成的多级传动，在拟订传动方案时，应合理布置其传动顺序，一般可按以下几点进行考虑：

（1）带传动承载能力小，传动平稳性好且能缓冲吸震，应尽可能放在高速级。

（2）链传动运转有冲击且平稳性差，应布置在低速级。

（3）蜗杆传动多用在传递功率不大、传动比大的场合，通常布置在高速级，以使传动装置的结构紧凑。

（4）锥齿轮加工比较困难，一般应放在高速级。但当锥齿轮的速度很高时，其精度要求也高，这时还需考虑加工的可行性和成本问题。

（5）斜齿轮的传动平稳性比直齿轮好，一般也布置在高速级。

（6）开式齿轮传动的工作环境比较差、润滑条件不良、易磨损，一般放在低速级。

四、分析比较，择优选定传动方案

在拟订传动方案和对多种方案进行比较时，应根据机器的具体情况综合考虑，选择能保证主要要求的较合理的传动方案。图 8-2 所示为带式输送机的四种传动方案。

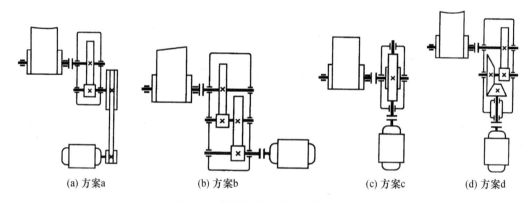

图 8-2　带式输送机的四种传动方案

四种传动方案的比较如表 8-2 所示，这四种方案各有特点，应当根据带式输送机的具体工作条件和要求选定。例如，设备是在矿井巷道中连续工作，因巷道狭小、环境恶劣，采用方案 d 较好。但对方案 b，若能将电动机布置在减速器另一侧，其宽度尺寸得以缩小，则该方案也不失为一个较合理的传动方案。若设备是在一般环境中连续工作，对结构尺寸也无特别要求，则方案 a、b 均为可选方案。

表 8-2　带式输送机的四种传动方案比较

项目	特点
方案 a	制造成本低，但宽度尺寸大，带的寿命短，而且不宜在恶劣环境中工作
方案 b	工作可靠、传动效率高、维护方便、环境适应性好，但宽度较大
方案 c	结构紧凑，环境适应性好，但传动效率低，不适于连续长期工作，且制造成本高
方案 d	具有方案 b 的优点，而且尺寸较小，但制造成本较高

如果工作机的传动方案已经给定，则应分析论证该方案的合理性或提出改进意见，也可以另行拟订方案。

【任务思考】

前述的煤矿用带式输送机、食堂传送餐具用的带式输送机，应该采用何种传动方案呢？确定的依据是什么？

任务2 传动参数计算

【任务要点】

◆ 会选择电动机并计算各轴的运动和动力参数。

【任务提出】

若图8-1的带式输送机传动方案如图8-3所示，要求确定电动机型号，并计算各轴的运动和动力参数（包括功率、转速、转矩），为后续传动零件的设计提供数据。

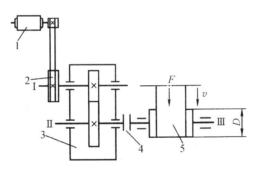

图8-3 带式输送机的传动方案

Ⅰ—高速轴 Ⅱ—低速轴 Ⅲ—工作机轴

1—电动机 2—V带传动 3—单级圆柱齿轮减速器 4—联轴器 5—工作机

【任务准备】

一、选择电动机

电动机是由专门工厂批量生产的标准部件，设计时要选出具体型号。电动机的选择包括确定类型、结构、功率（容量）和转速，并在产品目录中查出型号和尺寸。

（一）电动机的类型和结构

1. 电动机的类型

电动机分为交流和直流两种，工业上一般采用三相交流电源，因此一般采用交流电动机。其中以Y系列三相笼式异步电动机用得最多，其结构简单、工作可靠、价格低、维护方便，适用于不易燃、不易爆、无腐蚀性气体和无特殊要求的机械，如机床、运输机、搅拌机、农业机械和食品机械等。在经常启动、制动和反转的场合（如起重机），一般要求电动机转动惯量小和过载能力大，此时应选用起重及冶金用 YZ 型（笼型）或 YZR 型（绕线型）。

2. 电动机的结构

图 8-4　Y 系列卧式封闭型电动机

电动机的结构类型，按安装位置不同，有卧式和立式两类；按防护方式不同，有开启式、防护式、封闭式和防爆式。常用的结构类型为 Y 系列卧式封闭型电动机，如图 8-4 所示。同一类型的电动机可制成几种安装结构类型，并以不同的机座号来区别。

（二）机械效率

机械在运转时，作用在机械上的驱动力所做的功称为**输入功**，克服生产阻力所做的功称为**输出功**。输出功和输入功的比值，反映了输入功在机械中的有效利用程度，称为**机械效率**，通常以 η 表示。机械在运转过程中会有功率的损耗，所以要计算机械传动的效率。

传动装置总效率 η 是指传动装置各部分传动副效率的乘积，即

$$\eta = \eta_1 \cdot \eta_2 \cdot \cdots \cdot \eta_n \tag{8-1}$$

式中，η_1、η_2、η_n 分别为传动装置中每一传动副（如齿轮、带、链）、每对轴承、联轴器及各对轴承的效率，表 8-3 摘录了部分机械传动和摩擦副效率概略值。

表 8-3　部分机械传动和摩擦副效率概略值

类别		机械效率 η	
齿轮传动	圆柱齿轮	闭式：0.96～0.98（7～9 级精度）	开式：0.94～0.96
	圆锥齿轮	闭式：0.94～0.97（7～8 级精度）	开式：0.92～0.95
蜗杆传动		自锁：0.40～0.45	单头：0.70～0.75
		双头：0.75～0.82	三头和四头：0.80～0.92
带传动		V 带：0.94～0.97	平带：0.95～0.98
滚子链传动		开式：0.90～0.93	闭式：0.94～0.97
轴承（一对）	滑动轴承	润滑不良：0.94～0.97	润滑良好：0.97～0.99
	滚动轴承	0.98～0.995	
联轴器	弹性联轴器	0.99～0.995	
	齿式联轴器	0.99	
	十字沟槽联轴器	0.97～0.99	

计算传动装置的总效率时应注意以下几点：

（1）轴承效率是指一对轴承的效率；

（2）所取传动副中如果已包括其支承轴承的效率，此时，轴承的效率不计；

（3）同一类型的几对传动副、轴承或联轴器，应分别计入总效率；

（4）蜗杆传动效率与蜗杆的头数及材料有关，设计时应初选头数、估计效率，待

设计出蜗杆传动参数后再确定其效率；

（5）从资料中查出的效率一般是范围值，通常取中间值，工作条件差、加工精度低、润滑不良时取低值，反之取高值。

（三）电动机的功率确定

电动机的功率选择合适与否，对电动机的工作和经济性都有影响。如果选择的功率小于工作要求，则不能保证工作机正常工作或使电动机长期过载、发热过大而过早损坏。如果选择的功率过大，则电动机价格高，能力不能充分利用，效率和功率因素都较低，增加电能损耗，造成很大浪费。

电动机的功率主要由其运行时的发热条件限定，在不变或变化很小的载荷下长期连续运转的机械，只要所选电动机的额定功率 P_{cd} 等于或稍大于电动机的工作功率 P_d，即 $P_{cd} \geq P_d$，电动机在工作时就不会发热，因此，通常不必校验发热和启动转矩。

1. 电动机所需的工作功率 P_d

$$P_d = \frac{P_w}{\eta} \tag{8-2}$$

式中：P_d——电动机的工作功率，kW；

P_w——工作机所需的输入功率，kW；

η——电动机至工作机之间传动装置的总效率。

2. 工作机所需的输入功率 P_w

工作机所需的输入功率 P_w 应依据工作机的工作阻力（力或转矩）和运动参数（速度）计算求得，即

$$P_w = \frac{F \cdot v}{1\,000 \cdot \eta_w} \tag{8-3}$$

或

$$P_w = \frac{T \cdot n_w}{9.55 \times 10^6 \cdot \eta_w} \tag{8-4}$$

式中：F——工作机的工作阻力，N；

v——工作机的线速度，m/s；

T——工作机的阻力矩，N·mm；

n_w——工作机的转速，r/min；

η_w——工作机效率。

3. 确定电动机的额定功率 P_{cd}

根据计算出的工作功率 P_d，可查表选定电动机的额定功率 P_{cd}，应使 P_{cd} 等于或稍大于 P_d。

（四）电动机转速（n_d）的确定

对于额定功率相同的同一类型电动机，一般有几种不同的转速系列可供选择，如三相异步电动机有 4 种常用的同步转速，即 3 000 r/min、1 500 r/min、1 000 r/min、750 r/min（相应的电动机定子绕组的极对数为 2、4、6、8）。同步转速是由电流频率与极对数而定的磁场转速，电动机空载时才可能达到同步转速，负载时的转速都低于同步转速。

转速高的电动机，极对数少，尺寸和质量小，价格也低，但传动装置的传动比大，

从而使传动装置的结构尺寸增大，成本提高。转速低的电动机则相反。因此，确定电动机转速时要综合考虑，分析比较电动机及传动装置的性能、尺寸、重量和价格等因素。同步转速为 1 500 r/min 或 1 000 r/min 的电动机应用广泛。

为合理设计传动装置，根据工作机转速要求和各传动副的合理传动比范围，可推算出电动机转速的可选范围，即

$$n_d = i'_\text{总} \cdot n_w = (i'_1 \cdot i'_2 \cdot \cdots \cdot i'_n) \cdot n_w \tag{8-5}$$

式中：n_d——电动机可选转速范围，r/min；

$i'_\text{总}$——传动装置总传动比的合理范围；

$i'_1, i'_2, \cdots, i'_n$——各级传动副传动比的合理范围，见表 8-1；

n_w——工作机的转速，r/min。

（五）选择电动机型号

电动机的功率和转速确定后，可在标准中查出电动机的型号、额定功率 P_{cd}、满载转速 n_m、外形尺寸和安装尺寸等。表 8-4 是 Y 系列三相异步电动机的技术数据。

表 8-4　Y 系列三相异步电动机技术数据

电动机型号	额定功率 /kW	满载转速/ (r/min)	堵转转矩/ 额定转矩	最大转矩/ 额定转矩	电动机型号	额定功率 /kW	满载转速/ (r/min)	堵转转矩/ 额定转矩	最大转矩/ 额定转矩
同步转速 n = 3000（r/min），2 极					同步转速 n = 1000（r/min），6 极				
Y90S-2	1.5	2840	2.2	2.3	Y90L-6	1.1	910	2	2.2
Y90L-2	2.2	2840	2.2	2.3	Y100L-6	1.5	940	2	2.2
Y100L-2	3	2880	2.2	2.3	Y112M-6	2.2	940	2	2.2
Y112M-2	4	2890	2.2	2.3	Y132S-6	3	960	2	2.2
Y132S1-2	5.5	2900	2	2.3	Y132M1-6	4	960	2	2.2
Y132S2-2	7.5	2900	2	2.3	Y132M2-6	5.5	960	2	2.2
Y160M1-2	11	2930	2	2.3	Y160M-6	7.5	970	2	2
Y160M2-2	15	2930	2	2.3	Y160L-6	11	970	2	2
同步转速 n = 1500（r/min），4 极					Y180L-6	15	970	1.8	2
Y90L-4	1.5	1400	2.3	2.3	同步转速 n = 750（r/min），8 极				
Y100L1-4	2.2	1420	2.2	2.3	Y132S-8	2.2	710	2	2
Y100L2-4	3	1420	2.2	2.3	Y132M-8	3	710	2	2
Y112M-4	4	1440	2.2	2.3	Y160M1-8	4	720	2	2
Y132S-4	5.5	1440	2.2	2.3	Y160M2-8	5.5	720	2	2
Y132M-4	7.5	1440	2.2	2.3	Y160L-8	7.5	720	2	2
Y160M-4	11	1460	2.2	2.3	Y180L-8	11	730	1.7	2
Y160L-4	15	1460	2.2	2.3	Y200L-8	15	730	1.8	2

注：电动机型号的意义：以 Y132S2-2 为例，Y 表示系列代号，132 表示机座中心高，S 表示短机座（M 为中机座，L 为长机座），字母 S、M、L 后的数字表示不同功率的代号，2 为电动机的极数。

需要特别说明的是，在设计计算传动装置时，通常采用实际需要的电动机的工作功率 P_d。如按电动机的额定功率 P_{ed} 计算，则传动装置的工作能力可能超过工作机的要求而造成浪费。有些设备为留有存储能力以备发展或不同工作需要，也可以按额定功率 P_{ed} 设计传动装置。传动装置的转速则可按电动机额定功率时的满载转速 n_m 计算，它比同步转速低。

二、确定总传动比和各级传动比

计算传动装置的总传动比 $i_总$ 并合理分配各级传动比是设计中的重要部分。

1. 机械传动装置的总传动比

根据电动机满载转速 n_m 和工作机的转速 n_w，可确定传动装置的总传动比 $i_总$，即

$$i_总 = \frac{n_m}{n_w} \tag{8-6}$$

然后将总传动比合理地分配给各级传动。总传动比为各级传动比的乘积，即

$$i_总 = i_0 \cdot i_1 \cdot \cdots \cdot i_n \tag{8-7}$$

2. 机械传动装置的各级传动比

在计算出总传动比后应合理分配各级传动比，传动比分配得合理与否，可直接影响传动装置的结构尺寸、重量及润滑状况等。分配传动比时应考虑以下几点：

（1）各级传动比都应在合理范围内（见表8-1），以符合各种传动形式的工作特点，并使结构比较紧凑。

（2）应注意使各级传动件尺寸协调，结构匀称合理。例如在图8-3中由V带传动和单级圆柱齿轮减速器组成的传动装置中，V带传动的传动比不能过大，否则会使大带轮半径大于减速器中心高，导致大带轮与底座或地面相碰，给安装带来麻烦，如图8-5所示。

（3）要考虑传动零件之间不会干涉碰撞。如图8-6所示，高速级传动比 i_1 过大，使得高速级大齿轮直径过大而与低速轴相碰。

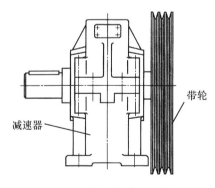

图8-5 带轮与地面干涉

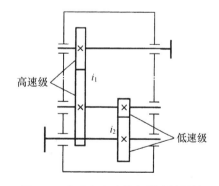

图8-6 高速级大齿轮与低速轴干涉

（4）应使传动装置的外廓尺寸尽可能紧凑。图8-7所示的传动装置为二级圆柱齿轮减速器，在总中心距和传动比相同时，图8-7（b）所示方案外廓尺寸较图8-7（a）所示方案外廓尺寸小，这是因为低速级大齿轮的直径较小，所以整体结构紧凑。

(5) 在卧式二级齿轮减速器中，尽量使各级大齿轮浸油深度合理。也就是希望各级大齿轮直径相近，以避免为了各级齿轮都能浸到油，而使某级大齿轮浸油过深造成搅油损失增加。一般高速级传动比 i_1 和低速级传动比 i_2 可按式 $i_1 = (1.1 \sim 1.5)i_2$ 进行分配。对于圆锥-圆柱齿轮减速器，为使大圆锥齿轮直径不致过大，高速级圆锥齿轮传动比可取 $i \approx 0.25 i_{总}$。

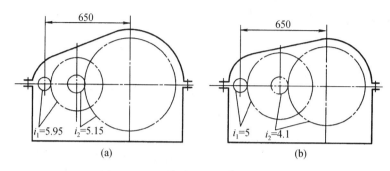

图 8-7　不同传动比对外廓尺寸的影响

以上分配的各级传动比只是初步选定的数值，待有关传动零件参数确定后，再验算传动装置的实际传动比是否符合要求。例如，齿轮的传动比为齿数比，带传动的传动比为带轮直径比。如果设计要求中没有规定工作机转速或速度的误差范围，则一般传动装置的传动比允许误差可按 ±(3%～5%) 考虑。

三、计算传动装置的运动和动力参数

现以图 8-3 所示的带式输送机传动简图为例说明传动装置各轴的转速、功率和转矩的计算方法。轴Ⅰ、轴Ⅱ分别为高速轴、低速轴，则可按电动机至工作机传递路线，计算传动装置中各轴的转速、功率和转矩。如果传动的级数更多，则以此类推。

1. 各轴的转速

$$n_{\mathrm{I}} = \frac{n_{\mathrm{m}}}{i_0} \tag{8-8}$$

$$n_{\mathrm{II}} = \frac{n_{\mathrm{I}}}{i_1} \tag{8-9}$$

式中：n_{m}、n_{I}、n_{II}——电动机满载转速、Ⅰ轴、Ⅱ轴转速，r/min；
　　　i_0、i_1——电动机到Ⅰ轴（带传动）的传动比、Ⅰ轴至Ⅱ轴（齿轮传动）的传动比。

2. 各轴的输入功率

$$P_{\mathrm{I}} = P_{\mathrm{d}} \cdot \eta_{01} \tag{8-10}$$

$$P_{\mathrm{II}} = P_{\mathrm{I}} \cdot \eta_{12} \tag{8-11}$$

式中：P_{d}、P_{I}、P_{II}——分别代表电动机、Ⅰ轴、Ⅱ轴的输入功率，kW；
　　　η_{01}——电动机到Ⅰ轴之间的效率；
　　　η_{12}——Ⅰ轴到Ⅱ轴之间的效率。

3. 各轴的输入转矩

$$T_{\text{I}} = 9.55 \times 10^6 \times \frac{P_{\text{I}}}{n_{\text{I}}} \quad (8\text{-}12)$$

$$T_{\text{II}} = 9.55 \times 10^6 \times \frac{P_{\text{II}}}{n_{\text{II}}} \quad (8\text{-}13)$$

式中：T_{I}、T_{II}——Ⅰ轴、Ⅱ轴的输入转矩，N·mm。

各轴的输出转矩与各轴的输入转矩不同，因为有轴承功率损耗，输出转矩分别为输入转矩乘以轴承效率。

【任务训练】

例 在图 8-3 中，减速器为单级圆柱齿轮传动。已知卷筒直径 $D = 270$ mm，卷筒的工作阻力 $F = 2\,850$ N，输送带速度 $v = 1.1$ m/s，卷筒效率 $\eta_w = 0.96$，输送机在常温下连续单向工作，载荷平稳，结构尺寸无特殊限制，电源为三相交流，试对该传动装置进行设计。

解：（1）选择电动机

① 选择电动机类型

根据已知工作条件和要求，选择一般用途的 Y 系列三相鼠笼式异步电动机卧式结构。

② 计算电动机所需的工作功率 P_d

电动机所需的工作功率按式（8-2）计算，即 $P_d = \dfrac{P_w}{\eta}$

又由式（8-3）知 $\qquad P_w = \dfrac{F \cdot v}{1\,000 \cdot \eta_w}$

因此 $\qquad P_d = \dfrac{F \cdot v}{1\,000 \cdot \eta_w \cdot \eta}$

传动装置的总效率 $\eta = \eta_1 \cdot \eta_2^2 \cdot \eta_3 \cdot \eta_4 = \eta_{\text{带}} \cdot \eta_{\text{轴承}}^2 \cdot \eta_{\text{齿轮}} \cdot \eta_{\text{联轴器}}$

查表 8-3 得：$\eta_{\text{带}} = 0.96$，$\eta_{\text{轴承}} = 0.99$，$\eta_{\text{齿轮}} = 0.97$（8 级精度），$\eta_{\text{联轴器}} = 0.99$，则

$$\eta = 0.96 \times 0.99^2 \times 0.97 \times 0.99 \approx 0.90$$

所以 $\qquad P_d = \dfrac{F \cdot v}{1\,000 \cdot \eta_w \cdot \eta} = \dfrac{2\,850 \times 1.1}{1\,000 \times 0.96 \times 0.90} \approx 3.63\ (\text{kW})$

③ 确定电动机的转速 n_d

由于输送带速度 v（m/s）与卷筒直径 D（mm）、卷筒轴转速 n_w（r/min）的关系为

$$v = \dfrac{\pi D \cdot n_w}{60 \times 1\,000}$$

故卷筒轴的工作转速为 $\qquad n_w = \dfrac{60 \times 1\,000 \cdot v}{\pi \cdot D} = \dfrac{60 \times 1\,000 \times 1.1}{\pi \times 270} \approx 77.85\ (\text{r/min})$

按表 8-1 推荐的传动比常用范围，取带传动的传动比 $i_{\text{带}} = 2 \sim 4$，单级圆柱齿轮减速器传动比 $i_{\text{齿}} = 3 \sim 6$，则传动比的合理范围为 $i'_{\text{总}} = 6 \sim 24$，因此电动机转速的可选范围为

$$n_d = i'_{\text{总}} \cdot n_w = (6 \sim 24) \times 77.85 \approx (467 \sim 1\,868)\ (\text{r/min})$$

符合这一转速范围的同步转速有 750 r/min、1 000 r/min、1 500 r/min，结合已

经计算出来的电动机工作功率,从表 8-4 中初选出三种适用的电动机进行比较,如表 8-5 所示。

表 8-5 三种电动机方案比较

方案	电动机型号	额定功率/kW	电动机转速/(r/min)		传动装置的传动比		
			同步转速	满载转速	总传动比	带	齿轮
1	Y112M-4	4	1 500	1 440	18.5	3.5	5.286
2	Y132M1-6	4	1 000	960	12.33	3	4.11
3	Y160M1-8	4	750	720	9.25	3	3.08

从表 8-5 中数据可知,方案 1 总传动比比方案 2 大,因此传动装置尺寸也大;而方案 3 的电动机虽然转速低,总传动比不大,但电动机的外廓尺寸大,价格高,故通过综合比较分析,方案 2 比较适中。因此,最终选择的电动机型号为 Y132M1-6,所选电动机的额定功率为 $P_{cd}=4\ \text{kW}$,满载转速 $n_m=960\ \text{r/min}$,主要外形尺寸和安装尺寸可查相关手册。

(2) 计算传动装置的总传动比和各级传动比

① 传动装置的总传动比

由式(8-6)得 $i_总 = \dfrac{n_m}{n_w} = \dfrac{960}{77.85} \approx 12.33$

② 分配各级传动比

初步取齿轮传动的传动比 $i_齿=4$,则 V 带传动比为 $i_带 = \dfrac{i_总}{i_齿} = \dfrac{12.33}{4} \approx 3.08$,符合表 8-1 中 V 带传动的传动比的常用范围。如果数值不符合,则应改变齿轮传动的传动比或重新选择电动机的同步转速。

(3) 计算传动装置的运动和动力参数

① 计算各轴转速

$$n_I = \dfrac{n_m}{i_带} = \dfrac{960}{3.08} \approx 311.69\ (\text{r/min})$$

$$n_{II} = \dfrac{n_I}{i_齿} = \dfrac{311.69}{4} \approx 77.92\ (\text{r/min})$$

② 计算各轴的输入功率

$P_I = P_d \cdot \eta_{01} = P_d \cdot \eta_带 = 3.63 \times 0.96 \approx 3.48\ (\text{kW})$

$P_{II} = P_I \cdot \eta_{12} = P_d \cdot \eta_带 \cdot \eta_{轴承} \cdot \eta_{齿轮} = 3.63 \times 0.96 \times 0.99 \times 0.97 \approx 3.35\ (\text{kW})$

③ 各轴的转矩

电动机轴的输出转矩:$T_d = 9.55 \times 10^6 \times \dfrac{P_d}{n_m} = 9.55 \times 10^6 \times \dfrac{3.63}{960} \approx 3.61 \times 10^4\ (\text{N·mm})$

I 轴的输入转矩:$T_I = 9.55 \times 10^6 \times \dfrac{P_I}{n_I} = 9.55 \times 10^6 \times \dfrac{3.48}{311.69} \approx 1.07 \times 10^5\ (\text{N·mm})$

II 轴的输入转矩:$T_{II} = 9.55 \times 10^6 \times \dfrac{P_{II}}{n_{II}} = 9.55 \times 10^6 \times \dfrac{3.35}{77.92} \approx 4.11 \times 10^5\ (\text{N·mm})$

计算结果如表 8-6 所示,可用于后续设计计算。

表 8-6 计算结果

项目	电动机轴	高速轴 I	低速轴 II
转速/(r/min)	960	311.69	77.92
功率/(kW)	3.63	3.48	3.35
转矩/(N·mm)	3.61×10^4	1.07×10^5	4.11×10^5
传动比	3.08		4

【任务思考】

在带式输送机的传动装置中，为何有些采用单级齿轮传动，有些却采用两级甚至更多级的齿轮传动呢？由什么因素决定齿轮的对数？

任务3 认识减速器

【任务要点】

◆ 了解减速器的作用和结构组成；
◆ 掌握各种类型减速器的应用特点。

【任务提出】

在前述的带式输送机的传动装置中，由于齿轮传动一般采用闭式传动，因此需要用专门的箱体将齿轮密封起来，箱体的结构必须保证拆装、搬运、润滑、密封方便且可靠。这里主要分析密封箱体的类型和结构，以便设计合适的密封箱体。

【任务准备】

减速器又称**减速箱**或**减速机**，是原动机和工作机之间的、独立的封闭式传动装置，用来降低转速和增大转矩，以满足工作需要，在某些场合也用来增速，称为**增速器**。

由于减速器结构紧凑、传动效率高、使用维护方便，因而在工业中应用广泛。目前，一般用途的减速器在我国已经标准化。

一、减速器的类型

减速器按传动原理可分为普通减速器和行星减速器，全部采用定轴轮系传动的称为**普通减速器**，主要采用行星轮系传动的称为**行星减速器**。行星减速器结构紧凑、传动比大、传动效率高、相对体积小，但结构复杂，对制造精度要求高。这里仅介绍普通减速器。

普通减速器按传动级数可分为单级、两级和多级；按其轴在空间的布置可分为立式和卧式；按传动路线不同可分为展开式、分流式和同轴式（又称回归式）等。目前随着科技的发展，还不断研制出一些新型特殊结构的减速器，如活齿减速器、推杆减速器等。

常用普通减速器的类型、特点及应用见表8-7，图8-8为部分普通减速器外观。

表8-7 常用普通减速器的类型、特点及应用

名称	运动简图	传动比	特点及应用
单级圆柱齿轮减速器	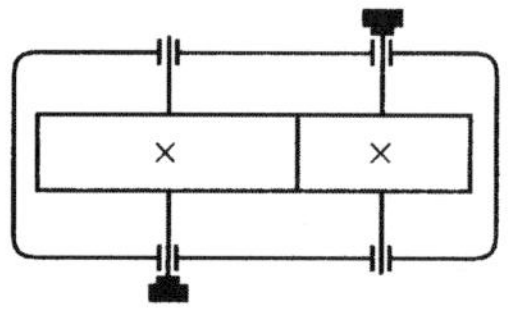	$i \leqslant 8 \sim 10$	轮齿可做成直齿、斜齿或人字齿。直齿用于速度较低、载荷较轻的传动，斜齿用于速度较高的传动，人字齿用于载荷较重的传动。箱体通常用铸铁做成，单件或小批量生产有时可采用焊接结构。轴承一般采用滚动轴承，重载或速度特别高时则采用滑动轴承
两级圆柱齿轮减速器	展开式	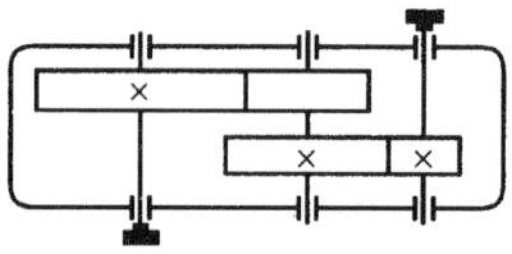 $i = 8 \sim 60$	结构简单，但齿轮相对于轴承的位置不对称，因此要求轴有较大的刚度。高速级齿轮布置在远离输入端，这样，轴在转矩作用下产生的扭转变形和在弯矩作用下产生的弯曲变形可部分抵消，以减缓沿齿宽载荷分布不均匀现象。用于载荷比较平稳的场合，高速级一般用斜齿，低速级可做成直齿
	分流式	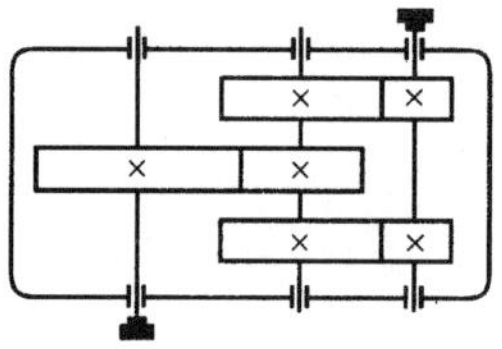 $i = 8 \sim 60$	结构复杂，但由于齿轮相对于轴对称布置，与展开式相比，载荷沿齿宽均匀分布，轴承受载较均匀。中间轴危险截面上的转矩只相当于轴所传递转矩的一半。适用于变载荷的场合。高速级一般用斜齿，低速级可用直齿或人字齿
	同轴式	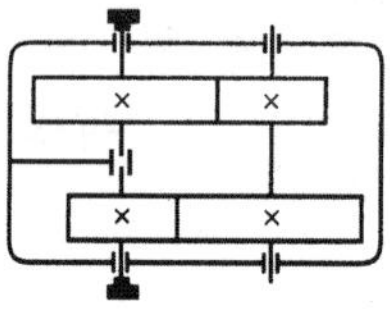 $i = 8 \sim 60$	减速器横向尺寸较小，两对齿轮浸入油中深度大致相同，但轴向尺寸大和重量较大，且中间轴较长、刚度差，沿齿宽载荷分布不均匀。高速轴承载能力难以充分利用
单级圆锥齿轮减速器	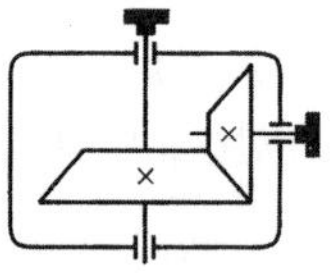	$i = 8 \sim 10$	用于两轴垂直相交的传动，轮齿可以做成直齿、斜齿和曲线齿，由于制造安装复杂、成本高，所以仅在传动布置需要时才采用
两级圆锥-圆柱齿轮减速器	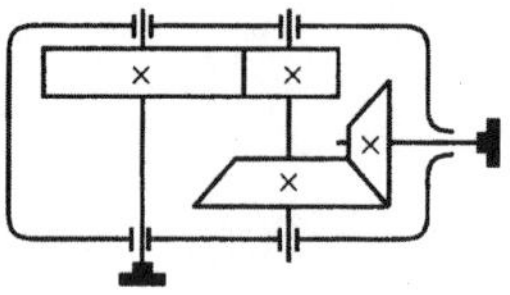	$i = 8 \sim 40$	特点同单级圆锥齿轮减速器，圆锥齿轮应布置在高速级，以减小圆锥齿轮尺寸，利于加工
单级蜗杆减速器	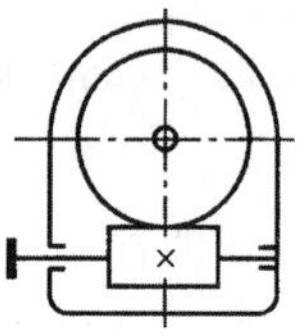	$i = 10 \sim 80$	左图为下置式蜗杆，蜗杆在蜗轮下方，啮合处的冷却和润滑都较好，蜗杆轴承润滑也方便。但当蜗杆圆周速度较高时，搅油损失大。当 $v > 4$ m/s 时，采用上置式蜗杆，但润滑较差

(a) 圆柱齿轮减速器（单级）

(b) 圆柱齿轮减速器（两级）

(c) 圆锥-圆柱齿轮减速器

(d) 蜗杆减速器

图 8-8　部分普通减速器外观

二、减速器的结构组成

减速器的结构随其类型和要求的不同而异，从结构上看主要由箱体、传动零部件、附件三部分组成，图 8-9 为单级圆柱齿轮减速器的结构，下面重点介绍箱体和附件的结构。

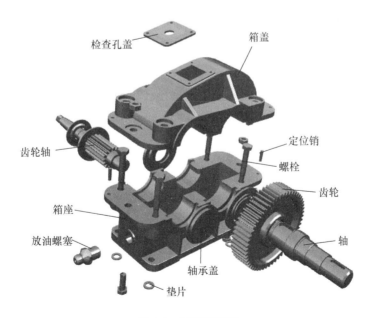

图 8-9　减速器结构

减速器结构

1. 箱体

减速器箱体是用来支持和固定轴系零件，保证零件的啮合精度、良好润滑及密封的重要零件。箱体多采用剖分式结构，由箱座和箱盖两部分组成，用螺栓连接起来构成一个整体。剖分面与减速器内传动件轴心线平面重合，有利于轴系部件的安装和拆卸。

为了保证箱体的刚度，在轴承座处设有加强肋。箱体底座要有一定的宽度和厚度，以保证安装稳定性与刚度。近年来，有些减速器的箱体设计出现了一些外形简单、整齐的造型。主要是以方形小圆角过渡代替传统的大圆角曲面过渡，上下箱体连接处的外凸缘改为内凸缘结构，加强肋和轴承座均设计在箱体内部，等等。

减速器箱体一般用铸铁制造。铸铁具有良好的铸造性能和切削加工性能，成本低。当承受重载时可采用铸钢箱体。铸造箱体多用于批量生产。

对于小批量或单件生产的尺寸较大的减速器可采用焊接式箱体。一般焊接箱体比铸造箱体轻 1/4～1/2，生产周期短。但用钢板焊接时容易产生热变形，故对焊接技术要求较高，焊接成型后还需进行退火处理。

2. 减速器附件

为了保证减速器的正常工作，减速器箱体上通常设置一些装置或附加结构，以便于运输，减速器润滑油池的注油、排油，检查油面高度和拆装，检修，等。

（1）检查孔：检查孔是为了检查传动零件的啮合情况，并向箱体内注入润滑油而留的孔，一般设在箱盖顶部并能直接观察到齿轮的啮合部位。检查孔的盖板用螺钉固定在箱盖上。检查孔为长方形，其大小应允许将手伸入箱内。

（2）通气器：减速器在工作时，箱体内温度升高，气体膨胀，压力增大。为使箱体内受热膨胀的空气能自由地排出，以保持箱体内外压力平衡，不致使润滑油沿分箱面或其他缝隙渗漏，通常在箱体顶部装设通气器。

（3）起吊装置：为了便于搬运，常需在箱体上设置起吊装置，如安装吊环螺钉或在箱体上铸出吊耳或吊钩等。

（4）油面指示器：为检查油池中的油面高度，以便保证油池的油量，一般在箱体便于观察、油面较稳定的部位装设油面指示器。常见的油面指示器有油标尺和观察窗等。

（5）放油螺塞：为了在换油时排放污油和清洗剂，应在箱体底部、油池最低位置处开设放油孔。平时，放油孔用带细牙螺纹的螺塞堵住。放油螺塞和箱体接合面应加防漏用的垫圈。

（6）定位销：为了精确地加工轴承座孔并保证每次拆装后，轴承座的上下半孔始终保持制造加工时的位置精度，应在精加工轴承座孔前，在上箱盖和下箱座的连接凸缘上配装定位销。定位销一般采用非对称布置以加强定位效果。

（7）启盖螺钉：为加强密封效果，减速器箱体剖分面涂有水玻璃或密封胶。在拆卸时会造成箱盖和箱体分开困难，为此常在箱盖连接凸缘的适当位置加工出 1～2 个螺纹孔，旋动启盖螺钉即可顶起上箱盖。小型减速器也可不设启盖螺钉，而用螺丝刀撬开箱盖。

【任务思考】

如图 8-8 所示，请思考单级圆柱齿轮减速器、两级圆柱齿轮减速器、圆柱-圆锥齿轮减速器、蜗杆减速器的箱体、箱盖结构有什么不同？

拓展阅读：摆线针轮行星减速器简介

摆线针轮行星传动的行星齿轮的齿廓曲线不是渐开线，而是采用变幅外摆线的内侧等距曲线（其中用短幅外摆线的等距曲线较普遍），太阳轮齿廓与上述曲线共轭的是圆。组成这种传动的主要零部件如图 8-10 所示。

摆线针轮行星减速器

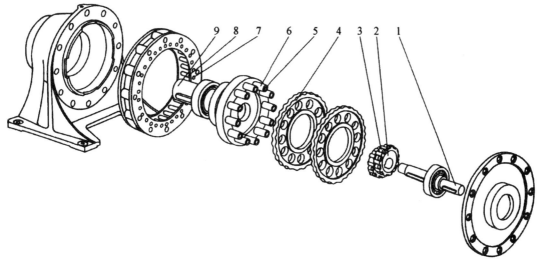

图 8-10 摆线针轮行星传动的主要零部件

1—输入轴　2—双偏心套　3—转臂轴承　4—摆线轮　5—柱销　6—柱销套　7—针齿销　8—针齿套　9—输出轴

摆线针轮行星减速器主要由四部分组成：

（1）行星架。由输入轴和双偏心套组成，偏心套上的两个偏心方向互成 180°。

（2）行星轮。即图中的摆线轮，其齿形通常为短幅外摆线的内侧等距曲线。按运动要求，一个行星轮就可传动，但为使输入轴达到静平衡和提高承载能力，对于一齿差针摆传动，常采用两个完全相同的奇数齿的行星轮（二齿差针摆传动不受此限），装在双偏心套上，两轮位置正好相差 180°。行星轮（摆线轮）和偏心套之间装有用以减少摩擦的转臂轴承，为节约径向空间，滚动轴承通常采用无外座圈的滚子轴承，而以摆线轮的内孔表面直接作为滚道。

（3）太阳轮。又称针轮，由一组针齿销及针齿套装在针齿壳上。

（4）输出机构。

摆线针轮减速器具有传动比范围大（单级为 6～119，两级为 121～7569，三级可达 658503）、体积小、重量轻、运转平稳、工作可靠、效率高等特点，在很多情况下已代替两级、三级普通圆柱齿轮减速器及圆柱蜗杆减速器。在冶金、矿山、石油、化工、船舶、轻工、食品、纺织、印染、起重运输以及军工等很多部门得到广泛的应用。

但是这种传动制造精度要求高，需要专门的加工设备。摆线针轮行星传动的薄弱环节是转臂轴承，为保证转臂轴承的寿命，往往须采用加强型的滚子轴承。

任务实施——减速器拆装与传动装置参数确定

☺**特别提示**：任务实施不单独安排课时，而是穿插在任务1～3中进行，按理论实践一体化实施。

任务实施1 传动装置参数计算

一、训练目的

掌握简单机械传动装置参数的设计，将计算结果整理列表，供后续设计计算时使用。

二、实训内容与步骤

（1）确定传动方案。
（2）选择电动机。
（3）计算总传动比并分配各级传动比。
（4）计算各轴动力和运动参数。

三、注意事项

本实训结合带式输送机进行，设计前必须详细分析工作机的工作条件和参数，以确定最佳传动方案。

任务实施2 减速器拆装

一、训练目的

通过拆装减速器，熟悉减速器的内外部结构。

二、实训设备及用具

（1）单级、两级圆柱齿轮减速器，蜗杆减速器。
（2）活扳手、套筒扳手、螺丝刀、钢尺、游标卡尺。

三、实训内容与步骤

1. 拆卸
（1）拆箱盖
将减速器上下箱体之间的连接螺栓拧下，将轴承盖和箱体之间的螺栓拧下，并将轴承盖和下箱体之间的连接螺栓松开，旋动启盖螺钉，将箱盖取下。

（2）观察内部结构

观察齿轮传动对数、齿轮结构、润滑方式等。

（3）观察附件结构

将上箱盖的检查孔拆下，观察通气孔结构，并观察导油槽、定位销、油面指示器、放油螺塞、启盖螺钉、起吊装置的结构。

2. 装配

按原样将减速器装配好。装配时按先内部后外部的合理顺序进行；装配轴套和滚动轴承时，应注意滚动轴承的合理装拆方法。经指导教师检查后才能合上箱盖。装配上下箱之间的连接螺栓前应先安装好定位销钉。

知识巩固

一、填空题

（1）假设机械传动装置所传递的功率 P 不变，若输出轴转速由 n 降到 $n/2$，则输出轴的输出转矩 T 增加为_____。

（2）减速器中各级传动比为 i_1，i_2，i_3，…，i_n，则总传动比 i 为_____。

（3）在卧式两级齿轮减速器中，尽量使各级大齿轮浸油深度合理，也就是希望各级大齿轮直径相近，应使低速级传动比_____于高速级传动比。

二、简答题

（1）在传动装置的布置中，为什么一般带传动布置在高速级，链传动布置在低速级？

（2）电动机的功率根据什么条件确定？如何确定所需要的电动机的工作功率？所选电动机的额定功率与工作功率是否相同？它们之间的关系是什么？设计传动装置时用什么功率？

（3）如何确定传动装置的效率？计算总效率时要考虑哪些问题？

（4）为什么要合理分配传动比？分配传动比时要考虑哪些原则？

（5）如何确定传动装置中各相邻轴间的功率、转矩和转速？同一轴的输入功率与输出功率是否相同？设计传动件时用哪个功率？

（6）若在传动方案中同时采用 V 带传动、套筒滚子链传动、圆柱齿轮传动，则应如何安排布置上述各种传动的顺序？

（7）同时采用圆柱齿轮传动和圆锥齿轮传动时，为什么常将圆锥齿轮传动布置在高速级？

子项目 9　挠性传动分析与设计

▶ 学习目标

知识目标：
☆ 掌握带传动类型、工作特点、V 带标准；
☆ 掌握带传动的受力分析、运动分析；
☆ 掌握 V 带传动的设计计算、安装张紧及维护知识；
☆ 了解链传动的结构、运动特性、应用特点。

能力目标：
☆ 会分析带传动的工作特性；
☆ 能设计 V 带传动；
☆ 会使用和维护挠性传动。

有些操作人员因操作不当，被机器伤害，如纺织女工因未戴安全帽，头发被卷入机器；机修工被卷入皮带转动轮之间；快递员被卷入包裹输送带……这些事故的发生警示我们，无论是机器的设计者、使用者，都要牢固树立安全意识。机械设计师在设计高速旋转件时，要考虑加装安全保护装置，而使用者也要严格遵守职业操作规范，减少类似事故的发生。

▶ 案例引入

根据子项目 8 的分析可知，带式输送机的传动路线为：原动机→带传动→齿轮减速器→工作机，工作机中也包含带传动，如图 9-1 所示。

图 9-2 为人们所熟悉的自行车，脚踏板通过链传动驱动后轮回转而使自行车前进。

带传动和链传动是机械传动中常用的两种传动形式，都是利用中间挠性件（带或链）将主动轴的运动和动力传给从动轴，但两种传动方式不同。带传动的中间挠性件是弹性体，称为带，受力后将发生变形；而链传动属于啮合传动，其中间挠性件可近似认为是刚性体。

在机械传动中，带传动和链传动的应用较为广泛。识别、分析、设计挠性传动，合理使用与维护挠性传动件是本子项目重点要解决的问题。

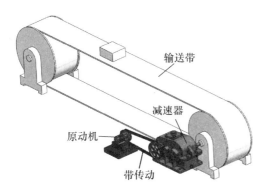

图 9-1　带式输送机中的带传动　　　　图 9-2　自行车中的链传动

任务框架

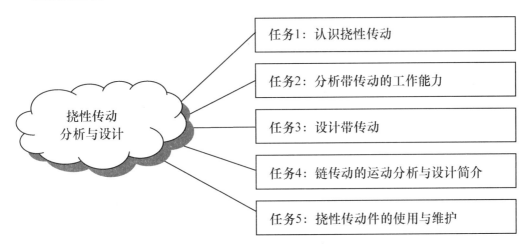

任务1　认识挠性传动

【任务要点】

◆ 了解带传动和链传动的工作原理、类型、应用特点；识别其标准及结构。

【任务提出】

在图 9-1 和图 9-2 中分别采用了挠性件，即传动带和传动链，图 9-3 所示为挠性件外观图。试分析在输送机和自行车中的带传动和链传动是如何传递运动的，输送机中采用何种类型的带更合适，自行车中的链条结构是怎样的。

(a) 带

(b) 链条

图 9-3　挠性件外观图

【任务准备】

一、认识带传动

（一）带传动的工作原理

如图 9-4 所示，带传动由主动轮、从动轮、传动带及机架组成。传动带是挠性件，张紧在两轮上，通过它将主动轮的运动和动力传递给从动轮。

带传动的应用

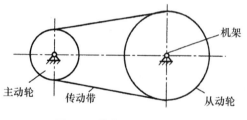

图 9-4　带传动的工作原理

（二）带传动的基本类型

1. 摩擦带传动

依靠带与带轮间张紧时产生的摩擦力传递运动和动力。按其截面形状不同，摩擦带传动可分为如图 9-5 所示的几种：

摩擦带的类型

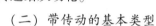

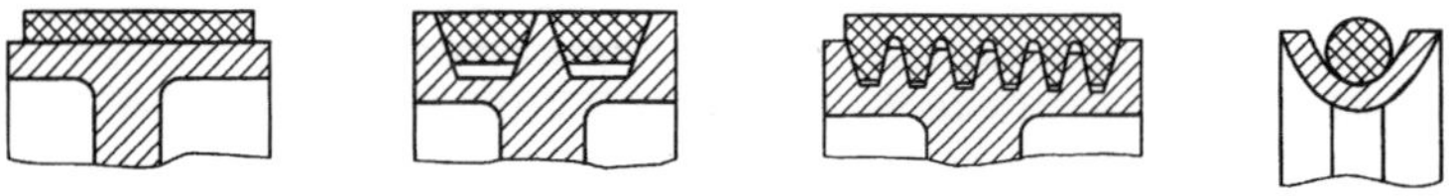

(a) 平带　　(b) V 带　　(c) 多楔带　　(d) 圆带

图 9-5　摩擦带传动的类型

（1）平带传动。平带的横截面为扁平矩形，工作面为内表面。平带传动结构简单、制造容易、效率高，用于中心距较大的传动、物料输送等。

（2）V 带传动。V 带的横截面为等腰梯形，工作面为两侧面。在同样的压紧力的情况下，V 带比平带能传递更大的功率，结构更紧凑，应用更广。

（3）多楔带传动。多楔带是若干 V 带的组合，可避免多根 V 带长度不等、传力不均的缺点，用于要求结构紧凑、传递功率大的场合。

（4）圆带传动。圆带的横截面为圆形，结构简单，适用于小传递功率，如仪表、缝纫机、牙科医疗器械等。

2. 啮合带传动

依靠带内侧凸齿与带轮外缘上的齿槽直接啮合传递运动和动力，图 9-6 所示的同步带传动即为啮合带传动。

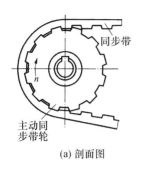
(a) 剖面图

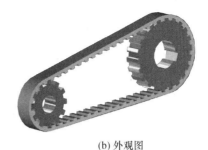
(b) 外观图

图 9-6 同步带传动

（三）带传动的特点和应用

带传动是利用具有弹性的挠性带来传递运动和动力的，故具有以下特点。
(1) 弹性带可缓冲吸震，故传动平稳、噪声小。
(2) 在过载时，带会在带轮上打滑，从而起到保护其他传动件免受损坏的作用。
(3) 带传动的中心距较大，结构简单，制造、安装和维护较方便，且成本低廉。
(4) 由于带与带轮之间存在弹性滑动，导致传动比不稳定，传动效率较低。
(5) 带为非金属元件，故不宜在易燃易爆场合下工作。

带传动适用于要求传动平稳，但传动比要求不严格且中心距较大的场合。一般带速 $v = (5 \sim 25)$ m/s，平均传动比 $i \leqslant 5$，传递功率 $P \leqslant 100$ kW，传动效率为 94% ~ 97%。在多级传动系统中，带传动常被放在高速级。

（四）普通 V 带与 V 带轮

V 带有普通 V 带、窄 V 带、宽 V 带、联组 V 带、齿形 V 带、大楔角 V 带等多种类型。其中普通 V 带应用最广，以下主要讨论普通 V 带。

1. 普通 V 带

(1) V 带结构

标准普通 V 带为无接头的环形，其横截面结构如图 9-7 所示，由伸张层、强力层、压缩层和包布层组成。强力层是承受载荷的主体，有帘布芯结构和绳芯结构两种。帘布芯结构的 V 带抗拉强度高，承载能力较强；而绳芯结构的 V 带柔韧性好、抗弯曲强度高，适用于带轮直径小的场合。伸张层和压缩层的材料为橡胶，包布层材料为橡胶帆布。

图 9-7 普通 V 带的结构

1—伸张层 2—强力层 3—压缩层 4—包布层

(2) V 带尺寸标准

① 截面型号

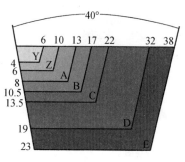

图 9-8 普通 V 带截面型号

普通 V 带是标准件，其规格、尺寸、性能、使用要求都已标准化，按截面尺寸由小到大分为 Y、Z、A、B、C、D、E 七种型号，如图 9-8 所示。普通 V 带截面尺寸如表 9-1 所示。

② 基准长度 L_d

当 V 带绕在带轮上时会产生弯曲变形。外层被拉长，内层被压短，两层之间存在一层既不伸长又不缩短的中性层，称为**节面**。节面的宽度称为**节宽**，用 b_p 表示（见表 9-1 中的插图）。V 带装在带轮上，和节宽相对应的带轮直径称为**基准直径**，用 d_d 表示，其标准系列见表 9-2。V 带在规定的张紧力下，带与带轮基准直径相配处的周线长度称为**基准长度**，用 L_d 表示。L_d 已标准化，其标准系列见表 9-3。

表 9-1 普通 V 带截面尺寸

尺寸参数	Y	Z	A	B	C	D	E
节宽 b_p/mm	5.3	8.5	11	14	19	27	32
顶宽 b/mm	6	10	13	17	22	32	38
高度 h/mm	4.0	6.0	8.0	11	14	19	23
楔角 φ	40°						
截面面积 A/mm²	18	47	81	138	230	476	692
每米质量 q/(kg·m⁻¹)	0.023	0.060	0.105	0.170	0.300	0.630	0.970

注：摘自《带传动 普通 V 带和窄 V 带尺寸（基准宽度制）》（GB/T 11544—2012）、《普通和窄 V 带传动 第 1 部分：基准宽度制》（GB/T 13575.1—2022）。

表 9-2 普通 V 带轮的最小基准直径和基准直径系列　　　　　　（单位：mm）

V 带轮型号	Y	Z	A	B	C	D	Z
$d_{d\min}$	20	50	75	125	200	355	500
基准直径系列	31.5　40　50　56　63　71　75　80　90　100　106　112　118　125　132　140　150　160　180　200　212　224　250　280　315　355　375　400　450　500　560　630……						

注：摘自《普通和窄 V 带传动 第 1 部分：基准宽度制》（GB/T 13575.1—2022）。

表 9-3 普通 V 带基准长度的标准系列和带长修正系数 K_L

基准长度 L_d/mm	带长修正系数 K_L							基准长度 L_d/mm	带长修正系数 K_L					
	Y	Z	A	B	C	D	E		Y	Z	A	B	C	D	E
200	0.81							2 000			1.03	0.98	0.88		
224	0.82							2 240			1.06	1	0.91		
250	0.84							2 500			1.09	1.03	0.93		
280	0.87							2 800			1.11	1.05	0.95	0.83	

续表

基准长度 L_d/mm	带长修正系数 K_L							基准长度 L_d/mm	带长修正系数 K_L						
	Y	Z	A	B	C	D	E		Y	Z	A	B	C	D	E
315	0.89							3 150			1.13	1.07	0.97	0.86	
355	0.92							3 550			1.17	1.09	0.99	0.88	
400	0.96	0.87						4 000			1.19	1.13	1.02	0.91	
450	1.00	0.80						4 500				1.15	1.04	0.90	
500	1.02	0.91						5 000				1.18	1.07	0.96	0.92
560		0.94						5 600					1.09	0.98	0.95
630		0.96	0.81					6 300					1.12	1.00	0.97
710		0.99	0.83					7 100					1.15	1.03	1.00
800		1.00	0.85					8 000					1.18	1.06	1.02
900		1.03	0.87	0.82				9 000					1.21	1.08	1.05
1 000		1.06	0.89	0.84				10 000					1.23	1.11	1.07
1 120		1.08	0.91	0.86				11 200						1.14	1.10
1 250		1.11	0.93	0.88				12 500						1.17	1.12
1 400		1.14	0.96	0.90				14 000						1.20	1.15
1 600		1.16	0.99	0.92	0.83			16 000						1.22	1.18
1 800		1.18	1.01	0.95	0.86										

注：摘自《带传动 普通 V 带和窄 V 带尺寸（基准宽度制）》(GB/T 11544—2012)、《普通和窄 V 带传动 第 1 部分：基准宽度制》(GB/T 13575.1—2022)。

（3）标记

普通 V 带的标记由带型、基准长度和标准号组成。带的标记通常压印在带的外表面上，以便选用识别。

标记实例：A 型，基准长度为 1 400 mm，标记为 A1400 GB/T 1171—2017。

2. 普通 V 带轮

（1）带轮的材料

带轮材料常采用灰铸铁、钢、铝合金或工程塑料等。灰铸铁应用最广，当 $v \leqslant$ 30 m/s 时采用 HT 200，$v \geqslant 25 \sim 45$ m/s，则宜采用铸铁或铸钢，也可用钢板冲压-焊接带轮。小功率传动可用铸铝或塑料。

（2）带轮的结构

V 带轮由轮缘（带轮的外缘部分）、轮毂（带轮与轴相配合的部分）和轮辐（轮缘与轮毂相连的部分）三部分组成。其中轮缘部分加工有轮槽，轮槽尺寸见表 9-4。带轮楔角 φ 随基准直径 d_d 而变化，以适应带在弯曲时楔角的变化。

V 带轮按轮辐结构的不同可分为如图 9-9 所示的实心带轮（S 型）、辐板带轮（P 型）、孔板带轮（H 型）和轮辐带轮（E 型）。当带轮直径较小时 [$d_d \leqslant (2.5 \sim 3)d$，$d$ 为轴径]，常采用实心结构；当 $d_d \leqslant 300$ mm 时，常采用辐板结构；当 $D - d_1 \geqslant 100$ mm 时，为了便于吊装和减轻质量，可采用孔板结构；而 $d_d > 300$ mm 的大带轮一般采用轮辐结构。

表 9-4　普通 V 带轮的轮槽尺寸　　　　　　　　　　　　（单位：mm）

槽型			Y	Z	A	B	C	D	E
基准宽度 b_d			5.3	8.5	11	14	19	27	32
基准线上槽深 h_{amin}			1.6	2.0	2.75	3.5	4.8	8.1	9.6
基准线下槽深 h_{fmin}			4.7	7.0	8.7	10.8	14.3	19.9	23.4
槽边距 f_{min}			6	7	9	11.5	16	23	28
槽间距 e			8±0.3	12±0.3	15±0.3	19±0.4	25.5±0.5	37±0.6	44.5±0.7
最小轮缘厚度 δ_{min}			5	5.5	6	7.5	10	12	15
轮缘宽度 B			$B=(z-1)e+2f$（z 为轮槽数）						
楔角 φ	32°	基准直径 d_d	≤60	—	—	—	—	—	—
	34°		—	≤80	≤118	≤190	≤315	—	—
	36°		>60	—	—	—	—	≤475	≤600
	38°		—	>80	>118	>190	>315	>475	>600

注：摘自《普通和窄 V 带传动　第 1 部分：基准宽度制》(GB/T 13575.1—2022)。

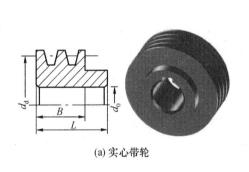
(a) 实心带轮

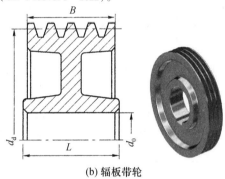
(b) 辐板带轮

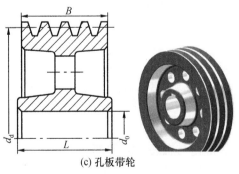
(c) 孔板带轮

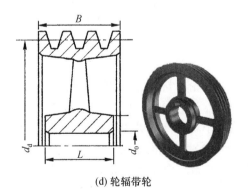
(d) 轮辐带轮

图 9-9　V 带轮的结构类型

二、认识链传动

(一) 链传动的工作原理

链传动由装在平行轴上的链轮和跨绕在两链轮上的环形链条所组成，以链条作中间挠性件，靠链条与链轮轮齿的啮合来传递运动和动力，如图9-10所示。

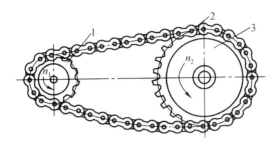

图9-10 链传动的工作原理
1—主动轮　2—链条　3—从动轮

（二）链的基本类型

1. 按用途分

链按用途可分为传动链、起重链、牵引链三类。传动链在一般机械中用来传递运动和动力，起重链主要用于起重机械中提起重物，牵引链主要用于链式输送机中移动重物。下面主要介绍传动链。

链的类型

2. 按传动链结构分

按照链条的结构不同，传动链又分为滚子链和齿形链两种，如图9-11所示。一般所说的链传动是指滚子链传动。

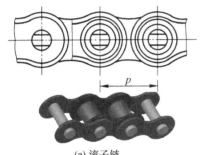

(a) 滚子链

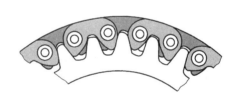

(b) 齿形链

图9-11 传动链分类

（三）链传动的特点和应用

链传动与带传动相比，链传动的特点如下：

（1）传递的功率较大，结构紧凑，传动效率较高；

（2）链条张紧力小，故对轴的作用力小；

（3）能在高温、多尘、有油或潮湿等恶劣环境下工作；

（4）两链轮的平均传动比恒定，瞬时传动比不恒定，其传动平稳性差，有冲击和噪声；

（5）无过载保护作用。

链传动适用于两轴相距较远，工作条件恶劣的场合中，如农业机械、建筑机械、石油机械、采矿、起重、金属切削机床、摩托车、自行车等。

（四）滚子链和链轮

1. 滚子链

（1）滚子链的结构

图9-12所示的滚子链由内链板、外链板、销轴、套筒及滚子五部分组成。套筒与销轴、滚子与套筒之间均为间隙配合，而销轴与外链板、套筒与内链板都为过盈配合，外链板与销轴构成一个外链节，内链板与套筒构成一个内链节，内外链板交错连接构成铰链。链条工作时滚子与链轮轮齿间为滚动摩擦，可减轻链与轮齿的磨损。内外链板均制成"8"字形，目的是使各截面强度接近相等，且能减轻重量及运动时的惯性。相邻两滚子轴线间的距离称为**链节距**，用 p 表示。链节距 p 是传动链的重要参数，节距越大，链条中各零件的尺寸越大，可传递的功率也越大。

滚子链结构

当传递较大的功率时，可采用多排链，多排链由几排普通单排链用销轴连成。多排链装配产生的误差易使受载不均，一般不超过四排，图9-13所示为双排链。

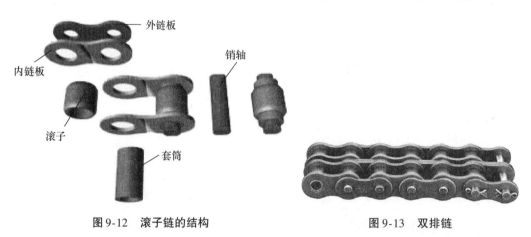

图9-12　滚子链的结构　　　　　图9-13　双排链

链条在使用时封闭为环形，当链节数为偶数时，链条的两端正好是外链板与内链板相接，可用开口销［图9-14（a）］或弹簧卡［图9-14（b）］固定销轴。一般前者用于大节距，后者用于小节距；当链节数为奇数时，则需采用如图9-14（c）所示的过渡链板，由于过渡链板的链板要受附加的弯曲载荷，故尽量采用偶数链节。

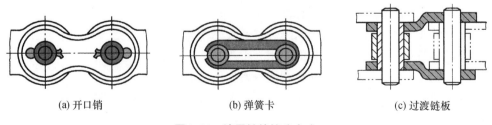

(a) 开口销　　　　　(b) 弹簧卡　　　　　(c) 过渡链板

图9-14　滚子链的接头方式

（2）滚子链的标准

滚子链已经标准化，分为A、B两个系列，我国常用的为A系列。部分滚子链的主要参数和尺寸见表9-5。从表中可知链号越大，链的尺寸就越大，其承载能力也就越高。滚子链的链号一般标记在链条上。

表9-5 传动用短节距精密滚子链的主要尺寸和基本参数

链号	链节距 p/mm	排距 p_{tmin}/mm	滚子直径 d_{max}/mm	内链节内宽 $b_{1\min}$/mm	销轴直径 d_{zmax}/mm	内链节外宽 $b_{2\max}$/mm	外链节内宽 $b_{3\max}$/mm	销轴长度 $b_{4\max}$/mm	内链板高度 $h_{\max}$/mm	单排极限拉伸载荷 $Q_{\min}$/N	单排每米质量 q/(kg·m^{-1})
05B	8	5.64	5	3	2.31	4.77	4.9	8.6	7.11	4 400	0.18
06B	9.525	10.24	6.35	5.72	3.28	8.53	8.66	13.5	8.26	8 900	0.40
08B	12.7	13.92	8.51	7.75	4.45	11.3	11.43	17	11.81	17 800	0.70
40	12.7	14.38	7.95	7.85	3.96	11.18	11.23	17.8	12.07	13 800	0.60
50	15.875	18.11	10.16	9.4	5.08	13.84	13.89	21.8	15.09	21 800	1.00
60	19.05	22.78	11.91	12.57	5.94	17.75	17.81	26.9	18.08	31 100	1.50
80	25.4	29.29	15.88	15.75	7.92	22.61	22.66	33.5	24.13	55 600	2.60
100	31.75	35.76	19.05	18.9	9.53	27.46	27.51	41.1	30.18	86 700	3.80
120	38.1	45.44	22.23	25.22	11.1	35.46	35.51	50.8	36.2	124 600	5.60
140	44.45	48.87	25.4	25.22	12.7	37.19	37.24	54.9	42.24	169 000	7.50
160	50.8	58.55	28.58	31.55	14.27	45.21	45.26	65.5	48.26	222 400	10.10
200	63.5	71.55	39.68	37.85	19.84	54.89	54.94	80.3	60.33	347 000	16.10
240	76.2	87.83	47.63	47.35	23.8	67.82	67.87	95.5	72.39	500 400	22.60

注：摘自《传动用短节距精密滚子链、套筒链、附件和链轮》（GB/T 1243—2024）。

滚子链的标记方法为：链号－排数×链节数　国家标准代号。

标记示例：标记为 120-2—100　GB/T 1243—2024，表示链号为120，链节距为19.05 mm，双排，链节数为100的滚子链。

2. 链轮

链轮是链传动的主要零件。链轮齿形应保证链节能自由地进入或退出啮合，受力均匀，不易脱链，便于加工。

（1）链轮的齿形

滚子链链轮的端面齿形如图9-15所示，链轮的齿形用标准刀具加工，工作图上一般不绘制端面齿形，但为了车削毛坯，需将轴向齿形画出。

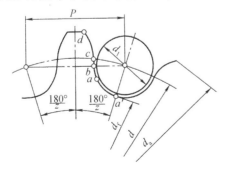
(a) 端面齿形

(b) 链轮实物端面形状

图9-15 链轮的端面齿形

（2）链轮的结构

链轮的结构形状如图9-16所示，同带轮一样，直径小的链轮制成实心式，中等直径的链轮制成孔板式，直径较大的制成组合式。

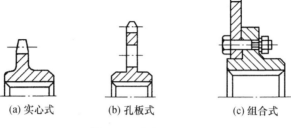

图9-16 链轮的结构

（3）链轮的材料

链轮轮齿应具有足够的接触强度和耐磨性，故齿面一般需经热处理。常用材料为中碳钢（35钢、45钢），不重要的场合用Q235钢、Q275钢，高速重载时采用合金钢，低速时大链轮可采用铸铁。由于小链轮的啮合次数多，因此小链轮的材料要优于大链轮，并进行热处理。

【任务思考】

（1）家用缝纫机上的带传动属于什么类型的带传动？

（2）分析图9-1的带式输送机和图9-2的自行车的挠性传动，请问能否将两台设备上的挠性传动方式进行交换，即在输送机上采用链传动，而在自行车上采用带传动？

任务2 分析带传动的工作能力

【任务要点】

◆ 会分析带传动的传力特性、运动特性及应力分布，分清打滑和弹性滑动；
◆ 会计算带传动的传动比。

【任务提出】

若图9-1的工作机需要传递的功率为 P，已知带的运动速度 v，请分析作用在带上的载荷。若主动带轮的转速已知，分析由哪些参数决定从动带轮的转速。

【任务准备】

一、带传动的受力分析

1. 初拉力 F_0、紧边拉力 F_1、松边拉力 F_2

为保证带传动正常工作，传动带必须以一定的张紧力套在带轮上。当传动带静止时，带两边承受相等的拉力，称为**初拉力** F_0，如图9-17（a）所示。当传动带工作时，绕入主动轮的一边被拉紧，称为**紧边**，拉力由 F_0 增大到 F_1，F_1 称为**紧边拉力**；绕出主动轮的一边被放松，称为**松边**，拉力由 F_0 减小到 F_2，F_2 称为**松边拉力**。如图9-17（b）所示。

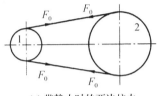

(a) 带静止时的两边拉力　　　　　　(b) 带工作时的两边拉力

图9-17　带传动的受力分析

1—主动轮　2—从动轮

若带的总长度不变，则紧边拉力的增加量 $F_1 - F_0$ 应等于松边拉力 $F_0 - F_2$ 的减少量，即

$$F_0 = \frac{1}{2}(F_1 + F_2) \tag{9-1}$$

2. 有效拉力 F

紧边拉力 F_1 和松边拉力 F_2 之差称为**有效拉力**，也就是带所传递的**圆周力** F，有效拉力应等于带与带轮接触面上产生的总摩擦力 F_f，即

$$F = F_f = F_1 - F_2 \tag{9-2}$$

3. 打滑

在实际工作中，带传动的有效拉力 F（N）与所传递的功率 P（kW）和带的速度 v（m/s）之间的关系是

$$F = \frac{1\,000P}{v} \tag{9-3}$$

当带传动的功率增加时，有效拉力 F 也相应地增大。对于一定的初拉力 F_0 来说，当带所传递的有效拉力 F 不超过极限摩擦力时，带能正常工作；而当传递的有效拉力 F 超过极限摩擦力时，带就开始在带轮上全面滑动，这种现象称为**打滑**。带打滑时从动轮转速急剧下降，使传动失效，同时也加剧了带的磨损，因此应避免打滑。

4. 影响有效拉力的因素

当传动带与带轮表面间即将打滑时，摩擦力达到最大值，即有效拉力达到最大值。此时，忽略离心力的影响，紧边拉力 F_1 和松边拉力 F_2 之间的关系可用欧拉公式表示，即

$$\frac{F_1}{F_2} = e^{f\alpha} \tag{9-4}$$

式中：f——带与带轮接触面间的摩擦系数；

α——带轮包角；

e——自然对数的底，$e \approx 2.718$。

由式（9-1）、式（9-2）和式（9-4），可得

$$F = 2F_0 \frac{e^{f\alpha} - 1}{e^{f\alpha} + 1} \tag{9-5}$$

联立式（9-2）和式（9-4），可得带传动在不打滑条件下所能传递的最大有效拉力为

$$F_{\max} = F_1 \left(1 - \frac{1}{e^{f\alpha}}\right) \tag{9-6}$$

由式（9-6）可知，影响有效拉力 F 的因素有：

（1）初拉力 F_0

F 与 F_0 成正比，增大初拉力 F_0，带与带轮间正压力增大，则传动时产生的摩擦力就越大，故 F 越大。但 F_0 过大会加剧带的磨损，致使带过快松弛，缩短其工作寿命。

（2）摩擦系数 f

f 越大，摩擦力也越大，F 就越大。f 与带和带轮材料、表面状况、工作环境等有关。

（3）带轮包角 α

传动带与带轮的接触弧所对应的中心角称为带轮**包角**，用 α 表示，它是带传动的一个重要参数。在相同条件下，带轮包角越大，摩擦力也越大，F 就越大。

二、带传动的应力分析

带传动工作时，带所受应力有以下三种。

1. 由拉力产生的拉应力 σ_1、σ_2

紧边拉应力
$$\sigma_1 = \frac{F_1}{A} \tag{9-7}$$

松边拉应力
$$\sigma_2 = \frac{F_2}{A} \tag{9-8}$$

式中：A——带的横截面面积，mm^2。

因为 $F_1 > F_2$，所以 $\sigma_1 > \sigma_2$。

2. 由离心力产生的离心拉应力 σ_c

工作时，绕在带轮上的传动带随带轮作圆周运动，产生离心拉力，离心拉力作用于带的全长上，产生的离心拉应力

$$\sigma_c = \frac{qv^2}{A} \tag{9-9}$$

式中：q——每米带长的质量，$kg \cdot m^{-1}$，见表 9-1；

v——带速，m/s。

3. 由带弯曲变形产生的弯曲应力 σ_b

传动带绕过带轮时发生弯曲变形，产生的弯曲应力

$$\sigma_b = \frac{Eh}{d_d} \tag{9-10}$$

式中：E——带的弹性模量，MPa；

h——带的高度，mm，见表 9-1。

可见小带轮处的弯曲应力 σ_{b1} 大于大带轮处的弯曲应力 σ_{b2}，设计时应限制小带轮的最小直径。

图 9-18 所示为带的应力分布情况，最大应力发生在紧边绕入小带轮处。其值为

$$\sigma_{max} = \sigma_1 + \sigma_c + \sigma_{b1} \tag{9-11}$$

由图可知，带上应力是不断变化的。当应力循环达到一定次数后，带将发生疲劳破坏而失效，为保证带具有足够的疲劳寿命，应满足 $\sigma_{max} \leqslant [\sigma]$，$[\sigma]$ 为带的许用应力。

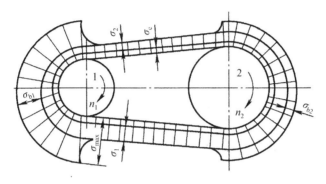

图 9-18 传动带的应力分析

三、带传动的弹性滑动

传动带是弹性体，受到拉力作用后将产生弹性变形。由于紧边和松边的拉力不同，传动带的弹性变形量也不同。当带由紧边绕经主动轮进入松边时，它所受的拉力由 F_1 降至 F_2，伸长量也相应减小，这说明带在绕经主动轮的过程中，相对于轮面向后收缩了，带与带轮轮面间出现局部相对滑动，导致带的速度 v 低于主动轮的圆周速度 v_1。同样的相对滑动也将发生在从动带轮上，但情况相反，带将逐渐伸长，这时带的速度 v 高于从动带轮的圆周速度 v_2。这种由于带两边的拉力差而产生弹性变形量的改变所引起带与带轮间的相对滑动，称为**弹性滑动**。

带的弹性滑动和打滑是两个截然不同的概念。弹性滑动是由拉力差引起的，只要传递有效拉力，出现紧边和松边，就一定会发生弹性滑动，所以是带传动工作时的固有特性，是不可避免的。而打滑是超载所引起的带在带轮上的全面滑动，是可以避免的。

带的弹性滑动使从动轮圆周速度 v_2 低于主动轮的圆周速度 v_1，其速度的降低率，即弹性滑动率用 ε 表示，即

$$\varepsilon = \frac{v_1 - v_2}{v_1} = \frac{d_{d1} n_1 - d_{d2} n_2}{d_{d1} n_1} \tag{9-12}$$

式中：n_1、n_2——分别表示主动轮、从动轮的转速，r/min；

d_{d1}、d_{d2}——分别表示主动轮、从动轮的基准直径，mm。

由式（9-12）可得带传动的传动比

$$i = \frac{n_1}{n_2} = \frac{d_{d2}}{d_{d1}(1-\varepsilon)} \qquad (9-13)$$

从动轮的转速

$$n_2 = \frac{n_1 d_{d1}(1-\varepsilon)}{d_{d2}} \qquad (9-14)$$

由于滑动率的存在，带传动的传动比不是恒定值。因带传动的滑动率通常为 0.01~0.02，所以在一般计算中可忽略不计。

【任务思考】

在传动系统中，为何带传动通常被安排在高速级？在图 9-1 所示的带传动中，从动带轮安装在减速器的输入轴上，当电机转速为常数时，减速器输入轴的转速是否为常数？

任务 3 设计带传动

【任务要点】

◆ 掌握 V 带传动的失效形式、设计准则、设计步骤和方法。

【任务提出】

对图 9-1 所示的带式输送机中的带传动，请根据工作机的载荷和速度要求设计 V 带传动中带的型号、长度和根数，带轮的直径、两轴距离等主要参数和尺寸。

【任务准备】

一、带传动失效形式与设计准则

根据带传动的工作情况分析可知，V 带传动的主要失效形式是打滑和带的疲劳破坏（如脱层、撕裂或拉断）等。因此，带传动的设计准则是：在不打滑的前提下，保证带具有一定的疲劳强度和使用寿命。

二、单根普通 V 带传递的功率

1. 基本额定功率 P_0

在特定条件下，单根普通 V 带所能传递的最大功率 P_0 称为**基本额定功率**。特定条件指的是：传动比 $i=1$、包角 $\alpha=180°$、特定带长、载荷平稳。基本额定功率 P_0 可通过试验和计算得到，具体数据参见表 9-6。

表9-6 单根普通V带传递的基本额定功率 P_0 （单位：kW）

带型	小带轮的基准直径 d_{d1}/mm	小带轮转速 n_1/(r·min^{-1})									
		400	700	800	950	1 200	1 450	1 600	2 000	2 400	2 800
Z	50	0.06	0.09	0.10	0.12	0.14	0.16	0.17	0.20	0.22	0.26
	56	0.06	0.11	0.12	0.14	0.17	0.19	0.20	0.25	0.30	0.33
	63	0.08	0.13	0.15	0.18	0.22	0.25	0.27	0.32	0.37	0.41
	71	0.09	0.17	0.20	0.23	0.27	0.30	0.33	0.39	0.46	0.50
	80	0.14	0.20	0.22	0.26	0.30	0.35	0.39	0.44	0.50	0.56
	90	0.14	0.22	0.24	0.28	0.33	0.36	0.40	0.48	0.54	0.60
A	75	0.26	0.40	0.45	0.51	0.60	0.68	0.73	0.84	0.92	1.00
	90	0.39	0.61	0.68	0.77	0.93	1.07	1.15	1.34	1.50	1.64
	100	0.47	0.74	0.83	0.95	1.14	1.32	1.42	1.66	1.87	2.05
	112	0.56	0.90	1.00	1.15	1.39	1.61	1.74	2.04	2.30	2.51
	125	0.67	1.07	1.19	1.37	1.66	1.92	2.07	2.44	2.74	2.98
	140	0.78	1.26	1.41	1.62	1.96	2.28	2.45	2.87	3.22	3.48
	160	0.94	1.51	1.69	1.95	2.36	2.73	2.54	3.42	3.80	4.06
	180	1.09	1.76	1.97	2.27	2.74	3.16	3.40	3.93	4.32	4.54
B	125	0.84	1.30	1.44	1.64	1.93	2.19	2.33	2.64	2.85	2.96
	140	1.05	1.64	1.82	2.08	2.47	2.82	3.00	3.42	3.70	3.85
	160	1.32	2.09	2.32	2.66	3.17	3.62	3.86	4.40	4.75	4.89
	180	1.59	2.53	2.81	3.22	3.85	4.39	4.68	5.30	5.67	5.76
	200	1.85	2.96	3.30	3.77	4.50	5.13	5.46	6.13	6.47	6.43
	224	2.17	3.47	3.86	4.42	5.26	5.97	6.33	7.02	7.25	6.95
	250	2.50	4.00	4.46	5.10	6.04	6.82	7.20	7.87	7.89	7.14
	280	2.89	4.61	5.13	5.85	6.90	7.76	8.13	8.60	8.22	6.80

注：摘自《一般传动用普通V带》（GB/T 1171—2017）。

2. 许用功率 $[P_0]$

当实际工作条件与上述特定条件不同时，应对 P_0 进行修正。修正后即得到实际工作条件下，单根普通V带所能传递的最大功率，即许用功率 $[P_0]$，其计算公式为

$$[P_0] = (P_0 + \Delta P_0) K_\alpha K_L \quad (9-15)$$

式中：ΔP_0——传动比 $i \neq 1$ 时的功率增量（kW）（见表9-7）；

K_L——带长修正系数，考虑非特定长度时带长对传动能力的影响（见表9-3）；

K_α——包角修正系数，考虑 $\alpha \neq 180°$ 时对传动能力的影响（见表9-8）。

表 9-7　单根普通 V 带的额定功率增量 ΔP_0　　　（单位：kW）

带型	传动比 i	小带轮转速 $n_1/(\mathrm{r \cdot min^{-1}})$									
		400	700	800	950	1 200	1 450	1 600	2 000	2 400	2 800
Z	1.13～1.18	0.00	0.00	0.01	0.01	0.01	0.01	0.01	0.02	0.02	0.03
	1.19～1.24	0.00	0.00	0.01	0.01	0.01	0.02	0.02	0.02	0.03	0.03
	1.25～1.34	0.00	0.01	0.01	0.01	0.02	0.02	0.02	0.02	0.03	0.03
	1.35～1.50	0.00	0.01	0.01	0.02	0.02	0.02	0.02	0.03	0.03	0.04
	1.51～1.99	0.01	0.01	0.02	0.02	0.02	0.03	0.03	0.03	0.04	0.04
	≥2.00	0.01	0.02	0.02	0.02	0.03	0.03	0.03	0.04	0.04	0.04
A	1.13～1.18	0.02	0.04	0.04	0.05	0.07	0.08	0.09	0.11	0.13	0.15
	1.19～1.24	0.03	0.05	0.05	0.06	0.08	0.09	0.11	0.13	0.16	0.19
	1.25～1.34	0.03	0.06	0.06	0.07	0.10	0.11	0.13	0.16	0.19	0.23
	1.35～1.50	0.04	0.07	0.08	0.08	0.11	0.13	0.15	0.19	0.23	0.26
	1.51～1.99	0.04	0.08	0.09	0.10	0.13	0.15	0.17	0.22	0.26	0.30
	≥2.00	0.05	0.09	0.10	0.11	0.15	0.17	0.19	0.24	0.29	0.34
B	1.13～1.18	0.06	0.10	0.11	0.13	0.17	0.20	0.23	0.28	0.34	0.39
	1.19～1.24	0.07	0.12	0.14	0.17	0.21	0.25	0.28	0.35	0.42	0.49
	1.25～1.34	0.08	0.15	0.17	0.20	0.25	0.31	0.34	0.42	0.51	0.59
	1.35～1.50	0.10	0.17	0.20	0.23	0.30	0.36	0.39	0.49	0.59	0.69
	1.51～1.99	0.11	0.20	0.23	0.26	0.34	0.40	0.45	0.56	0.68	0.79
	≥2.00	0.13	0.22	0.25	0.30	0.38	0.46	0.51	0.63	0.76	0.89

注：《一般传动用普通 V 带》（GB/T 1171—2017）。

表 9-8　包角系数 K_α（摘自 GB/T 13575.1—2008）

小轮包角 α	120°	125°	130°	135°	140°	145°	150°	155°	160°	165°	170°	175°	180°
K_α	0.82	0.84	0.86	0.88	0.89	0.91	0.92	0.93	0.95	0.96	0.98	0.99	1

注：摘自《普通和窄 V 带传动　第 1 部分：基准宽度制》（GB/T 13575.1—2022）。

三、V 带传动的设计计算

带传动设计的已知条件包括：传动的用途、工作情况、原动机种类；传递的功率；主、从动轮转速 n_1、n_2（或 n_1 和传动比 i）；中心距大小和安装位置限制等。

带传动设计的内容包括：确定 V 带的型号、基准长度和根数；确定带轮的材料、结构类型和几何尺寸；确定传动的中心距、初拉力和压轴力等。

带传动设计的一般步骤和方法如下：

1. 确定计算功率 P_d

$$P_\mathrm{d} = K_A P \tag{9-16}$$

式中：P——名义功率，kW；

K_A——工作情况系数，根据带的工作情况查表 9-9。

表 9-9 带的工作情况系数 K_A

工况	适用范围	空、轻载启动			重载启动		
		每天工作小时数/h					
		<10	10~16	>16	<10	10~16	>16
载荷变动最小	液体搅拌机、通风机和鼓风机（$P \leq 7.5$ kW）、离心式水泵和压缩机、轻载荷输送机	1.0	1.1	1.2	1.1	1.2	1.3
载荷变动小	带式输送机（不均匀负荷）、通风机（$P > 7.5$ kW）、旋转式水泵和压缩机（非离心式）、发电机、金属切削机床、印刷机、旋转筛、锯木机和木工机械	1.1	1.2	1.3	1.2	1.3	1.4
载荷变动较大	制砖机、斗式提升机、往复式水泵和压缩机、起重机、磨粉机、冲剪机床、橡胶机械、振动筛、纺织机械、重载输送机	1.2	1.3	1.4	1.4	1.5	1.6
载荷变动很大	破碎机、磨碎机、卷扬机、压出机	1.3	1.4	1.5	1.5	1.6	1.8

注：1. 空、轻载启动——电动机（交流启动、三角启动、直流并动），四缸以上的内燃机，装有离心式离合器、液力联轴器的动力机；
2. 重载启动——电动机（联机交流启动、直流复励或串励），四缸以下的内燃机。
3. 摘自《普通和窄 V 带传动 第 1 部分：基准宽度制》（GB/T 13575.1—2022）。

2. 选择普通 V 带型号

根据计算功率 P_d 和小带轮转速 n_1，由图 9-19 选取普通 V 带的型号。当所选取的结果在两种型号的分界线附近时，可以两种型号同时计算，择优录取。

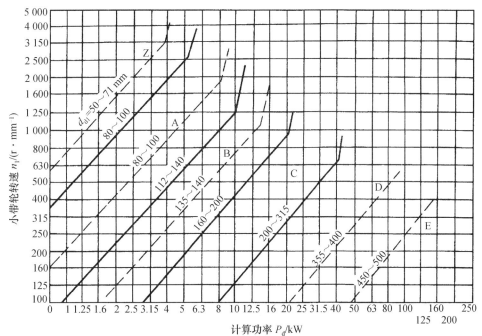

图 9-19　普通 V 带选型图

注：摘自《普通和窄 V 带传动 第 1 部分：基准宽度制》（GB/T 13575.1—2022）。

3. 确定带轮的基准直径 d_{d1}、d_{d2}

小带轮的基准直径 d_{d1} 是一个重要的参数。带轮直径小可使传动结构紧凑，但另一方面，弯曲应力大，使带的寿命降低。设计时应取小带轮的基准直径 $d_{d1} \geq d_{dmin}$，d_{dmin} 的值参考图9-19 和表9-2。忽略弹性滑动的影响，$d_{d2} = d_{d1} \cdot n_1 / n_2$，$d_{d1}$、$d_{d2}$ 宜取标准值（查表9-2）。

4. 验算带速 v

$$v = \frac{\pi d_{d1} n_1}{60 \times 1\,000} \tag{9-17}$$

如果带速过高，则离心力过大，带与带轮间的摩擦力减小，传动易打滑，且带的绕转次数增多，降低带的寿命。如果带速过低，则带传递的圆周力增大，带的根数增多。所以，一般应使 $v = (5 \sim 25)$ m/s。如果带速超过上述范围，则应重选小带轮直径 d_{d1}。

5. 确定中心距 a 和带的基准长度 L_d

如果中心距小，则结构紧凑，但传动带较短，包角减小，且带的绕转次数增多，降低了带的寿命，致使传动能力下降。在设计时，应根据具体的结构要求或按式（9-18）初步确定中心距 a_0：

$$0.7(d_{d1} + d_{d2}) \leq a_0 \leq 2(d_{d1} + d_{d2}) \tag{9-18}$$

由带传动的几何关系可初步计算带的基准长度：

$$L_{d0} = 2a_0 + \frac{\pi}{2}(d_{d1} + d_{d2}) + \frac{(d_{d2} - d_{d1})^2}{4a_0} \tag{9-19}$$

根据初定的 L_{d0}，由表9-3 选取相近的基准长度 L_d，最后按式（9-20）近似计算实际所需的中心距 a：

$$a \approx a_0 + \frac{L_d - L_{d0}}{2} \tag{9-20}$$

考虑到安装调整和带松弛后张紧的需要，应给中心距留出一定的调整余量。中心距调整范围，一般取

$$a_{min} = a - (2b_d + 0.009L_d)$$

$$a_{max} = a + 0.02L_d$$

其中，b_d 为带轮基准宽度，见表9-4。

6. 校验小带轮包角

$$\alpha_1 = 180° - 57.3° \times \frac{d_{d2} - d_{d1}}{a} \tag{9-21}$$

通常要求 $\alpha_1 \geq 120°$。若 α_1 过小，则需增大中心距或降低传动比，也可增设张紧轮。

7. 确定 V 带根数

$$z \geq \frac{P_d}{[P_0]} \geq \frac{P_d}{(P_0 + \Delta P_0) K_\alpha K_L} \tag{9-22}$$

带的根数 z 应圆整为整数，为使各带受力均匀，根数不宜过多，一般应满足 $z < 10$，通常 $z = 2 \sim 5$ 为宜。如计算超出，应改选 V 带型号或加大带轮直径后重新

设计。

8. 单根 V 带的初拉力 F_0

当初拉力不足时，极限摩擦力小，传动能力下降；当初拉力过大时，将增大作用在轴上的载荷并降低带的寿命。单根 V 带适合的初拉力 F_0 可按式（9-23）计算：

$$F_0 = 500 \frac{P_d}{zv}\left(\frac{2.5}{K_\alpha} - 1\right) + qv^2 \tag{9-23}$$

由于新带易松弛，对非自动张紧的普通 V 带传动，安装新带时的初拉力应为计算值的 1.5 倍。

9. 带传动作用在带轮轴上的压力 F_Q

为了设计带轮轴和轴承，必须计算出带轮对轴的压力，如图 9-20 所示。

$$F_Q = 2zF_0 \sin\frac{\alpha_1}{2} \tag{9-24}$$

F_Q 的大小会影响轴、轴承的强度和寿命。

10. 带轮结构设计

带轮结构设计参见任务 1 和相关的机械设计手册，绘制带轮零件工作图（此处略）。

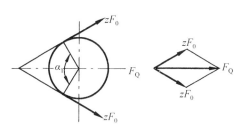

图 9-20 作用在带轮轴上的压力 F_Q

【任务训练】

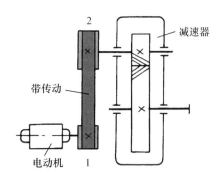

图 9-21 带式输送机中的传动简图

设计如图 9-21 所示的带式输送机中电动机和减速器之间的普通 V 带传动。已知电动机输出功率为 $P = 3$ kW，电动机转速为 $n_1 = 1\,420$ r/min，从动轮转速 $n_2 = 400$ r/min，弹性滑动率 $\varepsilon = 0.01$，两班制工作，载荷变动小，空载启动。

解 （1）确定计算功率 P_d

由表 9-9 查得 $K_A = 1.2$，由式（9-16）得

$$P_d = K_A P = 1.2 \times 3 = 3.6 \text{（kW）}$$

（2）选取普通 V 带型号

根据 $P_d = 3.6$ kW，$n_1 = 1\,420$ r/min，由图 9-19 选用 A 型普通 V 带。

（3）确定两带轮的基准直径 d_{d1}、d_{d2}

参考图 9-19 和表 9-2，选取 $d_{d1} = 90$ mm，按式（9-14），大带轮基准直径为

$$d_{d2} = \frac{n_1 d_{d1}(1-\varepsilon)}{n_2} = \frac{1\,420 \times 90 \times (1-0.01)}{400} \approx 316.3 \text{（mm）}$$

按表 9-2 选取标准值 $d_{d2} = 315$ mm，则实际传动比 i、从动轮的实际转速分别为

$$i = \frac{d_{d2}}{d_{d1}(1-\varepsilon)} = \frac{315}{90 \times (1-0.01)} \approx 3.54$$

$$n_2 = \frac{n_1}{i} = \frac{1\,420}{3.54} \approx 401.1 \text{（r/min）}$$

(4) 验算带速

$$v = \frac{\pi d_{d1} n_1}{60 \times 1000} = \frac{3.14 \times 90 \times 1420}{60 \times 1000} \approx 6.69 \text{ (m/s)}$$

带速在 5～25 m/s 范围内，合格。

(5) 确定带的基准长度 L_d 和实际中心距 a

由式（9-18）初定中心距 a_0：

$$0.7(d_{d1} + d_{d2}) \le a_0 \le 2(d_{d1} + d_{d2})$$
$$283.5 \le a_0 \le 810$$

取 $a_0 = 550$ mm。

由式（9-19）得

$$L_{d0} = 2a_0 + \frac{\pi}{2}(d_{d1} + d_{d2}) + \frac{(d_{d2} - d_{d1})^2}{4a_0}$$
$$= 2 \times 550 + \frac{3.14}{2} \times (90 + 315) + \frac{(315 - 90)^2}{4 \times 550}$$
$$\approx 1759 \text{ (mm)}$$

由表 9-3 选取基准长度 $L_d = 1800$ mm。

由式（9-20）得实际中心距为

$$a \approx a_0 + \frac{L_d - L_{d0}}{2} = 550 + \frac{1800 - 1759}{2} \approx 571 \text{ (mm)}$$

查表 9-4，基准宽度 $b_d = 11$ mm，安装时所需的最小中心距

$$a_{\min} = a - (2b_d + 0.009L_d) = 571 - (2 \times 11 + 0.009 \times 1800) \approx 533 \text{ (mm)}$$

张紧或补偿伸长所需的最大中心距

$$a_{\max} = a + 0.02L_d = 571 + 0.02 \times 1800 \approx 607 \text{ (mm)}$$

(6) 校验小带轮包角 α_1

由式（9-21）得

$$\alpha_1 \approx 180° - 57.3° \times \frac{d_{d1} - d_{d2}}{a} = 180° - 57.3° \times \frac{315 - 90}{571} \approx 157.4°$$

$\alpha_1 > 120°$，合适。

(7) 确定 V 带根数 z

根据 $d_{d1} = 90$ mm、$n_1 = 1420$ r/min，查表 9-6，用线性插值法得到基本额定功率 $P_0 = 1.053$ kW。

由表 9-7 查得额定功率增量 $\Delta P_0 = 0.168$ kW。

由表 9-3 查得带长修正系数 $K_L = 1.01$，由表 9-8 查得包角修正系数 $K_\alpha = 0.94$，由式（9-22）得

$$z \ge \frac{P_d}{(P_0 + \Delta P_0)K_\alpha K_L} = \frac{3.6}{(1.053 + 0.168) \times 0.94 \times 1.01} \approx 3.11$$

取整得 $z = 4$。

(8) 求单根 V 带的初拉力 F_0

由表 9-1 查得 A 型普通 V 带的每米带长质量 $q = 0.105$ kg/m，根据式（9-23）得单根 V 带的初拉力为

$$F_0 = 500 \frac{P_d}{zv}\left(\frac{2.5}{K_\alpha} - 1\right) + qv^2 = 500 \times \frac{3.6}{4 \times 6.69} \times \left(\frac{2.5}{0.94} - 1\right) + 0.105 \times 6.69^2 \approx 116.3 \text{ (N)}$$

（9）作用在带轮轴上的压力 F_Q

由式（9-24）可得

$$F_Q = 2zF_0 \sin\frac{\alpha_1}{2} = 2 \times 4 \times 116.3 \times \sin\frac{157.4°}{2} \approx 912.4 \text{ (N)}$$

（10）带轮结构设计（略）

【任务思考】

在 V 带传动设计中，为什么要限制带的根数？如果小带轮包角过小及带的根数过多，应如何解决？

任务4　链传动的运动分析与设计简介

【任务要点】

◆ 了解链传动的运动特性及主要参数选择。

【任务提出】

在图 9-2 所示的自行车中，自行车后轮的转速与脚踏板的转速有何关系？

【任务准备】

一、链传动的运动特性

1. 平均速度与平均传动比

链条绕上链轮后形成折线，如图 9-22 所示，因此链传动相当于一对多边形轮子之间的传动。设 z_1、z_2 为两链轮的齿数，p 为链节距（mm），n_1、n_2 为两链轮的转速（r/min），则链条的平均速度（简称链速）为：

$$v = \frac{z_1 p n_1}{60 \times 1000} = \frac{z_2 p n_2}{60 \times 1000} \quad (9\text{-}25)$$

链传动的平均传动比为

$$i = \frac{n_1}{n_2} = \frac{z_2}{z_1} = \text{常数} \quad (9\text{-}26)$$

图 9-22　链传动的运动分析

2. 瞬时速度与瞬时传动比

实际上链速和链传动比在每一瞬时都是变化的，而且是按每一链节的啮合过程作周期性变化。在图 9-22 中，假设链条的上边始终处于水平位置，主动链轮以角速度 ω_1

回转。当链节与链轮轮齿在 A 点啮合时，链轮上该点的圆周速度的水平分量和垂直分量分别为：

水平分量 $v = v_1 \cos\beta = \dfrac{d_1 \omega_1}{2}\cos\beta$

垂直分量 $v' = v_1 \sin\beta = \dfrac{d_1 \omega_1}{2}\sin\beta$

链传动的瞬时传动比

式中：v_1——主动轮圆周速度，m/s；

d_1——链轮直径，mm；

β——铰链 A 的圆周速度方向与链条前进方向的夹角，°。

由图 9-22 可见，β 角在 $(-180°)/z \sim (+180°)/z$ 的范围内变化，因此，链轮每送进一个链节，其链速 v 经历"最小—最大—最小"的周期性变化。这种由于链条绕在链轮上形成多边形啮合传动而引起传动速度不均匀的现象，称为**多边形效应**。当链轮齿数较多，β 的变化范围较小时，其链速的变化范围也较小，多边形效应相应减弱。

此外，链条在垂直方向上的分速度也作周期性变化，使链条上下抖动。

用同样的方法对从动轮进行分析可知，从动轮的角速度 ω_2 是变化的，所以链速和链传动的瞬时传动比（$i = \omega_1/\omega_2$）也是变化的。

由上述分析可知，链传动工作时不可避免地会产生震动、冲击，引起附加的动载荷，因此链传动不适用于高速传动。

二、滚子链传动的设计简介

1. 链传动的失效形式

一般链传动的失效主要是链条的失效。常见的失效形式有链板、滚子、套筒的疲劳破坏，销轴与套筒的胶合，链条铰链磨损及过载拉断等。

2. 设计计算准则

中、高速链传动（$v > 0.6$ m/s），通常依据链条的额定功率进行设计，其计算准则为传递的功率值（计算功率值）小于许用功率值，即 $P_C \leqslant [P]$，而计算功率与工作条件有关，许用功率与链的基本参数相关，有关设计可查阅相关手册。

3. 链传动主要参数的选择

（1）齿数 z_1、z_2 和传动比 i

小链轮齿数 z_1 过小，动载荷增大，传动平稳性差，链条磨损很快，因此要限制小链轮最少齿数（一般要大于 17）。z_1 也不可过大，否则传动尺寸太大，通常应按表 9-10 选取。推荐值 $z_1 = 21 \sim 29$。

表 9-10 小链轮齿数

链速 v/(m/s)	0.6~3	3~8	>8
z_1	≥17	≥21	≥35

大链轮齿数 $z_2 = i z_1$ 不宜过多，齿数过多除了增大传动尺寸和质量外，还会出现跳齿和脱链等现象，通常 $z_2 < 120$。

由于链节数常为偶数，为使磨损均匀，链轮齿数一般应与链节数互为质数，并优先选用数列 17、19、21、23、25、57、85 中的数。

滚子链的传动比不宜过大（不大于 7），i 过大，链条在小链轮上的包角减小，啮合的轮齿数减少，从而加速轮齿的磨损。一般推荐 $i = 2 \sim 3.5$，只有在低速时，i 才可取大些。

（2）链节距 p 和排数

链节距 p 是链传动最主要的参数，决定链传动的承载能力。在一定的条件下，链节距越大，承载能力越强，但传动时的冲击、震动、噪声和零件尺寸也越大。链的排数越多，则其承载能力越强，但传动的轴向尺寸也越大。因此，选择链条时应在满足承载能力要求的前提下，尽量选用较小链节距的单排链；在高速、大功率时，可选用较小链节距的多排链。

（3）中心距 a 和链节数 L_p

如果中心距过小，则链条在小链轮上的包角较小，啮合的齿数少，导致磨损加剧，且易产生跳齿、脱链等现象。同时，链条的绕转次数增多，加剧了疲劳磨损，从而影响链条的寿命。若中心距过大，则链传动的结构尺寸大，且由于链条松边的垂度大而产生抖动。一般中心距取 $a < 80p$，在初定中心距 a_0 时，常取 $a_0 = (30 \sim 50)p$。

链条的长度常用链节数 L_p 表示，即 $L = pL_p$，链节数可根据齿数及中心距计算，计算结果圆整成相近的偶数。

为保证链条松边有合适的垂度，实际中心距 a' 要比理论中心距 a 小。$a' = a - \Delta a$，通常取 $\Delta a = (0.002 \sim 0.004)a$ 或 $\Delta a = 2 \sim 5$，当中心距可调时，取较大值，否则取较小值。

【任务思考】

自行车的链条在运动过程中为什么会上下跳动？如何减缓其跳动？

任务 5　挠性传动件的使用与维护

【任务要点】

◆ 会进行带传动、链传动的安装和使用。

【任务提出】

设计完好的带传动和链传动，若使用、维护不当，也会影响其正常工作，甚至缩短使用寿命。请分析带传动、链传动在使用和维护过程中影响其工作能力及寿命的因素。

【任务准备】

一、带传动的使用和维护

（一）带传动的张紧与调整

带传动工作一段时间后，会因为变形而松弛，使张紧力减小，传动能力下降，所以必须定期检查。若发现张紧力不足，则需重新张紧。重新张紧的方法通常有如下两种：

1. 调整中心距

（1）定期张紧

将装有带轮的电机装在滑道上，旋转调整螺钉即可调整中心距以达到张紧的目的。图9-23（a）所示的滑道式张紧装置适用于水平传动场合，图9-23（b）所示的摆架式适用于倾斜传动场合。

（2）自动张紧

如图9-23（c）所示，将装有带轮的电动机安装在浮动的摆架上，利用电动机的自重张紧传动带，通过载荷的大小自动调节张紧力。

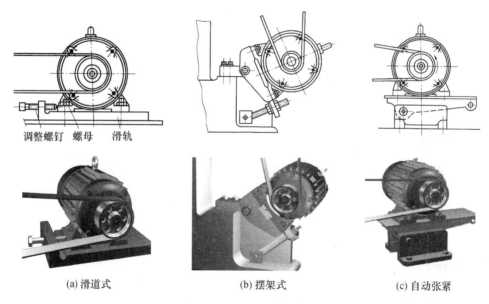

(a) 滑道式　　　　　(b) 摆架式　　　　　(c) 自动张紧

图9-23　调整中心距的张紧装置

2. 采用张紧轮

当中心距不便调整时，可采用张紧轮装置重新张紧。为使张紧轮受力小，带的弯曲应力应不改变方向，从而延长带的寿命，V带传动的张紧轮一般设置在松边的内侧且靠近大轮处，如图9-24所示。平带传动也可设置在外侧，但应靠近小轮，这样可以增加小轮的包角，提高带的工作能力。

（二）带传动的安装与维护

正确地安装、合理使用并妥善维护，是保证 V 带传动正常工作，延长 V 带使用寿命的有效途径。一般应注意以下几点：

（1）安装时，两带轮轴线应相互平行，两轮相对应的轮槽应对齐，其误差不得超过 ±20′，如图 9-25 所示。

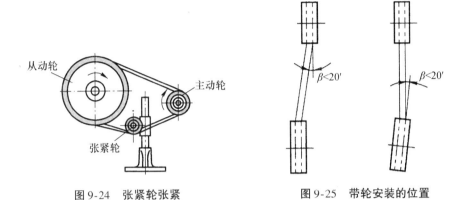

图 9-24　张紧轮张紧　　　　　　　图 9-25　带轮安装的位置

（2）安装 V 带时，通常应通过调整各轮中心距的方法来装带和张紧，严禁用撬棍等工具将带强行撬入或撬出带轮。

（3）同组使用的 V 带应型号相同、长度相等，不同厂家生产的 V 带或新旧 V 带不能同组使用。

（4）安装 V 带时，应按规定的初拉力张紧。V 带传动初拉力的测定可在带与带轮两切点中心加以垂直于带的载荷 G，使每 100 mm 跨距产生 1.6 mm 的挠度，此时传动带的初拉力 F_0 是合适的（即总挠度 $y = 1.6a/100$），如图 9-26 所示。

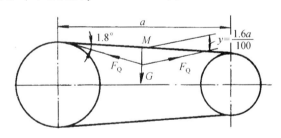

图 9-26　带的张紧程度

（5）带传动要加防护罩，以保证安全；防止带与酸、碱或油接触而腐蚀传动带；带传动的工作温度不能超过 60°。

二、链传动的使用和维护

1. 链传动的布置

链传动的布置对传动的工作状况和使用寿命有较大影响。通常情况下链传动的两轴线应平行布置，两链轮的回转平面应在同一平面内，否则易引起脱链和不正常磨损。

链条应使主动边（紧边）在上，从动边（松边）在下，以免松边垂度过大时链与轮齿相干涉或紧、松边相碰。如果两链轮中心的边线不能布置在水平面上，其与水平面的夹角应小于45°。应尽量避免中心线垂直布置，以防止下链轮啮合不良。

2. 链传动的张紧

链传动张紧的目的，主要是避免在链条的垂度过大时产生啮合不良和链条震动的现象；同时也可以增加链条与链轮的啮合包角。当中心线倾斜角大于60°时，通常设有张紧装置。

张紧的方法有很多。当链传动的中心距可调整时，可通过调节中心距来控制张紧程度；当中心距不能调整时，如图9-27所示可设置张紧轮，或在链条磨损变长后从中取掉1~2个链节以恢复原来的张紧程度，张紧轮的直径应与小链轮的直径相近。

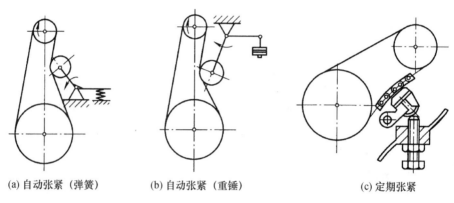

(a) 自动张紧（弹簧）　　(b) 自动张紧（重锤）　　(c) 定期张紧

图9-27　链传动采用张紧轮张紧

3. 链传动的润滑

润滑对链传动的影响很大，良好的润滑将减少磨损，缓和冲击，提高承载能力，延长链及链轮的使用寿命。润滑方式主要有人工定期给油、油杯滴油、油浴润滑、飞溅给油、压力供油等，如图9-28所示。

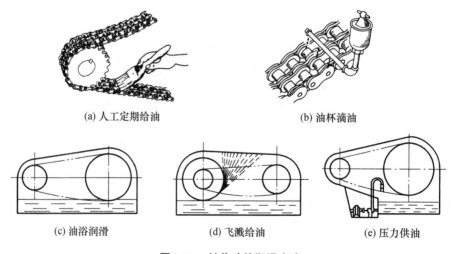

(a) 人工定期给油　　(b) 油杯滴油

(c) 油浴润滑　　(d) 飞溅给油　　(e) 压力供油

图9-28　链传动的润滑方式

【任务思考】

带传动和链传动在工作过程中，如何保证带和链始终处于张紧状态？

拓展阅读：同步带传动简介

同步带传动

带传动和链传动同属挠性传动，摩擦带传动的传动带容易变形，链传动是啮合传动。而啮合形带传动则兼有带传动及链传动的优点，应用广泛。

1. 同步带传动的特点及应用

如图 9-6 所示，同步带传动是将啮合传动原理应用于带传动领域的一种传动，具有带传动、链传动和齿轮传动的优点。同步带传动的带与带轮是靠啮合传递运动和动力，故带与带轮之间无相对滑动，能保证准确的传动比。同步带通常以钢丝绳或玻璃纤维绳为抗拉体，氯丁橡胶或聚氨酯为基体，这种带薄而且轻，故可用于较高速度。传动时的线速度可达 50 m/s，传动比可达 10，效率可达 98%。同步带的传动噪声比带传动、链传动和齿轮传动小，耐磨性好，不需油润滑，寿命比摩擦带长。其主要缺点是制造和安装精度要求较高，中心距要求较严格。所以同步带广泛应用于要求传动比准确的场合，如仪器、机床、内燃机、纺织机械、化工、石油等机械中。

2. 同步带的尺寸规格

同步带的工作齿面分为梯形齿和弧形齿两类。同步带从结构上分为单面齿和双面齿两种，分别称为单面带和双面带。双面带的带齿排列分为 DⅠ型和 DⅡ型，如图 9-29 所示。

同步带带轮的齿形推荐采用渐开线齿形，可用范成法加工而成，也可以使用直边齿形。

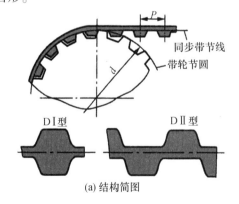

(a) 结构简图　　　　　　　　　(b) 实物图

图 9-29　同步带

任务实施——挠性传动认知与设计

☺ **特别提示**：任务实施不单独安排课时，而是穿插在任务 1～5 中进行，按理论实践一体化实施。

任务实施1 挠性传动件认知

一、训练目的

（1）认识 V 带、滚子链的结构与尺寸标准。
（2）明确带轮直径、链轮齿数对传动比及速度的影响。

二、实训设备及用具

（1）机构创意组合实验台。
（2）操作工具一套。

三、实训内容与步骤

1. 带、链尺寸标准识读

每组选择 V 带、滚子链各一根，根据端面标记，请解释其含义。

2. 传动比及速度分析

（1）从零件库中选取一对 V 带轮、一对链轮及相应的皮带或链条，记录直径或齿数；
（2）计算传动比。

3. 实施拼装

分别完成 V 带传动、链传动的拼装，直至手动转动灵活为止。

任务实施2　V 带 设 计

一、训练目的

通过对带式输送机传动系统中带传动的设计，学会带传动的设计计算方法，确定带和带轮的尺寸规格，并绘制带轮零件工作图。

二、实训内容与步骤

（1）确定计算功率。
（2）选择普通 V 带型号。
（3）确定带轮的基准直径。
（4）验算带速。
（5）确定中心距和带的基准长度。
（6）校验小带轮包角。
（7）确定 V 带根数。
（8）单根 V 带的初拉力、作用在带轮轴上的压力。
（9）带轮结构设计。

三、注意事项

本实训的数据应尽量结合课程设计的内容进行，以提高设计效率。

知识巩固

一、选择题

（1）摩擦带传动主要是依靠_____来传递运动和动力的。
   A．带和两轮之间的正压力　　　　B．带和两轮接触面之间的摩擦力
   C．带的初拉力　　　　　　　　　D．带的紧边拉力

（2）带传动采用张紧轮的目的是_____。
   A．改变带的运动方向　　　　　　B．提高带的寿命
   C．减轻带的弹性滑动　　　　　　D．调节带的初拉力

（3）带传动正常工作时，不能保证准确的传动比是因为_____。
   A．带的材料不符合胡克定律　　　B．带容易变形和磨损
   C．带的弹性滑动　　　　　　　　D．带在带轮上的打滑

（4）V带比平带传动能力大的主要原因是_____。
   A．带的强度高　　　　　　　　　B．没有接头
   C．产生的摩擦力大　　　　　　　D．以上选项都不正确

（5）普通V带的横截面的形状为_____。
   A．矩形　　　　　　　　　　　　B．圆形
   C．等腰梯形　　　　　　　　　　D．以上选项都不正确

（6）_____传动具有传动比准确的特点。
   A．平带　　　　　　　　　　　　B．普通V带
   C．啮合式带　　　　　　　　　　D．以上选项都不正确

（7）在相同的条件下，普通V带横截面尺寸_____，其传递的功率也_____。
   A．越小，越大　　　　　　　　　B．越大，越小
   C．越大，越大　　　　　　　　　D．以上选项都不正确

（8）套筒滚子链的链板一般制成"8"字形，其目的是_____。
   A．使链板美观
   B．使各截面强度接近相等，减轻重量
   C．使链板减少摩擦
   D．以上选项都不正确

（9）滚子链传动中，链条节数最好取_____。
   A．整数　　　　　　　　　　　　B．奇数
   C．偶数　　　　　　　　　　　　D．以上选项都不正确

（10）滚子链中，套筒与内链板之间采用的是_____。
   A．间隙配合　　　　　　　　　　B．过渡配合
   C．过盈配合　　　　　　　　　　D．以上选项都不正确

二、判断题

（1）带的弹性滑动是过载引起的，是完全可以避免的。　　　　　　　　　　　（　　）

(2) 在带传动中,张紧轮一般安装在松边内侧靠近小轮处。 （ ）

(3) 在带传动中,如果出现带松弛或损坏现象,只需更换那根松弛或损坏的带。
（ ）

(4) 在带传动中,无限地增大初拉力,就可以无限地提高传动能力。 （ ）

(5) 当链速一定时,链节距越大,链的承载能力越强,传动也越平稳。 （ ）

(6) V带的横截面为梯形,下面是工作面。 （ ）

(7) 一般套筒滚子链用偶数链节是为了避免采用过渡链节。 （ ）

(8) 链传动因是轮齿啮合传动,故能保证准确的平均传动比。 （ ）

(9) 链条的链节距标志其承载能力,链节距越大,承受的载荷也越大。 （ ）

三、综合应用题

(1) 在 V 带传动中,传递功率为 7.5 kW,带速 $v = 10\text{ m/s}$,若已知紧边拉力与松边拉力满足 $F_1 = 2F_2$,求紧边拉力 F_1 及有效圆周力 F。

(2) 带传动传递的功率 $P = 5\text{ kW}$,$n_1 = 350\text{ r/min}$,$d_{d1} = 450\text{ mm}$,$d_{d2} = 650\text{ mm}$,中心距 $a = 1500\text{ mm}$,当量摩擦系数 $f = 0.2$。求带速 v_1、小带轮包角 α_1 及紧边拉力 F_1。

(3) 在 V 带传动中,已知小带轮为主动轮,小带轮直径 $d_{d1} = 140\text{ mm}$,转速 $n_1 = 960\text{ r/min}$;大带轮直径 $d_{d2} = 425\text{ mm}$,三角带的滑动系数 $\varepsilon = 0.012$,求大带轮的实际转速及实际传动比。

(4) 某振动筛的 V 带传动,已知电动机功率 $P = 1.7\text{ kW}$,主动轮转速 $n_1 = 1430\text{ r/min}$,从动轮转速 $n_2 = 285\text{ r/min}$,根据空间尺寸,要求中心距约为 500 mm,带传动每天工作 16 h,试设计该 V 带传动。

(5) 设计某锯木机用普通 V 带传动。已知电动机额定功率 $P = 3.5\text{ kW}$,转速 $n_1 = 1420\text{ r/min}$,传动比 $i = 2.6$,每天工作 16 h。

子项目 10　齿轮传动设计

▶ 学习目标

知识目标：
　☆ 掌握齿轮传动的设计准则及材料选择；
　☆ 掌握四种类型齿轮传动的受力分析；
　☆ 熟练掌握直齿、斜齿圆柱齿轮传动的设计方法；
　☆ 了解直齿圆锥齿轮、蜗杆传动的设计方法。

能力目标：
　☆ 会分析齿轮传动的受力情况；
　☆ 能设计直齿、斜齿圆柱齿轮传动。

一个机械产品的完成是一项系统工程，受人力、物力、财力等各方面因素的影响，需要各方因素通力合作。零部件在结构上需要相互配合，在尺寸上需要按科学规律严谨计算；参与产品全生命周期的人员之间也需要团队协作，这样才能呈现最好的产品。齿轮传动设计也是如此。

▶ 案例引入

在图 10-1（a）所示的带式输送机的传动系统中，包含齿轮减速器，图 10-1（b）所示为单级圆柱齿轮减速器。齿轮减速器可将原动机传来的运动和动力从高速轴传至

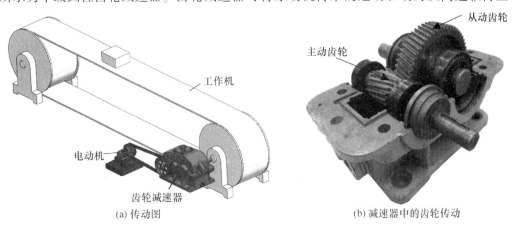

(a) 传动图　　　　　　　　　　　　　(b) 减速器中的齿轮传动

图 10-1　带式输送机传动系统中的齿轮传动

低速轴，进而传递至工作机。当工作机所要求传递的载荷和速度不同时，对齿轮的类型、尺寸和结构的要求是不同的。因此，如何根据工作机执行部分的要求来进行齿轮传动的类型选择、尺寸和结构设计，是本子项目重点要解决的问题。

▶ 任务框架

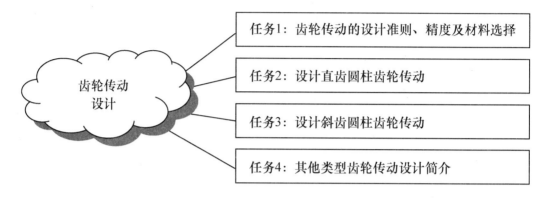

任务1　齿轮传动的设计准则、精度及材料选择

【任务要点】

◆ 掌握齿轮失效的原因及预防措施，能根据工作条件确定齿轮的设计准则；
◆ 熟悉圆柱齿轮精度等级国家标准，会根据工作条件选择齿轮精度及材料。

【任务提出】

在设计带式输送机的传动系统中的齿轮参数时，不同工作条件、不同材料及热处理、不同精度的齿轮，其承载能力及计算方法是不同的。因此必须首先分析齿轮的工作条件、确定齿轮的精度、材料及热处理方式，才能进一步进行齿轮参数的设计。

【任务准备】

一、齿轮传动的失效形式和设计准则

1. 失效形式

实践表明，齿轮传动的失效主要发生在轮齿部分。常见失效形式有如下几种。

（1）轮齿折断

轮齿的受载以齿根部产生的弯曲应力最大，而且是交变应力。当应力值超过材料的弯曲疲劳极限时，齿根处产生疲劳裂纹，裂纹逐渐扩展致使轮齿折断，称为**疲劳折断**。轮齿如果受到短时期的严重过载或冲击载荷，也可能发生突然折断，这种折断称为**局部折断**，如图10-2所示。

增大齿根圆角半径，消除齿根处的加工痕迹以降低应力集中，对轮齿进行喷丸、碾压等冷作处理以提高齿面硬度，保持芯部的韧性等都可以提高轮齿抗折断能力。

（2）齿面点蚀

轮齿工作时，齿面啮合点处的接触应力是脉动循环应力。当接触应力超过了齿轮材料的接触疲劳极限时，齿面上产生裂纹，裂纹扩展致使表层金属微粒剥落，形成小麻点，这种现象称为**齿面点蚀**，如图10-3所示。实践表明，疲劳点蚀常首先出现在齿根部分靠近节线处，这是由于齿面节线附近相对滑动速度小，难以形成润滑油膜，摩擦力较大，节线附近往往为单齿啮合，接触应力较大。

(a) 疲劳折断　(b) 局部折断

图10-2　轮齿折断　　图10-3　齿面点蚀　　图10-4　齿面磨损

在软齿面闭式传动中，齿面疲劳点蚀是轮齿的主要失效形式。在开式传动中，由于齿面磨损较快，微小裂纹未扩散就被磨损掉了，所以一般看不到点蚀现象。

提高齿面硬度；尽量采用黏度大的润滑油，保证良好的润滑状态；选择合适的参数，如增加齿数以增大重合度等都是提高齿面抗点蚀能力的重要措施。

（3）齿面磨损

齿面磨损的种类很多，但主要是磨粒磨损。当轮齿工作面间落入外部硬质颗粒（砂粒、铁屑）时，齿面间的相对滑动将引起磨粒磨损。磨损将破坏渐开线齿形，并使侧隙增大而引起冲击和震动，严重时甚至使齿厚减薄过多而折断，如图10-4所示。齿面磨损是开式传动的主要失效形式。

采用闭式传动、提高齿面硬度、降低齿面粗糙度及采用清洁的润滑油等均可以减轻齿面磨损。

（4）齿面胶合

在高速重载的齿轮传动中，齿面间的高温、高压使油膜破裂，相啮合两齿面就会发生局部金属粘在一起的现象，此时的相对滑动就会使较硬金属齿面将较软金属表层沿滑动方向撕划出沟槽，即称为**齿面胶合**，如图10-5所示。

提高齿面硬度和降低表面粗糙度值，选用抗胶合能力强的齿轮副材料等均能提高齿轮传动的抗胶合能力。

（5）齿面塑性变形

当轮齿材料较软而载荷较大时，表层材料将沿着摩擦力方向发生塑性变形。在主动轮工作齿面节线附近会形成凹沟，而从动轮工作齿面上会形成凸脊，致使齿形被破坏，影响齿轮的正常啮合，如图10-6所示。

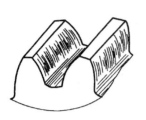

图 10-5 齿面胶合

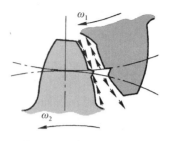

图 10-6 齿面塑性变形

采用提高齿面硬度、选用黏度较高的润滑油等方法，可防止齿面的塑性变形。

2. 设计准则

设计齿轮传动时应根据实际工作条件和使用条件，在分析主要失效形式后，选择相应的设计准则进行设计计算。

（1）闭式软齿面齿轮传动（齿面硬度≤350 HBS）

闭式软齿面齿轮传动的主要失效形式为齿面点蚀，故设计准则为按齿面接触疲劳强度设计，再按齿根弯曲疲劳强度校核。

（2）闭式硬齿面齿轮传动（齿面硬度>350 HBS）

闭式硬齿面齿轮传动的主要失效形式为轮齿折断，故设计准则为按齿根弯曲疲劳强度设计，再按齿面接触疲劳强度校核。

（3）开式硬齿面齿轮传动

开式硬齿面齿轮传动的主要失效形式为齿面磨损和磨损导致的轮齿折断。通常只按齿根弯曲疲劳强度进行计算，再考虑磨损，将求得的模数增大10%～20%。

二、圆柱齿轮传动的精度

渐开线圆柱齿轮的精度等级按《圆柱齿轮 精度制 第 1 部分：轮齿同侧齿面偏差的定义和允许值》（GB/T 10095.1—2008）规定，分为 13 级，其中 0 级精度最高，12 级最低，一般机械传动中的齿轮常用 6～9 级。齿轮精度等级的选择主要根据传动的用途、工作条件、传动功率大小、圆周速度的高低以及经济性能和其他技术要求等决定。表 10-1 列出了部分齿轮传动精度等级选择，具体选择时可参考有关机械设计手册。

表 10-1 部分齿轮传动精度等级的选择

精度等级	圆周速度/(m/s)		应用举例
	直齿圆柱齿轮	斜齿圆柱齿轮	
6（高精密）	≤15	≤30	在高速、平稳及无噪声下工作的齿轮，精密仪器、仪表、飞机、汽车、机床中的重要齿轮
7（精密）	≤10	≤15	一般机械中的重要齿轮，标准系列减速器中的齿轮，读数设备中的齿轮，飞机、汽车、机床中的齿轮
8（中等精密）	≤6	≤10	一般机械制造业中不要求特别精密的齿轮，一般精度的机床齿轮，一般减速器的齿轮
9（较低精度）	≤2	≤4	工作要求不高的低速传动齿轮，如农业、手动机械的齿轮

齿轮和齿轮传动推荐的检验项目、各项公差值以及齿轮精度的标注格式等参阅机械设计手册或有关文献。

三、齿轮的材料和许用应力

（一）齿轮的材料

设计齿轮时，应使轮齿的齿面有较高的抗磨损、点蚀、胶合及塑性变形的能力，齿根要有较高的抗折断的能力。所以，对材料的要求主要有齿面要硬、齿芯要韧，且可加工性强。齿轮最常用的材料是锻钢，其次是铸钢、铸铁，某些情况下也有采用尼龙、塑料和有色金属的。

1. 锻钢

因锻钢具有强度高、韧性好、便于制造、便于热处理等优点，大多数齿轮都用锻钢制造，其质量优于铸钢。

（1）软齿面齿轮。软齿面齿轮的齿面硬度≤350 HBS，这类齿轮是先进行热处理（正火和调质）后切齿，常用的材料有 45、40Cr、35SiMn、ZG35SiMn 等。这种齿轮适用于强度、精度要求不高的场合，轮坯经过热处理后进行插齿或滚齿加工，生产便利、成本较低。

（2）硬齿面齿轮。硬齿面齿轮的齿面硬度＞350 HBS，这类齿轮在切齿后进行最终热处理（淬火、渗碳、渗氮），必要时再进行磨削，消除因最终热处理产生的变形。所采用的钢材分为两类，一类是调质钢（中碳钢和中碳合金钢），另一类是渗碳钢（低碳钢和低碳合金钢，如 20、20Cr、20CrMnTi 等）。这类齿轮由于齿面硬度高，而齿芯部位又具有较好的韧性，因此齿面耐磨而且整个轮齿的抗冲击能力又高，适用于要求尺寸较小的机械。

2. 铸钢

当齿轮的尺寸较大（大于 400～600 mm）而不便于锻造时，可用铸造方法制成铸钢齿坯，再进行正火处理以细化晶粒。

3. 铸铁

低速、轻载场合的齿轮可以使用铸铁制造轮坯，当尺寸大于 500 mm 时，可制成大齿圈或轮辐式齿轮。

4. 非金属材料

对于高速、轻载而又要求低噪声的齿轮传动，也可采用非金属材料，如夹布胶木、塑料、尼龙等制造。

常用齿轮的材料、热处理及其机械性能见表 10-2。选用齿轮材料，必须根据机器对齿轮传动的要求，本着既可靠又经济的原则来进行。

由于小齿轮受载次数比大齿轮多，且小齿轮齿根较薄，为了使配对的两齿轮使用寿命接近，故应使小齿轮的材料比大齿轮的好一些或硬度高一些。

对于软齿面齿轮传动，应使小齿轮齿面硬度比大齿轮高 30～50 HBS。齿数比越大，两齿轮的硬度差也应越大。对于传递功率中等、传动比相对较大的齿轮传动，可考虑采用硬齿面的小齿轮与软齿面的大齿轮匹配，这样可以通过硬齿面对软齿面的冷作硬化来提高软齿面的硬度，硬齿面齿轮传动的两轮齿面硬度可大致相等。

表 10-2 常用齿轮的材料、热处理及其许用应力

材料	热处理方法	齿面硬度	强度极限 σ_b/MPa	许用接触应力 $[\sigma_H]$/MPa	许用弯曲应力 $[\sigma_F]$/MPa	应用范围
45	正火	169～217 HBS	580	468～513	280～301	低速轻载
	调质	217～255 HBS	650	513～545	301～315	低速中载
	表面淬火	40～50 HRC	750	972～1053	427～504	高速中载或低速重载,冲击很小
40Cr	调质	241～286 HBS	700	612～675	399～427	中速中载
	表面淬火	48～55 HRC	900	1035～1098	483～518	高速中载,无剧烈冲击
35SiMn	调质	229～286 HBS	785	217～269	388～420	高速中载,无剧烈冲击
20Cr	渗碳淬火	56～62 HRC	650	1350	645	高速中载,承受冲击
20CrMnTi	渗碳淬火	56～62 HRC	1100	1350	645	
ZG310-570	正火	162～197 HBS	570	270～301	171～189	中速、中载、大直径
ZG340-640	正火	179～207 HBS	650	288～306	182～196	
	调质	241～269 HBS	700	468～490	248～259	
QT600-3	正火	190～270 HBS	600	436～535	262～315	低中速轻载,有小冲击
HT300	—	187～255 HBS	300	290～347	80～105	低速轻载,冲击很小

(二) 齿轮传动的许用应力

齿轮的许用应力是根据试验齿轮的疲劳极限确定的,与齿轮材料和齿面硬度有关,其常用值列于表 10-2 中。

【任务思考】

带式输送机减速器中的齿轮传动是闭式传动,属于普通减速器,那么其主要失效形式是什么?应该按照什么准则进行计算?精度等级如何?选择小齿轮和大齿轮各应选择什么材料及热处理方式?

任务2 设计直齿圆柱齿轮传动

【任务要点】

◆ 会分析直齿圆柱齿轮轮齿的受力;
◆ 熟练掌握直齿圆柱齿轮传动的设计方法;能确定齿轮的结构类型。

【任务提出】

图 10-7 为带式输送机传动系统中的直齿圆柱齿轮传动，请分析齿轮的受力，计算齿轮的参数和主要尺寸，并确定齿轮的结构。

【任务准备】

图 10-7 单级直齿圆柱齿轮减速器

一、轮齿的受力分析

1. 力的大小

如图 10-8 所示为直齿圆柱齿轮传动的受力分析。

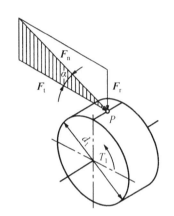 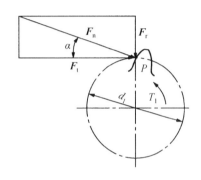

直齿轮受力分析

图 10-8 直齿圆柱齿轮传动的受力分析

若忽略齿轮齿面之间的摩擦力，在理想情况下，作用在齿面上的力是沿啮合线均匀分布且垂直于齿面的，称为**法向力**，用 F_n 表示。法向力 F_n 可分解为相互垂直的两个力，即**圆周力** F_t 和**径向力** F_r。其计算公式为：

圆周力 F_t $F_t = \dfrac{2T_1}{d_1}$

径向力 F_r $F_r = F_t \tan\alpha$ (10-1)

法向力 F_n $F_n = \dfrac{F_t}{\cos\alpha} = \dfrac{2T_1}{d_1 \cos\alpha}$

式中：T_1——主动轮传递的转矩，$T_1 = 9.55 \times 10^6 P/n_1$，N·mm；

   d_1——主动轮分度圆直径，mm；

   α——压力角，标准齿轮的 $\alpha = 20°$；

   P——齿轮传递的功率，kW；

   n_1——主动轮的转速，r/min。

2. 力的方向

（1）圆周力：主动轮上的圆周力 F_t 与主动轮在啮合点处的速度方向相反，从动轮上的圆周力与从动轮在啮合点的速度方向相同。

(2) 径向力：径向力 F_r 分别从啮合点垂直于轴线指向各自的轮心。

(3) 作用力与反作用力：同名力大小相等、方向相反，即，$F_{r1} = -F_{r2}$，$F_{t1} = -F_{t2}$。

二、计算载荷

受力分析中的法向力 F_n 是在理想的平稳工作条件下进行的，称为**名义载荷**。实际上，齿轮在工作时要受到多种因素的影响，所受载荷要比名义载荷大，为了使计算的齿轮受载情况尽量符合实际，引入载荷系数 K（见表10-3），得到计算载荷 F_{nc}。

$$F_{nc} = KF_n \tag{10-2}$$

表 10-3 载荷系数 K

载荷特性	工作机械	原动机		
		电动机	单缸内燃机	多缸内燃机
轻微冲击	均匀加料的运输机和加料机、发电机、轻型卷扬机、机床辅助传动	1～1.2	1.6～1.8	1.2～1.6
中等冲击	不均匀加料的运输机和加料机、重型卷扬机、球磨机	1.2～1.6	1.9～2.1	1.6～1.8
大的冲击	冲床、钻床、轧床、破碎机、挖掘机	1.6～1.8	2.2～2.4	1.8～2.0

注：1. 斜齿、圆周速度低、精度高、齿宽系数小时取小值，反之取大值；
　　2. 齿轮在两轴承之间对称布置时取小值，非对称布置及悬臂布置时取大值。

三、强度计算

（一）齿面接触疲劳强度计算

为了防止齿面出现疲劳点蚀，在强度计算时，应使齿面节线附近产生的最大接触应力小于或等于齿轮材料的许用接触应力，即 $\sigma_H \leq [\sigma_H]$。经推导整理可得标准直齿圆柱齿轮传动的齿面接触疲劳强度的计算公式。

校核公式
$$\sigma_H = 3.52 Z_E \sqrt{\frac{KT_1(u \pm 1)}{bd_1^2 u}} \leq [\sigma_H] \tag{10-3}$$

设计公式
$$d_1 \geq \sqrt[3]{\frac{KT_1(u \pm 1)}{\psi_d u} \left(\frac{3.52 Z_E}{[\sigma_H]} \right)^2} \tag{10-4}$$

式中：σ_H——齿面工作时产生的最大接触应力，MPa；

　　　$[\sigma_H]$——齿轮材料的许用接触应力，MPa，查表10-2；

　　　K——载荷系数，查表10-3；

　　　Z_E——材料的弹性影响系数，$\sqrt{MPa}$，查表10-4；

　　　b——齿轮宽度，mm；

　　　u——齿数比，即大齿轮与小齿轮的齿数之比，$u = z_2/z_1 = n_1/n_2$；

　　　$\pm$——"+"号用于外啮合齿轮传动，"-"号用于内啮合齿轮传动；

　　　ψ_d——齿宽系数，$\psi_d = b/d_1$，查表10-5。

表10-4　材料的弹性影响系数 Z_E　　　　　（单位：$\sqrt{\text{MPa}}$）

两齿轮材料	两齿轮均为钢	钢与铸铁	两齿轮均为铸铁
Z_E	189.8	165.4	144

表10-5　齿宽系数 ψ_d

齿轮相对于轴承的位置	软齿面（≤350 HBS）	硬齿面（>350 HBS）
对称布置	0.8～1.4	0.4～0.9
非对称布置	0.6～1.2	0.3～0.6
悬臂布置	0.3～0.4	0.2～0.25

注：直齿圆柱齿轮取小值，斜齿轮取大值；载荷平稳、刚度大宜取大值，反之取小值。

（二）齿根弯曲疲劳强度计算

为了防止出现轮齿折断，在强度计算时，应限制轮齿根部的弯曲应力。可将齿轮的轮齿视为一悬臂梁，使齿根弯曲应力小于或等于齿轮材料的许用弯曲应力，即 $\sigma_F \leqslant [\sigma_F]$，经推导整理可得标准直齿圆柱齿轮传动的齿根弯曲疲劳强度的计算公式。

校核公式　　　　$\sigma_F = \dfrac{2KT_1}{bm^2 z_1} Y_F Y_S \leqslant [\sigma_F]$　　　　　　（10-5）

设计公式　　　　$m \geqslant \sqrt[3]{\dfrac{2KT_1}{\psi_d z_1^2} \cdot \dfrac{Y_F Y_S}{[\sigma_F]}}$　　　　　　（10-6）

式中：σ_F——齿根危险截面的最大弯曲应力，MPa；

$[\sigma_F]$——齿轮材料的许用弯曲应力，MPa，查表10-2；

Y_F——齿形系数，查表10-6；

Y_S——应力修正系数，查表10-6；

m——齿轮模数，mm；

z_1——主动轮的齿数。

表10-6　标准外齿轮的齿形系数 Y_F 和应力修正系数 Y_S

Z	14	16	17	18	19	20	22	25	28	30	35	40	45	50	60	80	100	≥200
Y_F	3.22	3.03	2.97	2.91	2.85	2.81	2.75	2.65	2.58	2.54	2.47	2.41	2.37	2.35	2.30	2.25	2.18	2.14
Y_S	1.47	1.51	1.53	1.54	1.55	1.56	1.58	1.59	1.61	1.63	1.65	1.67	1.69	1.71	1.73	1.77	1.80	1.88

注：1. 对于斜齿圆柱齿轮和直齿圆锥齿轮按当量齿数 z_v 查取；

2. 对表中未列出齿数的齿轮，可以用插值法求出其所对应的齿形系数。

四、齿轮主要参数选择

1. 齿数比

齿数比 u 不宜选得过大，否则大、小齿轮的尺寸悬殊，会增大传动装置的结构，

一般取 $u \leq 6$，当传动比 i 过大时，可采用多级传动。对于开式传动或手动传动的齿轮，单级传动比可达 $8 \sim 12$。

2. 齿数和模数

一般设计中取 $z > z_{\min}$。齿数越多，重合度越大，传动越平稳，且能改善传动质量，减少磨损。当分度圆直径一定时，增加齿数、减小模数，可降低齿高，减少金属切削量，节省制造费用。但模数减小，轮齿的弯曲强度降低。因此在设计时，在保证轮齿弯曲强度的前提下，应取较多的齿数。

在闭式软齿面齿轮传动中，其失效形式主要是齿面点蚀，而轮齿弯曲强度有较大的富余，因此可取较多的齿数，通常 $z_1 = 20 \sim 40$。但对于传递动力的齿轮，应保证 $m \geq (1.5 \sim 2)$ mm。

在闭式硬齿面和开式齿轮传动中，其承载能力主要由齿根弯曲疲劳强度决定。为使轮齿不致过小，应适当减少齿数以保证有较大的模数值，通常 $z_1 = 17 \sim 20$。

对于载荷不稳定的齿轮传动，z_1、z_2 应互为质数，以减少或避免周期性震动，有利于使所有轮齿磨损均匀，提高耐磨性。

3. 齿宽系数 ψ_d

因齿轮宽度 $b = \psi_d \cdot d_1$，则齿宽系数 ψ_d 越大，轮齿越宽，齿轮的承载能力就越高，同时小齿轮分度圆直径 d_1 减小，圆周速度降低，还可以使传动外廓尺寸减小。但 ψ_d 越大，载荷沿齿宽分布越不均匀。因此 ψ_d 应取得适当，其值可以参考表 10-5 选取。

为了补偿轴向加工和装配的误差，设计时通常使小齿轮的齿宽 b_1 比大齿轮的齿宽 b_2 增加 $5 \sim 10$ mm。

4. 计算应力与许用应力

（1）接触应力

由于两齿轮的法向压力相同，所以两轮的齿面接触应力也相同，即 $\sigma_{H1} = \sigma_{H2}$；而由于两轮的材料及齿面硬度往往不同，那么 $[\sigma_{H1}] \neq [\sigma_{H2}]$，在计算时应取 $[\sigma_{H1}]$ 与 $[\sigma_{H2}]$ 两者中的较小值代入。

（2）弯曲应力

由于两齿轮的齿数、尺寸等不同，所以两轮的齿根弯曲应力一般不同，即 $\sigma_{F1} \neq \sigma_{F2}$；又由于两轮的材料及齿面硬度往往不同，两轮的许用弯曲应力也不相等，即 $[\sigma_{F1}] \neq [\sigma_{F2}]$。

五、齿轮的结构

齿轮的结构类型通常根据齿轮的尺寸大小、毛坯材料及加工方法来确定，通常先按齿轮的直径大小、重要性和材料确定齿轮毛坯的加工方法，再选定合适的结构类型，并根据经验公式和与其配合的轴的直径大小，进行结构设计。齿轮毛坯的制造方法有锻造毛坯（$d_a \leq 500$ mm 时）和铸造毛坯（$d_a > 500$ mm 时）。

这里主要介绍圆柱齿轮的结构，圆锥齿轮及蜗杆传动的结构可查阅相关手册。

1. 齿轮轴

当齿轮的齿根直径与轴径很接近，且齿根圆与键槽底部的径向距离 $\delta \leq (2 \sim 2.5) m$（$m$ 为模数）时，为保证齿轮的强度，应将齿轮和轴制成一体，如图 10-9 所示。

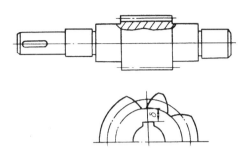

图 10-9　齿轮轴

2. 实体式齿轮

当齿轮的齿顶圆直径 $d_a \leqslant 200$ mm 时，且圆柱齿轮的齿根圆与键槽底部的径向距离 $\delta > (2 \sim 2.5) \, m$ 时，常采用锻造毛坯制成如图 10-10 所示的实体式齿轮。

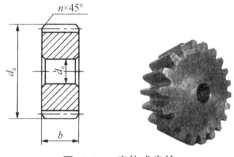

图 10-10　实体式齿轮

3. 腹板式齿轮

当齿轮的齿顶圆直径 $200 \text{ mm} < d_a \leqslant 500 \text{ mm}$ 时，为减轻齿轮的重量，应采用腹板式齿轮，如图 10-11 所示，其各部分尺寸由图中的经验公式确定。

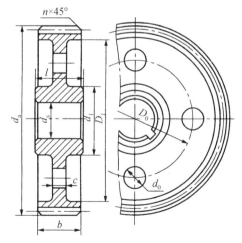

$d_1 = 1.6 d_s$（d_s 为轴径）
$D_1 = d_a - (10 \sim 12) \, m_n$
$d_0 = 0.25 (D_1 - d_1)$
$l = (1.2 \sim 1.3) \, d_s \geqslant b$

$D_0 = (D_1 + d_1)/2$
$c = 0.3b$
$n = 0.5 m_n$

图 10-11　腹板式齿轮

4. 轮辐式齿轮

当圆柱齿轮的齿顶圆直径 $d_a > 500$ mm 时，因受锻造设备的限制，通常采用铸造的轮辐式齿轮，如图 10-12 所示，其各部分尺寸由图中的经验公式确定。

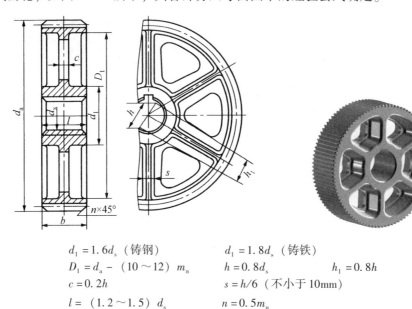

$d_1 = 1.6 d_s$（铸钢）　　　　$d_1 = 1.8 d_s$（铸铁）
$D_1 = d_a - (10 \sim 12) m_n$　　$h = 0.8 d_s$　　　$h_1 = 0.8 h$
$c = 0.2 h$　　　　　　　　　$s = h/6$（不小于10mm）
$l = (1.2 \sim 1.5) d_s$　　　　　$n = 0.5 m_n$

图 10-12　轮辐式齿轮

【任务训练】

例　设计图 10-7 所示的单级减速器中的直齿圆柱齿轮传动。已知传递功率 $P = 7.5$ kW，$n_1 = 1420$ r/min，传动比 $i = 3.5$，单向运转，载荷平稳，单班制工作，使用寿命 10 年，每年工作 300 天。

解：考虑到该齿轮传动传递的功率不大，故大小齿轮都选用软齿面。因此按闭式软齿面齿轮传动设计，即按齿面接触疲劳强度进行设计计算，再校核齿根弯曲疲劳强度。

1. 选择材料及精度等级

查表 10-2，小齿轮选用优质碳素钢45，调质，齿面硬度为 240 HBS；大齿轮选用优质碳素钢45，正火，齿面硬度为 200 HBS。

因为是普通减速器，查表 10-1，齿轮选用 8 级精度。

2. 按齿面接触疲劳强度设计

按式（10-4）：
$$d_1 \geq \sqrt[3]{\frac{KT_1(u \pm 1)}{\psi_d u}\left(\frac{3.52 Z_E}{[\sigma_H]}\right)^2}$$

（1）转矩 T_1：$T_1 = 9.55 \times 10^6 \dfrac{P}{n_1} = 9.55 \times 10^6 \times \dfrac{7.5}{1420} \approx 5.04 \times 10^4$（N·mm）；

（2）载荷系数 K：因载荷比较平稳，齿轮相对于轴承对称布置，查表 10-3，取 $K = 1.1$；

（3）弹性影响系数 Z_E：查表 10-4，$Z_E = 189.8 \sqrt{\text{MPa}}$；

（4）齿数比 u：$u = z_2/z_1 = i = 3.5$；

(5) 齿宽系数 ψ_d：查表10-5，由于齿轮相对于轴承对称布置，取 $\psi_d = 1$；
(6) 许用接触应力 $[\sigma_H]$：查表10-2，采用内插法，得 $[\sigma_{H1}] = 532$ MPa，$[\sigma_{H2}] = 497$ MPa，取 $[\sigma_H] = 497$ MPa，代入计算

则
$$d_1 \geq \sqrt[3]{\frac{KT_1(u+1)}{\psi_d u}\left(\frac{3.52Z_E}{[\sigma_H]}\right)^2}$$
$$= \sqrt[3]{\frac{1.1 \times 5.04 \times 10^4 \times (3.5+1)}{3.5} \times \left(\frac{3.52 \times 189.8}{497}\right)^2}$$
$$\approx 50.5 \text{ (mm)}$$

3. 确定主要参数和几何尺寸
(1) 齿数：取 $z_1 = 20$，则 $z_2 = uz_1 = 3.5 \times 20 = 70$；
(2) 模数：$m = d_1/z_1 = 50.5/20 \approx 2.53$ (mm)，查表6-2，取 $m = 2.5$ mm；
(3) 分度圆直径：$d_1 = mz_1 = 2.5 \times 20 = 50$ (mm)
$$d_2 = mz_2 = 2.5 \times 70 = 175 \text{ (mm)}$$
(4) 齿顶圆直径：$d_{a1} = m(z_1 + 2h_a^*) = 2.5 \times (20 + 2 \times 1) = 55$ (mm)
$$d_{a2} = m(z_2 + 2h_a^*) = 2.5 \times (70 + 2 \times 1) = 180 \text{ (mm)}$$
(5) 齿根圆直径：$d_{f1} = m(z_1 - 2h_a^* - 2C^*) = 2.5 \times (20 - 2 \times 1 - 2 \times 0.25) = 43.75$ (mm)
$$d_{f2} = m(z_2 - 2h_a^* - 2C^*) = 2.5 \times (70 - 2 \times 1 - 2 \times 0.25) = 168.75 \text{ (mm)}$$
(6) 中心距：$a = m(z_1 + z_2)/2 = 2.5 \times (20 + 70)/2 = 112.5$ (mm)
(7) 齿宽：根据 $\psi_d = b/d_1$，则 $b = \psi_d \cdot d_1 = 1 \times 50 = 50$ (mm)
取 $b_2 = b = 50$ (mm)，$b_1 = b_2 + (5 \sim 10) = 50 + 5 = 55$ (mm)

4. 校核齿根弯曲疲劳强度
(1) 齿形系数：查表10-6，采用内插法，$Y_{F1} = 2.81$，$Y_{F2} = 2.275$
(2) 应力修正系数：查表10-6，采用内插法，$Y_{S1} = 1.56$，$Y_{S2} = 1.75$
(3) 许用弯曲应力 $[\sigma_F]$：查表10-2，采用内插法，得 $[\sigma_{F1}] = 310$ MPa，$[\sigma_{F2}] = 294$ MPa

按式 (10-5)：$\sigma_{F1} = \dfrac{2KT_1}{bm^2 z_1} Y_{F1} Y_{S1} = \dfrac{2 \times 1.1 \times 5.04 \times 10^4}{50 \times 2.5^2 \times 20} \times 2.81 \times 1.56$
$$\approx 77.77 \text{ (MPa)} < [\sigma_{F1}]$$
$$\sigma_{F2} = \frac{2KT_1}{bm^2 z_1} Y_{F2} Y_{S2} = \frac{2 \times 1.1 \times 5.04 \times 10^4}{50 \times 2.5^2 \times 20} \times 2.275 \times 1.75$$
$$\approx 70.63 \text{ (MPa)} < [\sigma_{F2}]$$

故能够满足强度要求。

5. 验算圆周速度
$$v = \frac{\pi d_1 n_1}{60 \times 1000} = \frac{3.14 \times 50 \times 1420}{60 \times 1000} \approx 3.72 \text{ (m/s)}$$

查表10-1可知，选取8级精度合适。

6. 结构设计及绘制齿轮零件图（略）

【任务思考】

小齿轮与大齿轮的许用接触应力和许用弯曲应力是否相等？两轮的齿宽是否相等？

任务3 设计斜齿圆柱齿轮传动

【任务要点】

- ◆ 会分析斜齿圆柱齿轮的轮齿受力；
- ◆ 熟练掌握斜齿圆柱齿轮传动的设计方法。

【任务提出】

若将图10-7中的直齿圆柱齿轮传动改为平行轴斜齿圆柱齿轮传动，请分析齿轮的受力，计算齿轮的参数和主要尺寸。

【任务准备】

一、轮齿的受力分析

1. 力的大小

图10-13所示为斜齿圆柱齿轮传动的齿轮受力分析。忽略齿轮齿面之间的摩擦力，作用在轮齿上的法向力 F_n 可分解为相互垂直的三个分力，即圆周力 F_t、径向力 F_r、轴向力 F_a，计算公式为

$$
\begin{aligned}
\text{圆周力} \quad & F_t = \frac{2T_1}{d_1} \\
\text{径向力} \quad & F_r = F_t \frac{\tan\alpha_n}{\cos\beta} \\
\text{轴向力} \quad & F_a = F_t \tan\beta \\
\text{法向力} \quad & F_n = \frac{F'}{\cos\alpha_n} = \frac{F_t}{\cos\alpha_n \cos\beta}
\end{aligned}
\quad (10\text{-}7)
$$

式中：β——分度圆柱的螺旋角，°；

α_n——法向压力角°，标准齿轮的 $\alpha_n = 20°$。

2. 力的方向

（1）径向力和圆周力：判断方法与直齿圆柱齿轮相同。

（2）轴向力：如图10-14所示，主动轮轴向力方向根据左、右手定则判定，即右旋用右手，左旋用左手，保持四指与大拇指相垂直，用手握住轴线，四指的方向表示主动轮的转动方向，大拇指方向即为主动轮轴向力方向；从动轮轴向力方向与大拇指方向相反。

（3）作用力与反作用力：两轮同名力大小相等、方向相反，即，$F_{r1} = -F_{r2}$，

$F_{t1} = -F_{t2}$，$F_{a1} = -F_{a2}$。

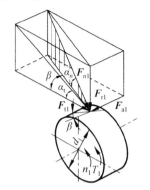

图 10-13　斜齿圆柱齿轮传动的受力分析

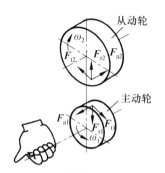

图 10-14　斜齿轮受力方向判断

斜齿轮受力分析

二、当量齿轮和当量齿数

用仿形法加工斜齿轮时，必须知道和斜齿圆柱齿轮法面齿形相当的直齿圆柱齿轮，以便于选择盘形铣刀及进行强度计算，这个假想的直齿轮称为**当量齿轮**，其齿数称为**当量齿数**。

如图 10-15 所示，过斜齿圆柱齿轮任一轮齿上的节点 P 作法向截面，则此法面与斜齿圆柱齿轮分度圆的交线为一椭圆，ρ 为椭圆在 P 点的曲率半径。若以 ρ 为半径作一圆，在整个圆周上均匀分布着 P 点的齿形，这个圆就是虚拟的直齿轮的分度圆，这个圆

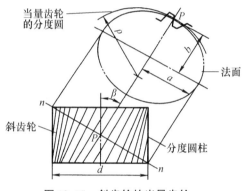

图 10-15　斜齿轮的当量齿轮

上的齿数称为斜齿轮的当量齿数，用 z_v 表示，这个虚拟的直齿圆柱齿轮称为该斜齿圆柱齿轮的当量齿轮。经推导

$$z_v = \frac{z}{\cos^3 \beta} \tag{10-8}$$

式中：z——待加工斜齿轮的齿数；

z_v——当量齿轮的齿数。

当量齿轮是假想的直齿圆柱齿轮，其不产生根切的最少齿数 $z_{vmin} = 17$，所以标准斜齿圆柱齿轮不产生根切的最少齿数 $z_{min} = z_{vmin} \cos^3 \beta = 17 \cos^3 \beta < 17$，因此斜齿轮传动结构更紧凑。

三、强度计算

斜齿圆柱齿轮的强度计算与直齿圆柱齿轮的计算相似，但由于斜齿轮啮合时齿面接触线的倾斜及传动重合度的增大等因素的影响，其接触应力和弯曲应力降低，承载能力提高。强度计算公式如下。

1. 齿面接触疲劳强度的计算

校核公式
$$\alpha_H = 3.17 Z_E \sqrt{\frac{KT_1(u \pm 1)}{bd_1^2 u}} \leq [\sigma_H] \tag{10-9}$$

设计公式
$$d_1 \geq \sqrt[3]{\frac{KT_1(u \pm 1)}{\psi_d u}\left(\frac{3.17 Z_E}{[\sigma_H]}\right)^2} \tag{10-10}$$

2. 齿根弯曲疲劳强度计算

校核公式
$$\sigma_F = \frac{1.6 KT_1 \cos\beta}{b m_n^2 \cdot z_1} Y_F Y_S \leq [\sigma_F] \tag{10-11}$$

设计公式
$$m_n \geq \sqrt[3]{\frac{1.6 KT_1 \cos^2\beta}{\psi_d z_1^2} \cdot \frac{Y_F Y_S}{[\sigma_F]}} \tag{10-12}$$

注意：

（1）上述各式中各项符号的意义与直齿轮传动相同，其设计方法和参数选择与直齿轮传动基本相近。

（2）传动中心距 $a = m_n(z_1 + z_2)/(2\cos\beta)$，其值一般要取整，以便于加工和检验。$z_1$、$z_2$ 为整数，m_n 为标准值，可以利用下式调整螺旋角 β，来达到凑配中心距的目的。

$$\beta = \arccos\frac{m_n(z_1 + z_2)}{2a}$$

（3）式中按表 10-6 选取齿形系数 Y_F 和应力修正系数 Y_S 时，应按当量齿数 z_v 选择。

【任务训练】

例 若将图 10-7 所示的单级减速器改为斜齿圆柱齿轮传动，参数同直齿轮，即传递功率 $P = 7.5$ kW，$n_1 = 1420$ r/min，传动比 $i = 3.5$，单向运转，载荷平稳，单班制工作，使用寿命 10 年，每年工作 300 天，试设计此斜齿圆柱齿轮传动。

解：考虑到该齿轮传动传递的功率不大，故大小齿轮都选用软齿面。按齿面接触疲劳强度进行设计计算，再校核齿根弯曲疲劳强度。

1. 选择材料及精度等级

查表 10-2，小齿轮选用优质碳素钢 45，调质，齿面硬度为 240 HBS；大齿轮选用优质碳素钢 45，正火，齿面硬度为 200 HBS。

因为是普通减速器，查表 10-1，齿轮选用 8 级精度。

2. 按齿面接触疲劳强度设计

按式（10-10）
$$d_1 = \sqrt[3]{\frac{KT_1(u \pm 1)}{\psi_d u}\left(\frac{3.17 Z_E}{[\sigma_H]}\right)^2}$$

（1）转矩 T_1：$T_1 = 9.55 \times 10^6 \dfrac{P}{n_1} = 9.55 \times 10^6 \times \dfrac{7.5}{1420} = 5.04 \times 10^4$（N·mm）；

（2）载荷系数 K：因载荷比较平稳，齿轮相对轴承对称布置，查表 10-3，取 $K = 1.1$；

（3）弹性影响系数 Z_E：查表 10-4 得，$Z_E = 189.8\ \sqrt{\text{MPa}}$；

（4）齿数比 u：$u = z_2/z_1 = i = 3.5$；
（5）齿宽系数 ψ_d：查表 10-5，由于齿轮相对于轴承对称布置，取 $\psi_d = 1$；
（6）许用接触应力 $[\sigma_H]$：查表 10-2，采用内插法，得 $[\sigma_{H1}] = 532$ MPa，$[\sigma_{H2}] = 497$ MPa，取 $[\sigma_H] = 497$ MPa，代入计算

则

$$d_1 \geqslant \sqrt[3]{\frac{KT_1(u+1)}{\psi_d u}\left(\frac{3.17 Z_E}{[\sigma_H]}\right)^2} = \sqrt[3]{\frac{1.1 \times 5.04 \times 10^4 \times (3.5+1)}{1 \times 3.5} \times \left(\frac{3.17 \times 189.8}{497}\right)^2}$$

$$\approx 47.09 \text{ (mm)}$$

3. 确定主要参数和几何尺寸

（1）齿数：取 $z_1 = 20$，则 $z_2 = uz_1 = 3.5 \times 20 = 70$；

（2）初选螺旋角 $\beta = 10°$；

（3）模数：$m_n = \dfrac{d_1 \cos\beta}{z_1} = \dfrac{47.09 \times \cos 10°}{20} \approx 2.32$ (mm)，查表 6-2，取 $m_n = 2.5$ mm；

（4）中心距：$a = \dfrac{m_n(z_1+z_2)}{2\cos\beta} = \dfrac{2.5 \times (20+70)}{2\cos 10°} \approx 114.24$，取 $a = 115$ mm；

（5）确定螺旋角：$\beta = \arccos \dfrac{m_n(z_1+z_2)}{2a} = \arccos \dfrac{2.5 \times (20+70)}{2 \times 115} \approx 11.97°$；

（6）分度圆直径：$d_1 = \dfrac{mz_1}{\cos\beta} = \dfrac{2.5 \times 20}{\cos 11.97°} \approx 51.11$ (mm)

$$d_2 = \dfrac{mz_2}{\cos\beta} = \dfrac{2.5 \times 70}{\cos 11.97°} \approx 178.89 \text{ (mm)}$$

（7）齿顶圆直径：$d_{a1} = d_1 + 2h_a^* m = 51.11 + 2 \times 1 \times 2.5 \approx 56.11$ (mm)

$$d_{a2} = d_2 + 2h_a^* m = 178.89 + 2 \times 1 \times 2.5 = 183.89 \text{ (mm)}$$

（8）齿根圆直径：$d_{f1} = d_1 - 2(h_a^* + C^*)m = 51.11 - 2 \times (1+0.25) \times 2.5$

$$= 44.86 \text{ (mm)}$$

$$d_{f2} = d_2 - 2(h_a^* + C^*)m = 178.89 - 2 \times (1+0.25) \times 2.5$$

$$= 172.64 \text{ (mm)}$$

（9）齿宽：根据 $\psi_d = b/d_1$，则 $b = \psi_d \cdot d_1 = 1 \times 51.11 = 51.11$ (mm)

取 $b_2 = b = 50$ (mm)，$b_1 = b_2 + (5 \sim 10) = 50 + 5 = 55$ (mm)

4. 校核齿根弯曲疲劳强度

（1）当量齿数：$z_{v1} = \dfrac{z_1}{\cos^3\beta} = \dfrac{20}{(\cos 11.97°)^3} \approx 21.36$

$$z_{v2} = \dfrac{z_2}{\cos^3\beta} = \dfrac{70}{(\cos 11.97°)^3} \approx 74.77$$

（2）齿形系数：按当量齿数 z_{v1}、z_{v2} 查表 10-6，采用内插法，$Y_{F1} = 2.768$，$Y_{F2} = 2.263$；

（3）应力修正系数：同理，查表 10-6，$Y_{S1} = 1.574$，$Y_{S2} = 1.76$；

（4）许用弯曲应力 $[\sigma_F]$：查表 10-2，采用内插法，得 $[\sigma_{F1}] = 310$ MPa，$[\sigma_{F2}] = 294$ MPa；

则 $\sigma_{F1} = \dfrac{1.6KT_1\cos\beta}{bm_n^2 z_1} Y_{F1} Y_{S1} = \dfrac{1.6 \times 1.1 \times 5.04 \times 10^4 \times \cos 11.97°}{50 \times 2.5^2 \times 20} \times 2.768 \times 1.574$

$\approx 60.49 (\text{MPa}) < [\sigma_{F1}]$

$\sigma_{F2} = \dfrac{1.6KT_1\cos\beta}{bm_n^2 z_1} Y_{F2} Y_{S2} = \dfrac{1.6 \times 1.1 \times 5.04 \times 10^4 \times \cos 11.97°}{50 \times 2.5^2 \times 20} \times 2.263 \times 1.76$

$\approx 55.30 (\text{MPa}) < [\sigma_{F2}]$

故能够满足强度要求。

5. 验算圆周速度

$$v = \dfrac{\pi d_1 n_1}{60 \times 1000} = \dfrac{3.14 \times 51.11 \times 1420}{60 \times 1000} \approx 3.80 \text{ (m/s)}$$

查表10-1可知，选取8级精度合适。

6. 结构设计及绘制齿轮零件图（略）

【任务思考】

将直齿轮传动改为斜齿轮传动后，在承受同样载荷的情况下，斜齿轮需要的分度圆直径是变大还是变小？为什么？

任务4 其他类型齿轮传动设计简介

【任务要点】

◆ 会分析直齿圆锥齿轮传动、蜗杆传动的轮齿受力；
◆ 了解直齿圆锥齿轮传动、蜗杆传动的设计方法。

【任务提出】

如图10-16、图10-17所示，带式输送机传动系统中包含直齿圆锥齿轮传动或蜗杆传动，请问齿轮之间的受力情况如何？如何进行参数设计？

图10-16 圆锥-圆柱齿轮减速器

图10-17 蜗杆减速器

一、直齿圆锥齿轮传动设计简介

（一）受力分析

1. 力的大小

直齿圆锥齿轮传动的受力分析如图 10-18（a）所示。忽略齿轮齿面之间的摩擦力，作用在主动轮的法向力 F_n 可认为作用在齿宽中点处的法向平面内，即分度圆锥的平均直径 d_{m1} 处，F_n 可分解为相互垂直的三个分力，即圆周力 F_t、径向力 F_r、轴向力 F_a，计算公式为

$$
\begin{aligned}
\text{圆周力} \quad & F_{t1} = 2T_1/d_{m1} \\
\text{径向力} \quad & F_{r1} = F_{t1}\tan\alpha\cos\delta_1 \\
\text{轴向力} \quad & F_{a1} = F_{t1}\tan\alpha\sin\delta_1 \\
\text{法向力} \quad & F_n = F_t/\cos\alpha
\end{aligned}
\quad (10\text{-}13)
$$

式中：δ——分度圆锥角，°；

d_m——齿宽中点分度圆直径，mm。

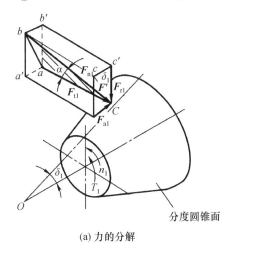
(a) 力的分解

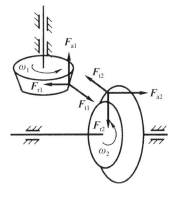
(b) 对齿轮的受力

图 10-18 圆锥齿轮的受力分析

2. 力的方向

（1）径向力和圆周力：判断方法与直齿圆柱齿轮相同。

（2）轴向力：分别从啮合点指向各自的大端，如图 10-18（b）所示。

（3）作用力与反作用力：两轮的轴向力与径向力是一对作用力与反作用力，即

$$F_{r1} = -F_{a2},\ F_{a1} = -F_{r2},\ F_{t1} = -F_{t2}$$

（二）强度计算

有关直齿圆锥齿轮的强度计算方法类似于直齿圆柱齿轮，有关设计公式可参阅机械设计手册。

二、蜗杆传动设计简介

（一）受力分析

1. 力的大小

蜗杆传动的受力分析与斜齿圆柱齿轮的受力分析相似，齿面上的法向力 F_n 可分解为相互垂直的三个分力，即圆周力 F_t、径向力 F_r、轴向力 F_a，如图 10-19 所示，计算公式为

$$
\begin{aligned}
\text{圆周力} \quad & F_{t1} = F_{a2} = 2T_1/d_1 \\
\text{轴向力} \quad & F_{a1} = F_{t2} = 2T_2/d_2 \\
\text{径向力} \quad & F_{r1} = F_{r2} = F_{t2}\tan\alpha
\end{aligned}
\quad (10\text{-}14)
$$

式中：T_1、T_2——作用在蜗杆、蜗轮上的转矩。

蜗杆传动
受力分析

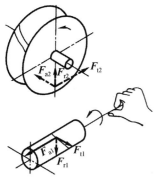

图 10-19　蜗杆传动的受力分析

2. 力的方向

（1）径向力和圆周力：判断方法与直齿圆柱齿轮相同；

（2）轴向力：主动蜗杆轴向力方向根据左、右手定则判定，即右旋用右手，左旋用左手，保持四指与大拇指相垂直，用手握住轴线，四指的方向表示蜗杆的转动方向，大拇指方向即为蜗杆轴向力方向；蜗轮圆周力方向与大拇指方向相反。

（3）作用力与反作用力：两轮的轴向力与圆周力是一对作用力与反作用力，即

$$F_{a1} = -F_{t2}, \ F_{t1} = -F_{a2}, \ F_{r1} = -F_{r2}$$

（二）强度计算

蜗杆传动类似于螺旋传动，蜗杆和蜗轮间的相对滑动速度大，因此齿面点蚀、磨损和胶合是蜗杆传动最常见的失效形式，尤其当润滑不良时出现的可能性更大。又由于材料和结构上的影响，蜗杆螺旋齿部分的强度总是高于蜗轮轮齿的强度，故一般只对蜗轮轮齿承载能力和蜗杆传动的抗胶合能力进行计算。

蜗轮计算与斜齿轮相似，有关设计公式可参阅机械设计手册。

【任务思考】

在一个传动系统中，如果同时包括斜齿轮传动、直齿圆锥齿轮传动、蜗杆传动，那么如何选择锥齿轮的安装方向以及斜齿轮、蜗轮蜗杆的螺旋方向，才能使装有多个传动齿轮的轴上的受力最小？在图 10-20 及图 10-21 中，如何选择斜齿轮的螺旋方向才能使中间轴上的轴向力最小？

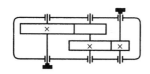

图 10-20　两级斜齿圆柱齿轮减速器

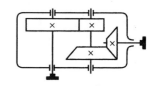

图 10-21　圆锥-圆柱齿轮减速器

任务实施——带式输送机中圆柱齿轮传动的设计

☺ **特别提示**：任务实施不单独安排课时，而是穿插在任务1~4中进行，按理论实践一体化实施。

一、训练目的

学会齿轮传动的设计计算方法，确定齿轮的主要参数和几何尺寸，确定齿轮结构并绘制齿轮零件工作图。

二、实训内容与步骤

（1）确定选用直齿轮或斜齿轮。
（2）选择材料及精度等级，确定计算准则。
（3）按齿面接触（或齿根弯曲）疲劳强度设计。
（4）确定主要参数和几何尺寸。
（5）校核齿根弯曲（或齿面接触）疲劳强度。
（6）确定两齿轮的结构。
（7）绘制齿轮零件图。

三、注意事项

齿轮传动设计是一种典型的机械零件设计，设计过程中需要运用工程力学、工程材料和机械设计的综合知识，利用理论公式和试验修正方法，查阅图表、手册和国家标准等多种资料，经过反复计算后才能得出合理的参数。因此，本实训应尽量结合课程设计的内容进行，以提高设计效率。

知识巩固

【任务小结】

一、填空题

（1）齿轮的常见失效形式有_____、_____、_____、_____和_____。
（2）齿轮的精度分为0~12级，其中_____级最高，_____级最低。
（3）对于闭式软齿面（硬度≤350 HBS）齿轮来说，_____是其主要失效形式，应先按齿面接触疲劳强度进行设计计算，确定齿轮的主要参数和尺寸，然后再按_____进行校核。
（4）在齿轮传动中，主动轮所受的圆周力与其回转方向相_____，而从动轮所受的圆周力与其回转方向相_____。

(5) 直齿圆锥齿轮传动中，小齿轮上受到的轴向力与大齿轮上的_____力大小相等、方向相反。

(6) 蜗杆传动中，蜗杆所受的轴向力与蜗轮的_____力大小相等、方向相反。而蜗杆所受的圆周力与蜗轮的_____力大小相等、方向相反。

二、选择题

(1) 对于齿面硬度≤350 HBS的闭式钢制齿轮传动，其主要失效形式为_____。
  A. 轮齿折断   B. 齿面磨损
  C. 齿面疲劳点蚀   D. 齿面胶合

(2) 对于硬度≤350 HBS的闭式齿轮传动，设计时一般_____。
  A. 先按接触强度计算   B. 先按弯曲强度计算
  C. 先按磨损条件计算   D. 先按胶合条件计算

(3) 齿轮设计中，对齿面硬度≤350 HBS的齿轮传动，选取大小齿轮的齿面硬度时，应使_____。
  A. $HBS_1 = HBS_2$ B. $HBS_1 \leqslant HBS_2$
  C. $HBS_1 > HBS_2$ D. 以上选项都不正确

(4) 关于一对齿轮的齿面接触应力σ_H和齿根弯曲应力σ_F，下列说法错误的是_____。
  A. $\sigma_{H1} \neq \sigma_{H2}$ B. $[\sigma_{H1}] \neq [\sigma_{H2}]$
  C. $\sigma_{F1} \neq \sigma_{F2}$ D. $[\sigma_{F1}] \neq [\sigma_{F2}]$

(5) 一对圆柱齿轮，通常把小齿轮的齿宽做得比大齿轮宽一些，其主要原因是_____。
  A. 使传动平稳   B. 提高传动效率
  C. 提高齿面接触强度   D. 便于安装，保证接触线长度

(6) 渐开线斜齿圆柱齿轮的当量齿数等于_____。
  A. $z/\cos\beta$ B. $z/\cos^2\beta$
  C. $z/\cos^3\beta$ D. $z\cos\beta$

(7) 确定斜齿圆柱齿轮的齿形系数时，应当按其_____齿数进行选择。
  A. 当量   B. 实际
  C. 一对齿轮的   D. 以上选项都不正确

(8) 斜齿圆柱齿轮的齿数z与模数m_n不变，若增大螺旋角β，则分度圆直径d_1_____。
  A. 增大   B. 减小
  C. 不变   D. 不一定增大或减小

三、判断题

(1) 闭式软齿面齿轮传动只需按照齿根弯曲强度设计，然后适当增大模数即可。（   ）

(2) 直齿圆锥齿轮传动中，小齿轮的轴向力等于大齿轮的轴向力。（   ）

(3) 当齿轮的齿顶圆直径较大时，一般采用锻钢，而较小时采用铸钢。（   ）

四、综合应用题

（1）标出图中未注明蜗轮或蜗杆的旋向及转向（蜗杆为主动件），并画出啮合点处作用力的方向。

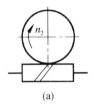
(a)

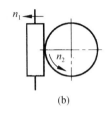
(b)

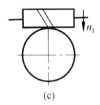
(c)

题（1）图

（2）图中为两级斜齿圆柱齿轮减速器。斜齿轮 1 为主动轮，已知斜齿轮 2 的法向模数 $m_{n2}=2$ mm，齿数 $z_2=39$，斜齿轮 3 的法向模数 $m_{n3}=5$ mm，齿数 $z_3=24$，螺旋角 $\beta_3=12°$，忽略效率问题。试求：

① 为使中间轴上轴向力最小，在图中画出斜齿轮 1、2、4 的螺旋线方向。

② 欲使中间轴上两轮轴向力抵消，确定斜齿轮 2 的螺旋角 β_2 的大小。

（3）图中所示为圆柱蜗杆-锥齿轮传动，1 为主动轮，为使中间轴上的轴向力互相抵消一部分。试画出：

① 蜗杆 1、蜗轮 2、锥齿轮 3 的转向。

② 蜗杆 1、蜗轮 2 的螺旋线方向。

③ 锥齿轮 3 和蜗轮 2 的轴向力方向。

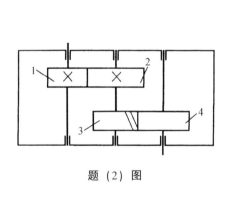

题（2）图

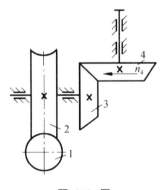

题（3）图

（4）设计一单级直齿圆柱齿轮减速器。已知输入功率 $P=10$ kW，小齿轮转速 $n_1=955$ r/min，齿数比 $u=4$，由电动机驱动，工作寿命 10 年，单班制，带式输送机工作平稳，转向不变。

（5）若将第（4）题改为斜齿圆柱齿轮传动，工作条件不变，试进行设计。

子项目 11　轴 的 设 计

▶ 学习目标

知识目标：
☆ 了解轴的类型及应用；
☆ 掌握轴的结构设计方法，能进行轴的工作能力验算。

能力目标：
☆ 能合理地进行轴的结构设计并确定尺寸。

某知名汽车品牌曾召回个别车型，原因是汽车在正常行驶过程中，会突然出现断轴，导致车辆无法行进或出现失控。坊间称此事件为"断轴门"。此外，还有其他品牌的部分车型也有类似情况。可见，在机械设计过程中，要有质量和安全意识，一个不起眼的零件也可能酿成大祸。

▶ 案例引入

任何机械中，只要有旋转或摆动的零部件，就必然有支承其旋转的轴，如数控机床的主轴，减速器中的齿轮轴等，所以轴在机械中应用十分广泛。

在图 11-1 中的带式输送机传动系统，减速器的高速轴上装有 V 带轮和齿轮，低速轴上装有齿轮和联轴器。轴的作用是支承齿轮、带轮及联轴器等回转零件，并将运动

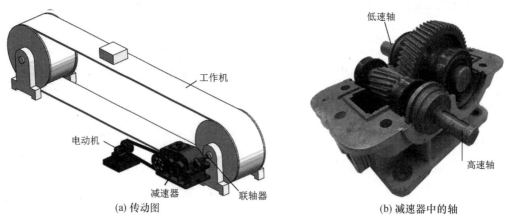

图 11-1　带式输送机传动系统中的轴

和动力传递至工作机。为了满足这种传动的需要,应将轴设计成既具有一定强度、刚度和稳定性,又具有一定的定位精度和加工工艺性的结构和尺寸。

进行轴的设计,确定轴的结构和尺寸,是本子项目要解决的问题。

▶ 任务框架

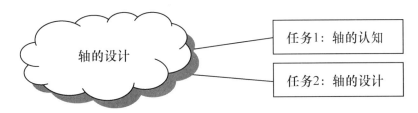

任务1 轴的认知

【任务要点】

◆ 了解轴的作用、类型及应用;
◆ 认识轴的结构。

【任务提出】

轴是组成机器的重要零件之一,是非标准零件,所以轴的设计工作非常重要。分析图 11-1 的齿轮减速器中的各根轴,思考:轴的结构有什么特点?能承受何种载荷?各根轴的材料有什么要求?轴上的零件是如何进行定位和固定的?

【任务准备】

轴的主要功用是支承零件并传递运动和动力,其结构与传递的功率及轴上零件相关。

一、轴的分类

轴可根据不同的条件加以分类。常见的分类有:

1. 按受载情况分

(1) 心轴。只承受弯矩作用的轴称为**心轴**,如火车车厢的车轮轴、自行车中的前轮轴等,如图 11-2 所示。

(2) 传动轴。只承受扭矩作用的轴称为**传动轴**,图 11-3 所示为汽车中的传动轴。

(3) 转轴。同时承受弯矩和扭矩作用的轴称为**转轴**,如图 11-1 所示的减速器中的高速轴和低速轴均为转轴。

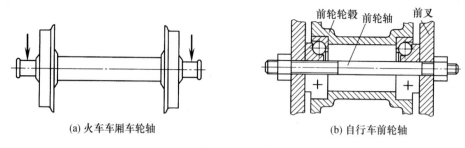

(a) 火车车厢车轮轴　　　　　　(b) 自行车前轮轴

图 11-2　心轴

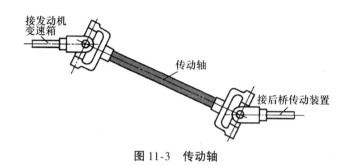

图 11-3　传动轴

2. 按其轴线形式分

（1）直轴。直轴按其外形不同可分为截面相等的光轴（见图 11-4）和截面分段变化的阶梯轴（见图 11-5）两种。光轴在组合机床、纺织机械和仪器仪表中用得较多；阶梯轴便于轴上零件的安装与固定，应用最广。按心部结构不同，直轴又分为实心轴和空心轴（见图 11-6）。

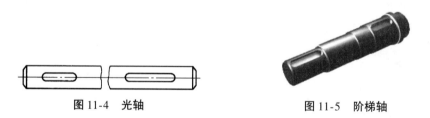

图 11-4　光轴　　　　　　　　　　图 11-5　阶梯轴

（2）曲轴。曲轴常用于往复式机械中，如内燃机中的曲轴，图 11-7 所示为曲轴。

图 11-6　空心轴　　　　　　　　　图 11-7　曲轴

（3）挠性钢丝轴。挠性钢丝轴是由几层紧贴在一起的钢丝卷绕而成，它可以将回转运动和扭矩传到空间的任何位置，其结构如图 11-8（a）所示，图 11-8（b）为实物图。例如，机动车中的里程表所用的软轴和管道疏通机所用的软轴等就是采用的挠性钢丝轴。

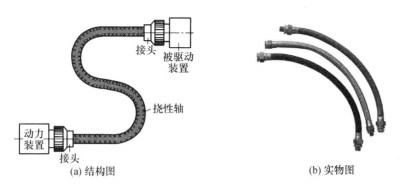

图 11-8 挠性钢丝轴

二、轴的材料

轴的常用材料有碳素钢、合金钢、球墨铸铁等，表 11-1 中列出了轴的常用材料及其主要机械性能。

表 11-1 轴的常用材料及其主要机械性能

材料及热处理	毛坯直径/mm	硬度/HBS	抗拉强度极限 σ_b/MPa	屈服强度极限 σ_s/MPa	许用弯曲应力 $[\sigma_{-1}]$/MPa	许用切应力 $[\tau]$/MPa	常数 A	应用说明
Q235	≤100		400～420	225	40	12～20	160～135	用于不重要及受载荷不大的轴
	100～250		375～390	215				
35 正火	≤100	143～187	520	270	45	20～30	135～118	用于一般轴
45 正火	≤100	170～217	600	300	55	30～40	118～107	用于较重要的轴，应用最广泛
45 调质	≤200	217～255	650	360				
40Cr 调质	≤100	241～286	750	550	60	40～52	107～98	用于载荷较大而无很大冲击的重要的轴
40MnB 调质	≤200	241～286	750	500	70	40～52	107～98	性能接近于 40Cr，用于重要的轴
35CrMo 调质	≤100	207～269	750	550	70	40～52	107～98	用于重载荷的轴
35SiMn 调质	≤100	229～286	800	520	70	40～52	107～98	可代替 40Cr，用于中小型轴
42SiMn 调质	≤100	229～286	800	520	70	40～52	107～98	与 35SiMn 相同，但专供表面淬火用

注：轴上所受弯矩较小或只受扭矩时，A 取较小值，否则取较大值。

（1）碳素钢

工程中常用 35、45、50 等优质碳素钢，其中以 45 钢用得最为广泛。其价格低廉，对应力集中敏感性较小，可以通过调质或正火处理以保证其机械性能，通过表面淬火或低温回火以保证其耐磨性。对于轻载和不重要的轴也可采用 Q235、Q275 等普通碳素钢。

（2）合金钢

合金钢常用于高速、重载以及结构要求紧凑的轴，常用的有 40Cr、40MnB 等，合金钢有较高的力学性能，但价格较贵，对应力集中敏感，所以在结构设计时必须尽量减少应力集中。由于在常温下合金钢和碳素钢的弹性模量相差很小，故不能试图通过选用合金钢来提高轴的刚度。

（3）球墨铸铁

球墨铸铁具有耐磨、价格低、吸震性好，对应力集中的敏感性较低的优点，但可靠性较差，一般用于形状复杂的轴，如曲轴、凸轮轴等。

三、阶梯轴的结构

工程中最常见的是同时承受弯矩和转矩作用的阶梯轴，其结构及要求如下：

（一）轴上各部分名称

图 11-9 所示为单级圆柱减速器中的输入、输出轴，是一种典型的阶梯轴。主要由轴颈、轴头和轴身三部分组成。

轴上与轴承配合的部分称为**轴颈**，与回转件轮毂配合的部分称为**轴头**，连接轴颈和轴头的非配合部分统称为**轴身**。

用作轴上零件轴向定位的台阶部分称为**轴肩**，轴上轴向尺寸较小、直径最大的环形部分称为**轴环**。

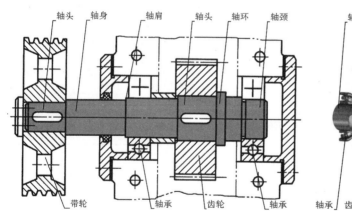
(a) 减速器输入轴

(b) 减速器输出轴

图 11-9　阶梯轴各部分名称

（二）轴上零件的定位与固定

为了防止轴上零件受力时发生沿轴向和周向的相对运动，轴上零件必须进行定位与固定，以保证其正确的工作位置。

1. 轴上零件的轴向定位与固定

轴上零件的轴向定位与固定通常用轴肩、套筒、圆螺母、轴端挡圈、弹性挡圈、紧定螺钉等。

（1）轴肩：这种定位简单可靠，能承受较大的轴向力。图 11-9 中的齿轮和带轮靠右侧轴肩定位、联轴器靠左侧轴肩定位。为了保证轴上零件靠紧定位面，轴肩处的圆角半径 r 必须小于相配零件孔的圆角半径 R 或倒角 C_1，轴肩高度 h 必须大于 R 或 C_1，一般取 $h \geq (0.07 \sim 0.1) d$，如图 11-10 所示。

（2）套筒：结构简单，定位可靠，轴上不需开槽、钻孔和切制螺纹，可减少轴的阶梯数，如图 11-11 所示。套筒一般用于轴上两个相邻零件之间的定位，但相隔距离不可太大，因套筒与轴配合较松，故不适用轴的转速较高的场合。

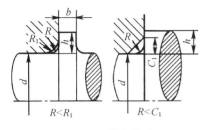

图 11-10　轴肩高度

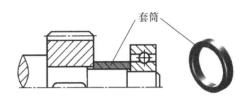

图 11-11　套筒

（3）圆螺母：当无法采用套筒或套筒太长时，可采用圆螺母，如图 11-12 所示。圆螺母定位可靠，并能承受较大的轴向力。但轴上须切制螺纹和退刀槽，应力集中较大，常用于轴端零件的固定。

（4）轴端挡圈：又称压板，用于轴端零件的固定，可承受较大的轴向力，如图 11-13 所示。

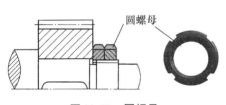

图 11-12　圆螺母

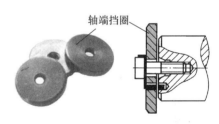

图 11-13　轴端挡圈

（5）弹性挡圈：只能承受较小的轴向力，且可靠性差，常用于滚动轴承的轴向固定，如图 11-14 所示。

（6）紧定螺钉：适用于轴向力很小，转速很低或仅为防止偶然轴向滑移的场合，同时可起周向固定作用，如图 11-15 所示。

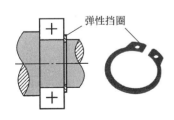

图 11-14　弹性挡圈

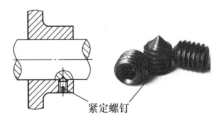

图 11-15　紧定螺钉

2. 轴上零件的周向固定

轴上零件周向固定的目的是使其能随同轴一起转动并传递转矩。大多采用键、花键、紧定螺钉、过盈配合等连接形式。

【任务思考】

单级斜齿圆柱齿轮减速器中的高速轴、低速轴均为转轴，其上的齿轮、轴承如何实现轴向和周向固定？

任务2　轴 的 设 计

图11-16　单级圆柱齿轮减速器中的轴

【任务要点】

◆ 掌握轴的结构设计要点及轴的强度计算方法；

◆ 能对减速器中的高速轴、低速轴进行设计。

【任务提出】

若带式输送机的传动系统中的齿轮传动为单级圆柱齿轮传动，如图11-16所示，试确定各轴的结构和尺寸。

【任务准备】

一、轴设计的要求和步骤

1. 轴的设计要求

（1）结构设计要求：轴应具有合理的结构形状，便于轴上零件的安装、固定和拆卸，同时也尽可能使轴具有良好的加工工艺性。

（2）工作能力要求：轴应具有足够的强度、刚度，以保证轴在载荷作用下不致断裂或产生过大的变形。只有对刚度有要求的轴（如车床主轴），才进行刚度计算。

2. 轴的设计步骤

在进行轴的设计时，结构设计与工作能力验算往往交叉进行，一般步骤如图11-17所示。

图11-17　轴的设计步骤

二、结构设计

(一) 轴上零件的配置

轴上零件主要有三类,即工作件(如齿轮、带轮、联轴器等)、支承件(一般是轴承)、固定件(如键、套筒、挡板等)。其配置根据是:工作件的位置除必须考虑自身的尺寸外,主要决定于其他部件上与之对应工作的零件位置;支承件的位置主要决定于机架的位置要求和支承组合的结构要求;固定件的位置主要决定于自身长度和结构空间。

(二) 轴的各段直径和长度的确定

1. 各段直径确定

通常是先根据传递转矩和转速的大小,按扭转强度初步估算出轴的最小直径,然后再考虑轴上零件的安装与固定等因素,逐一确定各段直径。应遵循如下原则:

(1) 有配合要求的轴段(如图11-9中安装齿轮段)应取标准直径,见表11-2。

(2) 安装标准零部件处的轴段(如图11-9中安装轴承、联轴器等),其直径必须符合相应的标准尺寸系列。

(3) 车削螺纹处的直径应符合螺纹标准系列。

(4) 用作定位和固定的轴肩或轴环,其高度应满足对轴肩高度的要求;非定位轴肩的高度,一般取1~2 mm。

(5) 应当有利于轴上零件的装拆。

表11-2 标准直径　　　　　　　　　　　　　　　(单位:mm)

10	12	14	16	18	20	22	24	25	26	28
30	32	34	36	38	40	42	45	48	50	53
56	60	63	67	71	75	80	85	90	95	100

注:摘自《标准尺寸》(GB/T 2822—2005)。

2. 各段长度确定

(1) 轴与传动零件轮毂相配合部分(如图11-9中安装齿轮段)的长度,一般应比轮毂的长度略短1~2 mm,以保证传动零件能得到可靠的轴向固定,如图11-18所示。

(2) 其余轴上各段的长度,可根据总体结构的要求来确定。

图11-18 轴比轮毂短

(三) 轴的结构工艺性

1. 制造工艺要求

制造工艺要求是指轴的结构应尽可能便于加工,节约加工成本。主要有:

(1) 在磨削轴段应有砂轮越程槽,以便磨削时砂轮可以磨到轴肩的端部(见图11-19)。

(2) 在车螺纹的轴段应有螺纹退刀槽,以保证螺纹牙能达到预期的高度(见图11-20)。

(3) 若轴上开多个键槽，则键宽应尽可能统一，并在同一加工直线上，以减少换刀次数（见图11-21）。

(4) 为便于加工，应使直径相近处的圆角、倒角、键槽、退刀槽和越程槽等尺寸一致。

制造工艺要求

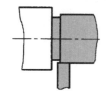 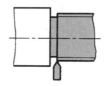 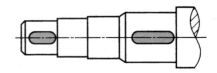

图 11-19　砂轮越程槽　　　图 11-20　螺纹退刀槽　　　图 11-21　多个键槽

装配工艺要求

2. 装配工艺要求

装配工艺要求是指轴上零件应便于安装和拆卸。为此，可采取以下措施：

(1) 将轴做成中间粗、两端细的阶梯形。

(2) 为了便于轴上零件的装配和去除毛刺，轴及轴肩端部一般均应制出45°的倒角。过盈配合轴段的装入端应加工出半锥角为30°的导向锥面，如图11-21所示。

(3) 轴端的键槽尽量靠近轴的端面。

(4) 与滚动轴承配合的轴肩高度或套筒高度小于轴承内圈的厚度，如图11-22所示。

(四) 疲劳强度要求

图 11-22　滚动轴承的轴肩

在轴表面应力集中部位易发生疲劳破坏，因此在设计和制造过程中，都要采取措施避免和减少应力集中，以提高轴的疲劳强度。

1. 采用合理的结构

阶梯轴的轴段直径变化太大的部位，会引起应力集中。因此，阶梯轴相邻两轴段的直径不宜相差太大，且在截面尺寸变化处应采用圆角过渡，尽量使圆角半径大些。要尽量避免在轴上应力较大的部位打横孔、切口或开槽。

2. 采用适当的制造工艺

轴的弯曲最大应力和扭转最大应力都位于轴的表层，因此，轴的疲劳裂纹最易从轴表层处开始产生和扩展。设计时应降低复杂应力状态下工作的轴的表面粗糙度的数值，或采用辊压、喷丸、表面渗碳、渗氮、液体碳氮共渗、高频淬火等表面改性处理的工艺方法，改善轴的表面质量，以提高轴的抗疲劳强度。

三、轴的尺寸计算

轴在工作时应有足够的疲劳强度，所以设计时必须验算轴的强度。常用轴的验算方法有：按抗扭强度条件估算轴的最小直径和验算传动轴的强度；按抗弯扭合成强度条件验算转轴的强度。必要时，还要进行安全系数的验算。

1. 按抗扭强度计算

对于圆截面传动轴，其扭切应力及强度条件为

$$\tau = \frac{T}{W_T} = \frac{9.55 \times 10^6 P}{0.2 d^3 n} \leqslant [\tau] \tag{11-1}$$

由此可得轴的最小直径 $d \geqslant \sqrt[3]{\dfrac{9.55 \times 10^6 P}{0.2 [\tau] n}} = A \cdot \sqrt[3]{\dfrac{P}{n}}$ (11-2)

式中：τ——危险截面的切应力，MPa；

T——轴所承受的转矩，N·mm；

W_T——轴危险截面的抗扭截面系数，mm³；

P——轴传递的功率，kW；

d——轴危险截面的直径，mm；

$[\tau]$——材料的许用切应力，MPa，见表 11-1；

A——由轴的材料和承载情况确定的常数，见表 11-1。

若在计算截面处开有一个键槽，则应将直径加大 3%～5%；开有两个键槽，直径增大 7%～10%，以补偿键槽对轴强度的削弱，并按表 11-2 圆整为标准直径。

2. 按抗弯扭合成强度计算

在轴的结构设计完成后，要验算其强度。对于一般钢制的转轴，按第三强度理论得到的抗弯扭合成强度条件为

$$\sigma = \frac{M_e}{W} = \frac{\sqrt{M^2 + (\alpha T)^2}}{0.1 d^3} \leqslant [\sigma_{-1}] \tag{11-3}$$

式（11-3）可改写为设计公式 $d \geqslant \sqrt[3]{\dfrac{M_e}{0.1 [\sigma_{-1}]}}$ (11-4)

式中：σ——危险截面的当量应力，MPa；

M_e——危险截面的当量弯矩，N·mm；

W——抗弯截面系数，mm³；

M——合成弯矩，N·mm（$M = \sqrt{M_H^2 + M_V^2}$，M_H 指水平面弯矩，M_V 指垂直面弯矩）；

α——根据转矩性质而定的折合系数（稳定的转矩取 $\alpha = 0.3$，脉动循环变化的转矩取 $\alpha = 0.6$，对称循环变化的转矩取 $\alpha = 1$。若转矩变化的规律不清楚，则一般也按脉动循环处理）；

$[\sigma_{-1}]$——对称循环应力状态下材料的许用弯曲应力，MPa，见表 11-1。

对于有一个键槽的危险截面，应将轴径加大 3%～5%。若计算出的轴径小于初步估算的轴径，则表明结构图中的强度足够；反之，则强度不足，需要修改结构设计。

对于一般用途的转轴，按照上述方法校核计算，即能满足使用要求。对于重要的轴，尚需作进一步的强度校核，可参阅相关参考书。

【任务训练】

例 11-1 试设计图 11-23 所示的单级斜齿圆柱齿轮减速器的从动轴。已知传递功率 $P = 8$ kW，从动齿轮的转速 $n_2 = 170$ r/min，分度圆直径 $d_2 = 356$ mm，所受圆周力 $F_{t2} = 2656$ N，径向力 $F_{r2} = 985$ N，轴向力 $F_{a2} = 522$ N，齿轮轮毂宽度 $b_2 = 80$ mm，工作时为单向转动，轴承采用深沟球轴承支承，轴右端采用联轴器输出动力。为查阅数据方

便，将相关参考数据列于表 11-3。

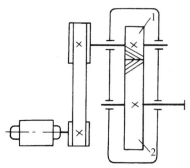

图 11-23 单级斜齿圆柱齿轮减速器

表 11-3 相关参考数据

项目		取值/mm
齿轮端面与减速器箱体内壁间隙		>15～20
滚动轴承离箱体内壁距离	油润滑	3～5
	脂润滑	10～15
联轴器与轴承盖之间的距离		10～30

解：

1. 选择轴的材料并确定许用应力

因该轴无特殊要求，故选用 45 钢并经正火处理。由表 11-1 查得硬度为 170～217 HBS，抗拉强度极限 $\sigma_b = 600$ MPa，许用弯曲应力 $[\sigma_{-1}] = 55$ MPa。

2. 按扭转强度估算轴的最小直径

由表 11-1 查得 $A = 115$，根据式（11-2）可得

$$d \geq A \cdot \sqrt[3]{\frac{P}{n}} = 115 \times \sqrt[3]{\frac{8}{170}} \approx 41.5 \text{（mm）}$$

考虑此轴头上有一键槽，将轴径增大 5%，即 $d \approx 41.5 \times 1.05 \approx 43.6$（mm），因轴头安装联轴器，根据联轴器内孔直径，取 $d = 45$ mm。

3. 设计轴的结构并绘制结构草图

（1）作装配草图，拟订轴上零件的装配方案

因为是单级圆柱齿轮减速器，故将齿轮布置在箱体内壁的正中央，左右两轴承相对齿轮成对称布置，并安装在减速器的座孔中，轴的外伸端安装联轴器。装配时确定左轴承从左端装配，齿轮、右轴承、联轴器依次从右端装配，如图 11-24 所示。

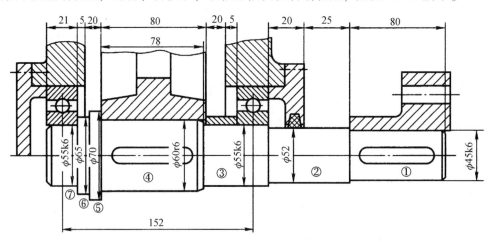

图 11-24 轴的结构设计草图

(2) 确定轴上零件的轴向、周向定位与固定

齿轮靠轴肩和套筒实现轴向定位和固定，靠普通平键实现周向固定。

两端轴承靠过盈配合实现周向固定，左轴承内圈靠轴肩实现轴向定位，右轴承内圈靠套筒实现轴向定位，两轴承外圈靠两端轴承盖实现轴向固定。

联轴器靠轴肩实现轴向定位与固定，靠普通平键实现周向固定。

(3) 确定轴的各段直径

根据轴各段直径的确定原则，从最小直径开始，按从右至左的顺序进行。

轴段①：用于安装联轴器，为最小直径，$d_1 = 45$ mm。

轴段②：为联轴器定位轴肩，查手册得轴肩计算公式为 $d_2 = d_1 \times (1.14 \sim 1.2) = 51.3 \sim 54$ (mm)，故取 $d_2 = 52$ mm。

轴段③：用于安装轴承，为便于装拆，应使 $d_3 > d_2$，根据滚动轴承直径系列，取 $d_3 = 55$ mm。

轴段④：用于安装齿轮，与齿轮配合处轴头的直径应符合标准直径系列，按表 11-2 取 $d_4 = 60$ mm。

轴段⑤：为齿轮定位轴肩，按轴肩计算公式 $d_5 = d_4 \times (1.14 \sim 1.2) = 68.4 \sim 72$ (mm)，取 $d_5 = 70$ mm。

轴段⑥：为左轴承定位轴肩，查轴承相关手册，取 $d_6 = 65$。

轴段⑦：与轴段③应相等，取 $d_7 = 55$ mm。

(4) 确定轴的各段长度

轴段①：根据相关手册，联轴器轴孔长度为 82 mm，轴的长度应比轮毂短 1~2 mm，取 $l_1 = 80$ mm。

轴段④：为保证齿轮固定可靠，l_4 应比齿轮轮毂宽度 b_2 短 1~2 mm，取 $l_4 = 78$ mm。

轴段⑦：根据 $d_3 = d_7 = 55$ mm，按题意初选深沟球轴承 6211，查表得宽度 $B = 21$ mm，故 $l_7 = 21$ mm。

轴段⑤：为轴环，查手册得轴环长度计算公式 $l_5 \approx 1.4(d_5 - d_4)/2 = 7$ (mm)。

轴段⑥：为保证齿轮端面与箱体内壁不相碰且便于轴承拆卸，齿轮端面与箱体内壁间应留有间隙，取间隙为 20 mm、滚动轴承端面距箱体内壁距离为 5 mm，则 $l_5 + l_6 = 25$ (mm)。故 $l_6 = 18$ mm。

轴段③：$l_3 = 2 + 20 + 5 + 21 = 48$ (mm)。

轴段②：穿透轴承盖的轴向长度根据箱体结构确定，现在无法确定，初定为 20 mm，为保证联轴器的装拆，取联轴器与轴承端盖距离为 25mm，故 $l_2 = 25 + 20 = 45$ (mm)。

由此，轴的跨距 $l = 11 + 25 + 80 + 25 + 11 = 152$ (mm)，支点按轴承宽度处计算。

4. 按弯扭组合校核轴的强度

(1) 画出轴的受力图，如图 11-25 (a) 所示。

(2) 求水平面支座反力、作水平面弯矩图，如图 11-25 (b) 所示。

支座反力：$$F_{HA} = F_{HB} = \frac{F_{t2}}{2} = \frac{2\,656}{2} = 1\,328 \text{ (N)}$$

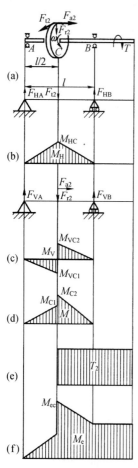

图 11-25 轴的受力及弯矩图

截面 C 处的弯矩：$M_{HC} = F_{HA} \cdot \dfrac{l}{2} = 1\,328 \times \dfrac{152}{2}$
$= 100\,928\,(\text{N} \cdot \text{mm})$

(3) 求垂直面支座反力、作垂直面弯矩图，如图 11-25（c）所示。

支座反力：由 $\sum M_A = 0$ 得

$$F_{HA} = \dfrac{F_{r2}}{2} - \dfrac{F_{a2} \cdot d_2}{2l} = \dfrac{985}{2} - \dfrac{522 \times 356}{2 \times 152} \approx -118.79\,(\text{N})$$

$$F_{HB} = \dfrac{F_{r2}}{2} + \dfrac{F_{a2} \cdot d_2}{2l} = \dfrac{985}{2} + \dfrac{522 \times 356}{2 \times 152} \approx 1\,103.80\,(\text{N})$$

截面 C 左侧弯矩为：

$$M_{HC1} = F_{HA} \cdot \dfrac{l}{2} = -118.79 \times \dfrac{152}{2} \approx -9\,028\,(\text{N} \cdot \text{mm})$$

截面 C 右侧弯矩为：

$$M_{HC2} = F_{HB} \cdot \dfrac{l}{2} = 1\,103.80 \times \dfrac{152}{2} \approx 83\,889\,(\text{N} \cdot \text{mm})$$

(4) 作合成弯矩图，如图 11-25（d）所示。

截面 C 左侧合成弯矩为：

$$M_{C1} = \sqrt{M_{HC}^2 + M_{VC1}^2} = \sqrt{100\,928^2 + (-9\,028)^2}$$
$$\approx 101\,331\,(\text{N} \cdot \text{mm})$$

截面 C 右侧合成弯矩为：

$$M_{C2} = \sqrt{M_{HC}^2 + M_{VC2}^2} = \sqrt{100\,928^2 + 83\,889^2}$$
$$\approx 131\,240\,(\text{N} \cdot \text{mm})$$

(5) 作扭矩图，如图 11-25（e）所示。

$$T = 9.55 \times 10^6 \cdot \dfrac{P}{n_2} = 9.55 \times 10^6 \times \dfrac{8}{170} = 449\,412\,(\text{N} \cdot \text{mm})$$

(6) 作当量弯矩图，如图 11-25（f）所示。

因作单向转动，转矩为脉动循环变化，取 $\alpha = 0.6$，危险截面 C（按右侧计算）的当量弯矩为

$$M_{eC} = \sqrt{M_{C2}^2 + (aT)^2} = \sqrt{131\,240^2 + (0.6 \times 449\,412)^2} \approx 299\,889\,(\text{N} \cdot \text{mm})$$

(7) 计算危险截面 C 处的轴径。

由式（11-4）得，$d \geqslant \sqrt[3]{\dfrac{M_e}{0.1\,[\sigma_{-1}]}} = \sqrt[3]{\dfrac{299\,889}{0.1 \times 55}} \approx 37.92\,(\text{mm})$

因 C 处有键槽，将轴径增大 5%，即 $d = 37.92 \times 1.05 \approx 39.82\,(\text{mm})$，结构草图设计中，此处直径为 63 mm，故强度足够。因此以原结构设计的直径为准。

5. 绘制轴的零件工作图，此处略。

例 11-2 如图 11-26 所示轴系结构，请用文字简述图中引线处的错误（注：不考虑轴承的润滑方式；倒角、圆角忽略不计）。

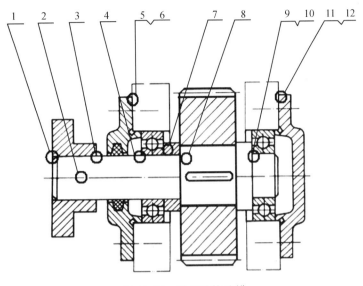

图 11-26 轴系结构改错

解：经分析，主要错误有：

(1) 此处轴头应稍短；
(2) 缺少普通平键作周向固定；
(3) 缺少定位轴肩；
(4) 精加工面太长（或应有轴肩）；
(5) (11) 箱体处应减少加工面；
(6) (12) 轴承端盖处缺少调整垫片；
(7) 定位套筒太厚，轴承无法拆卸；
(8) 安装齿轮处轴的长度应稍短；
(9) 定位轴肩过高，轴承无法拆卸；
(10) 需磨削处缺少砂轮越程槽。

拓展阅读：曲轴简介

曲轴广泛用于往复式动力机械（内燃机、活塞式压缩机等）、织布机、通用机械以及冲剪床上，是一种常见的传动部件。

曲轴的横截面沿着轴线方向急剧变化，因而应力分布极不均匀。实践表明，弯曲和扭转疲劳断裂是曲轴的主要破坏形式。因此在曲轴的设计方面，要求具有足够的强度、刚度，轴颈-轴承副具较高的耐磨性，油孔布置合理，且合理配置平衡块。曲轴的结构特点如下：

曲轴

(1) 整体锻造曲轴。尺寸紧凑，重量较轻，强度高，但对于复杂的形状加工困难。

(2) 整体铸造曲轴。加工性能好，金属切削量少，成本低。铸造曲轴可以获得较合理的结构形状，如椭圆形曲柄臂、桶形空心轴颈和卸载槽等，从而使应力分布均匀。

轴的结构改错

(3) 组合曲轴。大型曲轴由于整体毛坯的制造能力受限，以及部分损坏时更换整根曲轴很不经济，故采用组合曲轴。有特殊要求的场合，中小曲轴也可以做成组合式，以套合曲轴应用最广。

全套合曲轴的主轴颈、曲柄销、曲柄臂全部分开，如图 11-27 所示。半套合曲轴通常将曲柄销与曲柄臂铸成一体，然后再用"热套"或液压压入等方法连接起来，如图 11-28 所示。

套合曲轴一般用于曲柄半径大于400～450 mm的大型低速十字头柴油机曲轴，以及曲柄销上采用滚针轴承的小型曲轴。

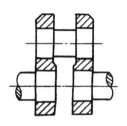

图11-27　全套合曲轴

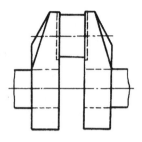

图11-28　半套合曲轴

（4）润滑油道。曲轴主轴颈和曲柄销一般采用压力供油润滑。润滑油由主油道（或主油管）送到各主轴承，再经曲轴内润滑油道进入连杆轴承。油孔位置要考虑保证供油压力和油孔对曲轴强度的影响，一般主轴颈油孔开在最大轴颈压力作用线的垂直方向，曲柄销油孔开在轴承负荷较低的地方。润滑油道布置形式如图11-29所示。

（5）曲轴平衡块。平衡块用来平衡曲轴的不平衡惯性力和力矩，减轻主轴承载荷，以及减小曲轴和曲轴箱（或机体）所受的内力矩。平衡块可与曲轴制成一体，也可与曲轴分开制造后再进行装配。图11-30所示为一种凸台定位式平衡块的固定法简图。

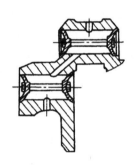

图11-29　曲轴润滑油道

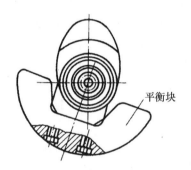

图11-30　凸台定位式平衡块固定

任务实施——轴的认知与设计

特别提示：任务实施不单独安排课时，而是穿插在任务1～2中，按理论实践一体化实施。

任务实施1　轴 的 认 知

一、训练目的

认识轴的结构及轴上定位零件。

二、实训设备及用具

组合式轴系结构设计实验箱,如图 11-31 所示。

图 11-31 组合式轴系结构设计实验箱

三、实训内容与步骤

1. 认识阶梯轴的结构

找出实验箱中的阶梯轴,区别轴头、轴颈、轴身、轴肩和轴环。

2. 认识常用定位零件

识别轴向定位元件:如套筒、圆螺母、弹性挡圈、轴端挡圈和紧定螺钉等。
识别周向定位元件:如键、花键等。

任务实施 2 轴 的 设 计

一、训练目的

通过对带式输送机单级圆柱齿轮减速器的低、高速轴的设计,学会轴的设计计算方法,确定轴的结构和尺寸,并绘制轴的零件图。

二、实训内容与步骤

(1) 选择轴的材料并确定许用应力。
(2) 按扭转强度估算轴的最小直径。
(3) 设计轴的结构并绘制结构草图。
(4) 按弯扭组合校核轴的强度。
(5) 绘制轴的零件工作图。

三、注意事项

轴的设计过程中需要运用工程力学、工程材料学和机械设计学的综合知识,利用理论公式和试验修正方法,查阅图表、手册和国家标准等多种资料,经过反复计算后才能得出合理的参数。因此,本实训应尽量结合课程设计进行,以提高设计效率。

知识巩固

一、填空题

(1) 按承载性质不同,轴可分为_____、_____、_____三类。

(2) 在工作中同时承受_____和_____的轴称为转轴。

(3) 与轴承配合处的轴段称为_____,与旋转零件配合处的轴段称为_____。

(4) 轴上零件的周向固定的方法有_____、_____、_____等几种。

(5) 轴上零件的轴向固定的方法有_____、_____、_____、_____、_____等几种。

(6) 轴上需磨削的轴段应设计出_____,需车制螺纹的轴段应有_____。

二、选择题

(1) 下列_____的轴为转轴。
  A. 只承受弯曲　　　　　　　　B. 只承受扭矩
  C. 同时承受弯曲和扭矩　　　　D. 同时承受弯曲和剪切

(2) 下列_____的轴为心轴。
  A. 只承受弯曲　　　　　　　　B. 只承受扭矩
  C. 同时承受弯曲和扭矩　　　　D. 同时承受弯曲和剪切

(3) 下列定位措施中不能对零件进行轴向固定的是_____。
  A. 轴环　　　　　　　　　　　B. 轴肩
  C. 平键　　　　　　　　　　　D. 套筒

(4) 下列定位措施中不能对零件进行周向固定的是_____。
  A. 轴环　　　　　　　　　　　B. 平键
  C. 花键　　　　　　　　　　　D. 以上选项都不正确

(5) 将轴的结构设计成阶梯轴的目的是_____。
  A. 便于轴的加工　　　　　　　B. 零件装拆方便
  C. 提高轴的刚度　　　　　　　D. 为了外形美观

(6) 当受轴向力较大,零件与轴承的距离较远,且位置能够调整时,零件的轴向固定采用_____。
  A. 弹性挡圈　　　　　　　　　B. 圆螺母与止动垫圈
  C. 紧定螺钉　　　　　　　　　D. 套筒

(7) 为了使套筒能起到轴向固定作用,轴头长度 L 与零件轮毂宽度 B 之间的关系为_____。
  A. L 比 B 稍大　　　　　　B. $L = B$
  C. L 比 B 稍小　　　　　　D. L 与 B 无关

(8) 为了便于拆卸滚动轴承,轴肩处的直径 d 与滚动轴承内圈外径 d_1 的关系为_____。
  A. $d > d_1$　　　　　　　　　B. $d < d_1$

C. $d = d_1$ D. 二者无关

三、判断题

（1）轴上轴颈的直径要符合标准直径，与轴承内孔的直径无关。（　　）

（2）用轴肩或轴环可以对轴上零件作轴向固定。（　　）

（3）圆螺母可以对轴上零件作周向固定。（　　）

（4）轴肩或轴环的过渡圆角半径应小于轴上零件轮毂的倒角高度。（　　）

（5）既承受弯矩又承受扭矩的轴称为转轴。（　　）

（6）滚动轴承处的轴肩高度应小于轴承内圈的高度。（　　）

（7）当轴上有多处键槽时，应使各键槽位于轴的同一母线上。（　　）

（8）用轴肩、套筒、挡圈等结构可对轴上零件作周向固定。（　　）

四、综合应用题

（1）判断图中的Ⅰ、Ⅱ、Ⅲ、Ⅳ轴是心轴、传动轴还是转轴，请说明理由。

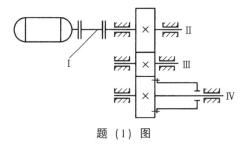

题（1）图

（2）有一传动轴，材料为45钢，调质处理，传递的功率 $P = 3\ \text{kW}$，$n = 200\ \text{r/min}$，试估算轴的最小直径。

（3）试设计图中所示单级斜齿圆柱齿轮减速器的从动轴。已知传递功率 $P = 7.5\ \text{kW}$，从动齿轮的转速 $n_2 = 160\ \text{r/min}$，分度圆直径 $d_2 = 350\ \text{mm}$，所受圆周力 $F_{t2} = 2\,656\ \text{N}$，径向力 $F_{r2} = 952\ \text{N}$，轴向力 $F_{a2} = 544\ \text{N}$，齿轮轮毂宽度 $b_2 = 60\ \text{mm}$，工作时为单向转动，轴承采用6200型，轴右端采用联轴器输出动力。

（4）指出图中轴系结构错误（注：不考虑轴承的润滑方式；倒角、圆角忽略不计）。

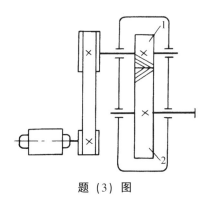

题（3）图

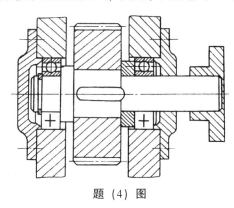

题（4）图

子项目 12 轴承尺寸确定

▶ **学习目标**

知识目标：
☆ 掌握滚动轴承代号、类型和尺寸确定方法；
☆ 熟悉滚动轴承的组合设计；
☆ 了解滑动轴承的基本知识。

能力目标：
☆ 能识别滚动轴承的代号含义；
☆ 会根据工作要求选择轴承；
☆ 能够合理进行滚动轴承的组合结构设计；
☆ 会简单选用滑动轴承。

轴承是一种典型的机械关键基础零部件，通俗讲，它是一种"帮助物体转动的零件"，是实现主机性能、功能与效率的重要保证。

据考古发现，我国最早的轴承在8000年前就已出现；到夏商时期有车后，原始的滑动轴承开始运用；在秦代战车上，推力轴承开始使用；元代科学家郭守敬创制的简仪上出现了原始的滚动轴承。可见我国轴承发展源远流长，是世界上最早发明轴承的国家。

清末洋务运动中诞生的一批民族工业，促进了轴承的发展。自中华人民共和国成立后，我国的轴承工业进入全新阶段，目前，我国已经形成瓦房店、洛阳、长三角、浙江东部、聊城等五大轴承产业基地。近两年，我国自主研制了航空发动机主轴承，标志着我国高端装备制造技术取得全新突破。

▶ **案例引入**

若带式输送机的传动系统中的减速器，如图12-1（b）所示，每根轴上均装有齿轮等回转零件，要使轴能高效、稳定、可靠回转，需要在每根轴上各装一对轴承。轴承的作用是支承轴及轴上回转零件，使回转零件保持一定的旋转精度，减少摩擦磨损。

子项目 12　轴承尺寸确定

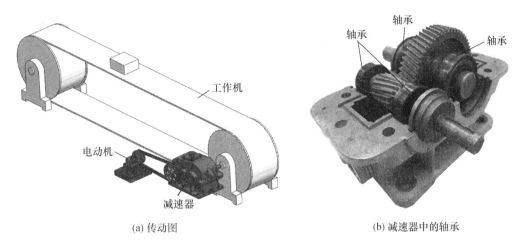

(a) 传动图　　　　　　　　(b) 减速器中的轴承

图 12-1　带式输送机减速器中的轴承

　　轴承是标准件，由专业工厂大批量生产，分为滚动轴承和滑动轴承。滚动轴承具有摩擦小、启动灵活、润滑维护方便等优点，广泛应用于各种机器中。而在另外一些工作场合，还会用到滑动轴承。由于图 12-1 中的轴承无精度和结构的特殊要求，故确定选用使用较为广泛的滚动轴承。

滚动轴承的作用

　　识别轴承、选择合适的轴承类型、确定轴承的型号是本子项目重点解决的问题。

任务框架

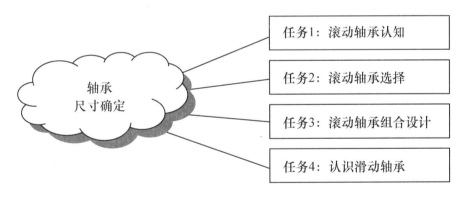

任务 1　滚动轴承认知

【任务要点】

◆ 掌握滚动轴承的结构、类型、代号表示。

227

项目二 典型传动装置设计

【任务引入】

在图 12-2 中有各种类型的滚动轴承,若滚动轴承的端面印有代号 6210、7211AC 或其他代号,请解释其含义。

图 12-2 各种类型的滚动轴承实物

【任务准备】

在轴承中,滚动轴承因其自身结构的特点,应用远比滑动轴承广泛。

一、滚动轴承的结构

滚动轴承的结构

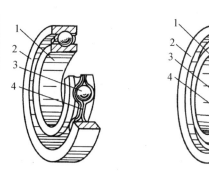

图 12-3 滚动轴承的结构
1—内圈 2—外圈 3—滚动体 4—保持架

常见的滚动轴承一般由外圈、内圈、滚动体和保持架等部分组成,如图 12-3 所示。内圈用来和轴颈装配,外圈用来和轴承座装配。通常用于内圈随轴颈回转、外圈固定的场合,但也可用于外圈回转而内圈不动或内外圈同时回转的场合。当内外圈相对转动时,滚动体即在内外圈的滚道间滚动。保持架的主要作用是均匀地分布滚动体,避免滚动体之间的接触。

当滚动体是圆柱滚子或滚针时,在某些情况下,可以没有内圈、外圈或保持架,这时的轴颈或轴承座就要起到内圈或外圈的作用。

滚动轴承的内外圈和滚动体的材料,要求用耐磨性好、强度高的轴承铬钢制造,如 GCr9、GCr15、GCr15SiMn 等,热处理后硬度一般不低于 60 HRC。保持架一般用低碳钢冲压后经铆接或焊接而成,也有的用有色金属或塑料制成。

228

二、滚动轴承的类型

滚动轴承的分类方法有多种,《滚动轴承 分类》（GB/T 271—2017）中按滚动体的种类、其所能承受的载荷方向或公称接触角、调心性能等对滚动轴承进行分类。

1. 按滚动体种类分类

按滚动体种类的不同,可将轴承分为以下两种。

（1）球轴承。球轴承其滚动体的形状为球体,如图 12-4（a）所示。

（2）滚子轴承。滚子轴承其滚动体的形状为滚子（柱体）,滚子的形状有圆柱形滚子、圆锥形滚子、球面滚子、针形滚子等,如图 12-4（b）～（e）所示。

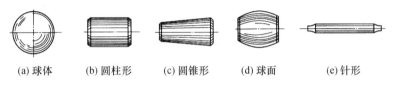

图 12-4　滚动体形状

2. 按其所能承受的载荷方向或公称接触角分类

滚动体与外圈接触处的法线和垂直于轴心线平面的夹角,称为**公称接触角**,如图 12-5 所示。按其所能承受的载荷方向或公称接触角 α 的不同,滚动轴承可分为以下几种。

（1）向心轴承。向心轴承主要承受径向载荷,按公称接触角的大小可分为:

① 径向接触轴承。接触角 α = 0°,有的径向接触轴承只能承受径向载荷,有的还可以同时承受不大的轴向载荷,如图 12-5（a）所示。

② 角接触向心轴承。接触角 0° < α ≤ 45°,可同时承受径向载荷和轴向载荷。承受轴向载荷的能力取决于公称接触角 α 的大小,接触角越大,承受轴向载荷的能力越强,如图 12-5（b）所示。

（2）推力轴承。推力轴承以承受轴向载荷为主,径向载荷为辅。可分为:

① 轴向接触轴承。接触角 α = 90°,只能承受轴向载荷,如图 12-5（c）所示。

② 角接触推力轴承。接触角 45° < α < 90°,这类轴承主要承受轴向载荷,也可以承受较小的径向载荷,如图 12-5（d）所示。

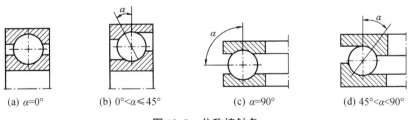

图 12-5　公称接触角

3. 按调心性能分类

按轴承工作时能否调心,可以将滚动轴承分为以下两种。

（1）调心轴承。滚道为球面,能适应两滚道轴心线间的角偏差及角运动。

（2）非调心轴承。能阻抗滚道间轴心线的角偏移。

常用的滚动轴承类型和主要特性如表12-1所示。

表12-1 常用的滚动轴承类型和主要特性

类型及代号	结构图		承载方向	允许偏斜角	主要特性和应用
调心球轴承 10000			↕↔	2°～3°	主要承受径向载荷，也能承受较小的双向轴向载荷。内外圈之间在2°～3°范围内可自动调心
调心滚子轴承 20000			↕↔	0.5°～2°	其性能与调心球轴承类似，但其承载能力和刚性比调心球轴承大
圆锥滚子轴承 30000			↑→	2′	可同时承受径向和单向轴向载荷，外圈可分离，安装时便于调整轴承间隙，一般成对使用
双列深沟球轴承 40000			↕↔	8′～16′	主要承受径向载荷，也能承受一定的双向轴向载荷。高速装置中可代替推力轴承
推力球轴承	单向 51000		↕	不允许	单列可承受单向轴向载荷，双列可承受双向轴向载荷。套圈可分离，极限转速低，不宜用于高速装置中
	双向 52000		↕		
深沟球轴承 60000			↕	8′～16′	主要承受径向载荷，也能承受一定的双向轴向载荷。高速装置中可代替推力轴承，价格低廉，应用最广
角接触球轴承 70000			↕↓	2′～10′	可同时承受径向载荷及单向轴向载荷，接触角α越大，则承受轴向载荷的能力越大。一般成对使用

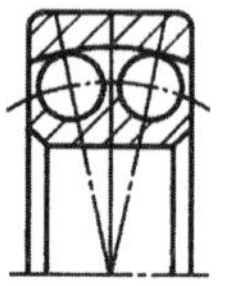

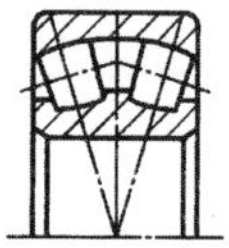

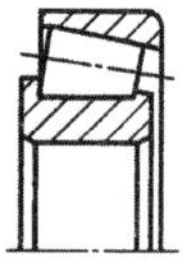

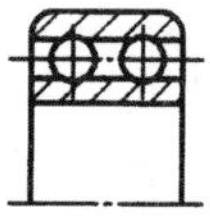

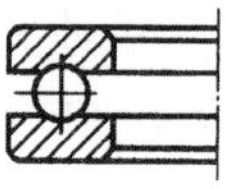

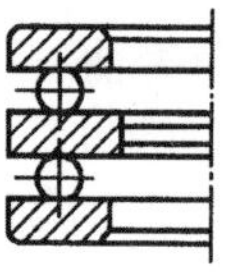

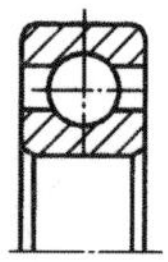

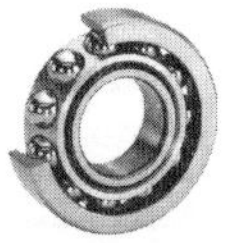

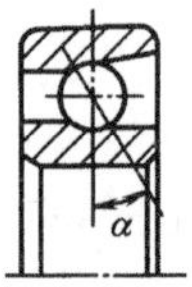

续表

类型及代号	结构图		承载方向	允许偏斜角	主要特性和应用
圆柱滚子轴承 N0000			↑	2′~4′	能承受较大的径向载荷，内外圈允许有一定的相对轴向移动，不能承受轴向载荷，刚性好
滚针轴承 NA0000			↑	不允许	能承受较大的径向载荷，内外圈可分离，不能承受轴向载荷，其径向尺寸较小

三、滚动轴承的代号

《滚动轴承 代号方法》（GB/T 272—2017）规定了滚动轴承代号的表示方法。由于滚动轴承的类型和型号很多，为了轴承制造厂和用户之间交流方便，使用字母加数字来描述滚动轴承的类型、尺寸、公差等级和结构特点。轴承的代号通常都打印在轴承的端面上。

滚动轴承代号由基本代号、前置代号、后置代号组成，如图 12-6 所示。

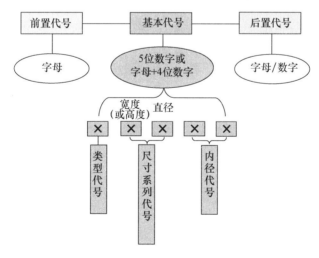

图 12-6 滚动轴承代号的构成

1. 基本代号

基本代号是核心部分，由类型代号、尺寸系列代号和内径代号组成。

（1）类型代号

由阿拉伯数字或大写英文字母表示，位于基本代号的最左边，表 12-1 列出了部分轴承的详细结构与主要特性，表 12-2 为一般滚动轴承的类型代号简表。

表 12-2　一般滚动轴承的类型代号简表

轴承类型	代号	轴承类型	代号
双列角接触球轴承	0	深沟球轴承	6
调心球轴承	1	角接触球轴承	7
调心滚子轴承	2	推力圆柱滚子轴承	8
圆锥滚子轴承	3	圆柱滚子轴承，双列用字母 NN 表示	N
双列深沟球轴承	4	滚针轴承	NA
推力球轴承	5		

注：类型代号为 0 时省去。

（2）尺寸系列代号

尺寸系列代号由轴承的宽度系列代号和直径系列代号组成，各用一位数字表示。

轴承的宽度系列表示内径、外径相同的轴承，配有不同的宽度尺寸系列，轴承宽度系列代号有 8、0、1、2、3、4、5、6，宽度尺寸依次递增。对于推力轴承，配有不同的高度尺寸系列，代号有 7、9、1、2，高度尺寸依次递增。在 GB/T 272—2017 中规定的有些型号中，宽度系列代号被省略。

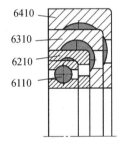

图 12-7　直径系列对比

轴承的直径系列表示内径相同的轴承配有不同的外径尺寸系列。其代号有 7、8、9、0、1、2、3、4、5，外径尺寸依次递增。图 12-7 表示深沟球轴承的不同直径系列代号的对比。

（3）内径代号

内径代号表示滚动轴承的内孔直径，由两位数字表示。轴承内径代号与直径对应表如表 12-3 所示。

表 12-3　轴承内径代号与直径对应表

内径代号	00	01	02	03	04～96
轴承内径/mm	10	12	15	17	代号×5

注：内径为 22 mm、28 mm、32 mm 和大于 500 mm 的滚动轴承，其内径代号直接用内径毫米数表示，但与尺寸系列代号之间用 "/" 分开；内径小于 10 mm 的轴承内径代号表示方法可查阅 GB/T 272—2017。

2. 前置代号和后置代号

前置代号和后置代号是轴承在结构形状、尺寸、公差、技术要求等有改变时，在其基本代号左、右添加的补充代号。

（1）前置代号

前置代号在基本代号的左面，用英文字母表示，表示成套轴承分部件的特点。例如，用字母 L 表示可分离轴承的可分离内圈或外圈；用字母 K 表示滚子和保持架组件等。

（2）后置代号

后置代号在基本代号的右面，用字母（或字母加数字）等表示。后置代号内容很多，下面介绍几种常用的后置代号。

① 内部结构代号用字母表示，紧跟在基本代号后面。例如，当角接触球轴承的接触角 α = 15°、25°、40°时，分别用字母 C、AC、B 表示内部结构的不同，如 7210C、7210AC、7210B。

② 密封、防尘与外部形状变化代号。如"-Z"表示轴承一面有防尘盖，"N"表示轴承外圈上有止动槽，例如 6210-Z、6210 N。

③ 轴承的公差等级代号。轴承的公差等级分为 0、6、6x、5、4、2 六个级别，精度依次从低到高，分别用/P0、/P6、/P6x、/P5、/P4 和/P2 表示。其中 P0 级为普通级，在代号中可省略不标，2 级为最高，6x 级仅用于圆锥滚子轴承。

④ 游隙代号。滚动轴承的**游隙**是指内外圈与滚动体之间存在的沿径向或轴向的移动量。常用轴承的径向游隙有 1、2、0、3、4、5 六个游隙组别，游隙依次由小到大。其中 0 组为基本游隙，省略不标，其余的游隙组别的代号分别为/C1、/C2、/C3、/C4、/C5。当公差等级代号与游隙代号需要同时表示时，可进行简化，取公差等级代号加上游隙组号组合表示，如/P63 表示轴承公差等级为 P6 级，径向游隙为 3 组。

实际应用的滚动轴承类型是很多的，相应的轴承代号也是比较复杂的。以上介绍的代号是滚动轴承代号中最基本、最常用的部分。关于滚动轴承的详细代号的表示方法可查阅 GB/T 272—2017。

【任务训练】

例 12-1 解释滚动轴承 30211、6206、7312C、51410/P6 和 LN205/P63 的代号含义。

30211——表示圆锥滚子轴承，宽度系列代号为 0，直径系列代号为 2，内径为 55 mm，公差等级为普通级，游隙为 0 组。

6206——表示深沟球轴承，宽度系列代号为 0（省略），直径系列代号为 2，轴承内径为 30 mm，公差等级为普通级，游隙为 0 组。

7312C——表示角接触球轴承，宽度系列代号为 0（省略），直径系列代号为 3，轴承内径为 60 mm，公称接触角 α = 15°，公差等级为普通级，游隙为 0 组。

51410/P6——表示推力球轴承，宽度系列代号为 1，直径系列代号为 4，轴承内径为 50 mm，公差等级为 6 级，游隙为 0 组。

LN205/P63——表示圆柱滚子轴承，外圈可分离，宽度系列代号为 0（省略），直径系列代号为 2，内径为 25 mm，公差等级为 6 级，游隙为 3 组。

【任务思考】

轴承的内径代号有什么规律？有些轴承的基本代号不是由 5 位组成的，为什么？

任务 2 滚动轴承选择

【任务要点】

◆ 能够根据工作条件，合理选择轴承类型；

◆ 会根据寿命计算方法来确定滚动轴承的型号。

【任务提出】

请确定图 12-1(b) 所示单级斜齿圆柱齿轮减速器的主动轴、从动轴中滚动轴承的类型、具体型号。

【任务准备】

一、滚动轴承类型的选择

要根据工作载荷条件、轴承的安装、拆卸和成本等方面综合选择滚动轴承的类型。

1. 载荷条件

（1）载荷大小和性质

当载荷小且平稳时，可选球轴承；当载荷大又有冲击时，宜选滚子轴承。

（2）载荷方向

① 承受纯径向载荷时，可选用向心轴承中的径向接触轴承，如 60000、N0000。

② 承受纯轴向载荷时，可选用推力轴承，如 50000。

③ 同时承受径向和轴向载荷且都比较大时，如转速高，宜用 70000，如转速不高，宜用 30000。

④ 当径向载荷比轴向载荷大得多且转速较高时，宜选用向心轴承，如 60000。

⑤ 当轴向载荷比径向载荷大得多且转速不高时，常用推力轴承与向心轴承的组合，如 50000 与 N0000 或 60000 的组合，以分别承受轴向和径向载荷。

2. 转速条件

球轴承的极限转速比滚子轴承高，因此当轴的转速较高时，宜选用球轴承。对于高速、轻载的场合，可选用超轻、特轻或轻系列轴承；对于低速、重载的场合，可选用重、特重系列的轴承。

保持架的材料和结构对轴承选择也有影响。酚醛实体的保持架能承受更高的转速，且噪声也较小。

3. 调心要求

轴工作时，由于径向载荷的作用，轴会发生变形，而且加工和装配过程会造成轴承座孔的平行度误差和同轴度误差，这都会使两支承点上的轴承的内外圈的轴线发生偏斜。若这种偏斜较大，则应选调心轴承，如 10000、20000；若偏斜较小，则可选用允许偏斜较小的刚性轴承。

4. 空间条件

当轴向尺寸受到限制时，宜选用窄或特窄的轴承；当径向尺寸受到限制时，宜选用滚动体较小的轴承；当要求径向尺寸小而径向载荷又很大时，可选用滚针轴承 NA0000。

5. 安装、调整条件

在轴承座不是剖分而必须沿轴向装拆轴承以及需要频繁装拆轴承的机械中，应优先选用内外圈可分离的轴承，如 N0000、30000。

6. 成本条件

一般情况下，球轴承比滚子轴承的价格便宜。同型号轴承，精度越高，价格越昂贵。因此在选择轴承的精度时，不可随意提高轴承的精度。在同尺寸和同精度的轴承中，深沟球轴承的价格最低。各类轴承的性价比可参考有关生产厂家提供的样本及价格。同型号不同精度的轴承比价大约为 P0∶P6∶P5∶P4∶P2≈1∶1.5∶2∶7∶10。如无特殊要求，则应尽量选用普通级精度轴承，只有对旋转精度有较高要求时，才选精度较高的轴承。

此外，轴承类型的选择还可能有其他各种各样的要求，如轴承装置整体设计的要求等，因此要全面分析，选出最合适的滚动轴承。

二、滚动轴承的型号确定

(一) 滚动轴承的失效形式和计算准则

1. 失效形式

由于滚动轴承中的各滚动体与内外圈之间都是滚动摩擦，因此其失效主要发生在各元件的接触面上。失效形式一般有以下三种：

（1）疲劳点蚀

轴承在工作时，滚动体和滚道上各点受到循环接触应力的作用，经过一定的循环次数后，在滚动体或滚道表面将产生局部脱落，即疲劳点蚀。轴承发生点蚀后，会使轴承运转时产生震动、噪声和发热现象，使旋转精度下降，使轴承失去正常的工作能力。疲劳点蚀是滚动轴承的最主要失效形式。

（2）塑性变形

在过大的冲击载荷或静载荷下，滚道或滚动体表面可能由于局部接触应力超过材料的屈服极限而发生塑性变形，出现凹坑或滚动体被压扁使运转精度降低，导致轴承不能正常工作。这种失效形式主要出现在转速极低或摆动的轴承中。

（3）磨损

在开式传动或润滑不良的条件下，滚动体的表面与内外圈滚道的工作面会产生磨料磨损。磨损同样会使轴承的运转效率降低及运转精度下降，最终导致轴承失效。

此外，由于设计、安装以及使用中某些非正常的原因，可能导致轴承元件破裂、保持架损坏、腐蚀等现象，使轴承失效。

2. 设计准则

在确定轴承的尺寸时，应针对轴承的主要失效形式进行必要的计算。计算准则为：

（1）一般转速的轴承，主要失效形式是疲劳点蚀，应进行寿命计算。

（2）低速回转（$n < 10\,\text{r/min}$）的轴承，主要失效形式是塑性变形，应进行静强度计算。

(二) 滚动轴承的寿命计算

1. 基本概念

（1）寿命

轴承工作时，轴承中任一元件首次出现疲劳点蚀前轴承所经历的总转数，或在某一转速下的工作小时数称为**寿命**。

（2）基本额定寿命

一批型号完全相同的轴承，在相同的运转条件下，当10%的轴承发生疲劳点蚀破坏而其余90%的轴承未出现疲劳点蚀破坏时，轴承所能运转的总转数 L_{10}（单位为 10^6 转），或在一定转速下的工作小时数 L_h，称为滚动轴承的**基本额定寿命**。

（3）基本额定动载荷

轴承的基本额定寿命为 $L_{10}=1\times 10^6$ 转时所能承受的最大载荷为轴承的**基本额定动载荷**，用字母 C_r 表示。C_r 值越大，轴承承载能力越强。各种轴承的 C_r 值可查轴承手册。

（4）当量动载荷

滚动轴承的基本额定动载荷 C_r 是在一定的试验条件下确定的，对于向心轴承是指纯径向载荷，对于推力轴承是指纯轴向载荷。实际上，轴承在大多数场合，常常同时承受着径向载荷和轴向载荷的联合作用，因此，在进行轴承计算时，必须把实际载荷换算为与基本额定动载荷条件相一致的载荷，才能和基本额定动载荷相互比较计算。换算后的载荷是一个假想的载荷，称为**当量动载荷**，用 P 表示。在当量载荷 P 作用下，轴承的工作寿命与实际载荷作用下的寿命相同。当量动载荷的计算公式为：

① 只承受径向载荷 F_r 的轴承： $P=F_r$ (12-1)

② 只承受轴向载荷 F_a 的轴承： $P=F_a$ (12-2)

③ 同时承受径向、轴向载荷的轴承： $P=XF_r+YF_a$ (12-3)

式中：P——当量动载荷，N；

F_r——轴承所受的实际径向载荷，N；

F_a——轴承所受的实际轴向载荷，N；

X、Y——径向载荷系数和轴向载荷系数，见表 12-4。

2. 寿命计算公式

根据大量的试验和理论分析，滚动轴承的寿命计算基本公式为

$$L_{10}=\left(\frac{C_r}{P}\right)^{\varepsilon} \quad (12-4)$$

实际计算中习惯用小时数表示，同时考虑温度、载荷性质的影响，式（12-4）可改写成轴承基本额定寿命计算公式（12-5），由此确定轴承的基本额定寿命或型号。

$$L_h=\frac{16\,667}{n}\left(\frac{f_T C_r}{f_p P}\right)^{\varepsilon}\geq [L_h] \quad (12-5)$$

将式（12-5）整理换算得

$$C'=\frac{f_p}{f_T}P\cdot\sqrt[\varepsilon]{\frac{n\cdot[L_h]}{16\,667}}\leq C_r \quad (12-6)$$

式中：f_T——温度系数，查表 12-5；

f_P——载荷系数，查表 12-6；

ε——寿命指数，球轴承 $\varepsilon=3$，滚子轴承 $\varepsilon=10/3$；

$[L_h]$——轴承的预期使用寿命，应根据机械的使用寿命给定，当未给定机械的寿命时，可参考表 12-7 选取。

C'——轴承所需的基本额定动载荷，N。

式（12-5）和式（12-6）分别用于不同的情况。当轴承的型号已定或初步选定，用式（12-5）校核轴承的寿命；型号未确定时，用式（12-6）选择轴承型号。

表 12-4　径向载荷系数 X 和轴向载荷系数 Y

轴承类型		F_a/C_0	e	$F_a/F_r > e$		$F_a/F_r \leq e$	
				X	Y	X	Y
深沟球轴承	60000	0.014	0.19	0.56	2.30	1	0
		0.028	0.22		1.99		
		0.056	0.26		1.71		
		0.084	0.28		1.55		
		0.11	0.30		1.45		
		0.17	0.34		1.31		
		0.28	0.38		1.15		
		0.42	0.42		1.04		
		0.56	0.44		1.00		
角接触球轴承	70000C ($\alpha=15°$)	0.015	0.38	0.44	1.47	1	0
		0.029	0.40		1.40		
		0.058	0.43		1.30		
		0.087	0.46		1.23		
		0.12	0.47		1.19		
		0.17	0.50		1.12		
		0.29	0.55		1.02		
		0.44	0.56		1.00		
		0.58	0.56		1.00		
	70000AC ($\alpha=25°$)	—	0.68	0.41	0.87	1	0
	70000B ($\alpha=40°$)	—	1.14	0.35	0.57	1	0
圆锥滚子轴承			$1.5\tan\alpha$	0.4	$0.4\cot\alpha$	1	0
调心球轴承		—	$1.5\tan\alpha$	0.65	$0.65\cot\alpha$	1	$0.42\cot\alpha$

表 12-5　温度系数 f_T

轴承工作温度/℃	≤100	125	150	175	200	225	250	300
f_T	1	0.95	0.90	0.85	0.80	0.75	0.70	0.60

表 12-6　载荷系数 f_P

载荷性质	无冲击或轻微冲击	中等冲击	强烈冲击
f_P	1.0～1.2	1.2～1.8	1.8～3.0

表 12-7　轴承的预期寿命 $[L_h]$ 的参考值

使用场合	$[L_h]$ /h
不经常使用的仪器和设备	500
短时间或间断使用，中断使用不致引起严重后果，如手动机械、农业机械等	4 000～8 000
当间断使用或中断使用时，会引起严重后果，如升降机、输送机、吊车等	8 000～12 000
每天 8 小时工作的机械，如金属切削机床等	12 000～20 000
24 小时连续工作的机械	40 000～60 000

3. 角接触球轴承与圆锥滚子轴承的轴向载荷 F_a 的计算

（1）内部轴向载荷 S

角接触轴承（30000、70000）在承受纯径向载荷时会产生使轴承内外圈分离的内部轴向载荷 S，其方向沿轴线方向由轴承外圈宽边指向窄边，即指向大开口，如图 12-8 所示，内部轴向载荷 S 的计算式见表 12-8。

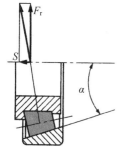

图12-8　内部轴向载荷

表 12-8　角接触轴承的内部轴向载荷 S

轴承类型	角接触球轴承			圆锥滚子轴承
	70000C 型（$\alpha=15°$）	70000AC 型（$\alpha=25°$）	70000B 型（$\alpha=40°$）	
内部轴向载荷 S	eF_r	$0.68F_r$	$1.14F_r$	$F_r/2Y$

注：e、Y 由表 12-4 确定。

为了保证轴承正常工作，角接触轴承通常都是成对使用的，安装时或面对面（窄边相对）或背靠背（宽边相对）。面对面安装时，轴承的内部轴向载荷的方向互相指向对方，又称为**正装**；背靠背安装时，轴承的内部轴向载荷的方向互相背离，又称为**反装**。轴承的两种安装方式如图 12-9 所示，图 12-10 为其示意图。

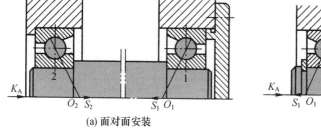

(a) 面对面安装　　　　　　　　　　　　(b) 背靠背安装

图 12-9　轴承的安装方式

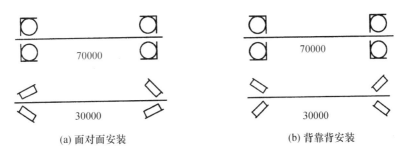

(a) 面对面安装　　　　　　　　(b) 背靠背安装

图 12-10　轴承安装示意

（2）各轴承的轴向载荷 F_a

无论轴承是采用面对面安装还是背靠背安装，各轴承上所受的轴向载荷除与外加轴向力 K_A 有关外，还应考虑内部轴向载荷 S 的影响。其计算步骤如下：

- 确定内部轴向载荷 S 的大小；
- 确定轴的移动趋势；
- 判断"放松"端与"压紧"端；
- 计算各轴承的轴向载荷 F_a。
  - 放松轴承：轴向载荷等于自身内部轴向载荷。
  - 压紧轴承：轴向载荷等于除自身内部轴向载荷以外的所有轴向载荷的代数和。

压紧与放松

【任务训练】

例 12-2　如图 12-11 所示为面对面安装的圆锥滚子轴承，已知外加轴向载荷 $K_A = 5\,000\,\text{N}$，内部轴向力 $S_1 = 4\,000\,\text{N}$，$S_2 = 7\,000\,\text{N}$，求两轴承的轴向载荷 F_{a1}、F_{a2}。

解：由于 $S_1 + K_A = 4\,000 + 5\,000 = 9\,000\,(\text{N}) > S_2$，则轴有向右移动的趋势，所以，轴承 2 被"压紧"，轴承 1 被"放松"。因此

$$F_{a1} = S_1 = 4\,000\,\text{N}$$

图 12-11　例 1 图

$$F_{a2} = S_1 + K_A = 4\,000 + 5\,000 = 9\,000\,(\text{N})$$

例 12-3　有一对 70000AC 轴承面对面安装（如图 12-12 所示），已知外加轴向载荷 $K_A = 700\,\text{N}$，$F_{r1} = 1\,000\,\text{N}$，$F_{r2} = 2\,100\,\text{N}$，求两轴承的轴向载荷 F_{a1}、F_{a2}。

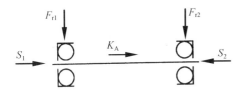

图 12-12　例 2 图

（1）计算内部轴向载荷 S

查表 12-8 可知，$S_1 = 0.68 F_{r1} = 0.68 \times 1\,000 = 680\,(\text{N})$

$S_2 = 0.68 F_{r2} = 0.68 \times 2\,100 = 1\,428\,(\text{N})$

S_1、S_2 方向如图 12-12 所示。

（2）确定轴的移动趋势，判断"放松"与"压紧"

由于 $S_1 + K_A = 680 + 700 = 1\,380\,(\text{N}) < S_2$，则轴有向左移动的趋势，所以，轴承 1 被"压紧"，轴承 2 被"放松"。

(3) 计算各轴承的轴向载荷

$$F_{a1} = S_2 - K_A = 1428 - 700 = 728 \text{ (N)}$$
$$F_{a2} = S_2 = 1428 \text{ N}$$

例 12-4 已知一对面对面安装的角接触球轴承（如图 12-13 所示），轴的转速 $n = 320 \text{ r/min}$，轴颈直径 $d = 40 \text{ mm}$，两轴承的径向载荷分别为 $F_{r1} = 4000 \text{ N}$，$F_{r2} = 2000 \text{ N}$，外加轴向载荷 $K_A = 1600 \text{ N}$，工作有轻微冲击，温度低于 $100°\text{C}$，预期使用寿命 $[L_h] = 12000$ 小时，试确定轴承型号。

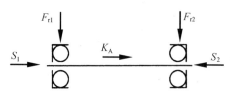

图 12-13 例 3 图

解：(1) 初选轴承型号

根据轴颈直径 $d = 40 \text{ mm}$，试选 7208AC 型轴承，查机械设计手册得 $C_r = 35.2 \text{ kN}$，$C_0 = 24.5 \text{ kN}$。

(2) 计算内部轴向力 S

查表 12-8 可知，$S_1 = 0.68 F_{r1} = 0.68 \times 4000 = 2720 \text{ (N)}$
$S_2 = 0.68 F_{r2} = 0.68 \times 2000 = 1360 \text{ (N)}$

(3) 计算轴承的实际轴向力

由于 $S_1 + K_A = 2720 + 1600 = 4320 \text{ (N)} > S_2$，则轴有向右移动的趋势，所以，轴承 1 被"放松"，轴承 2 被"压紧"。因此

$$F_{a1} = S_1 = 2720 \text{ N}$$
$$F_{a2} = S_1 + K_A = 2720 + 1600 = 4320 \text{ (N)}$$

(4) 计算当量动载荷

查表 12-4，$e = 0.68$，$F_{a1}/F_{r1} = 2720/4000 = 0.68 = e$，$F_{a2}/F_{r2} = 4320/2000 = 2.16 > e$，再查表 12-4 得 $X_1 = 1$，$Y_1 = 0$；$X_2 = 0.41$，$Y_2 = 0.87$

由式 (12-3) 得

$$P_1 = X_1 F_{r1} + Y_1 F_{a1} = 1 \times 4000 + 0 \times 2720 = 4000 \text{ (N)}$$
$$P_2 = X_2 F_{r2} + Y_2 F_{a2} = 0.41 \times 2000 + 0.87 \times 4320 = 4578.4 \text{ (N)}$$

因为 $P_2 > P_1$，故应按轴承 2 进行计算。

(5) 计算轴承所需额定动载荷

查表 12-5 得，$f_T = 1$，查表 12-6 得，$f_P = 1.2$，因是球轴承，故 $\varepsilon = 3$。
代入式 (12-6) 得，

$$C' = \frac{f_P}{f_T} P \cdot \sqrt[\varepsilon]{\frac{n \cdot [L_h]}{16670}} = \frac{1.2}{1} \times 4578.4 \times \sqrt[3]{\frac{320 \times 12000}{16670}} \approx 33678 \text{ (N)} = 33.678 \text{ kN} < C_r$$

故 7208AC 轴承合适。

三、滚动轴承的静强度计算

静强度计算的目的是防止轴承产生过大的塑性变形。对于非低速转动的轴承，若承受的载荷变化较大，则在按寿命计算选择出轴承的型号后，还应进行静强度验算。

1. 当量静载荷

与寿命计算中的当量动载荷 P 相似，在静强度计算时，如果轴承同时承受径向载荷和轴向载荷，也应引入当量静载荷 P_0 进行计算。当量静载荷的计算公式为

$$P_0 = X_0 F_r + Y_0 F_a \qquad (12-7)$$

式中 X_0、Y_0 分别为当量静载荷的径向载荷系数和轴向载荷系数，如表 12-9 所示。

表 12-9 径向载荷系数 X_0 和轴向载荷系数 Y_0

轴承类型		X_0	Y_0
深沟球轴承		0.6	0.5
角接触球轴承	$\alpha = 15°$	0.5	0.46
	$\alpha = 25°$	—	0.38
	$\alpha = 40°$	—	0.26
圆锥滚子轴承		0.5	$0.22\cot\alpha$
推力球轴承		0	1

2. 静强度计算

静强度的计算公式为 $C_0 \geqslant S_0 P_0$，式中 S_0 为静强度安全系数，如表 12-10 所示。

表 12-10 静强度安全系数 S_0

工作条件	S_0
对旋转精度和平稳性要求高或承受强大冲击载荷	1.2～2.5
一般工作精度和轻微冲击	0.8～1.2
对旋转精度和平稳性要求低，没有冲击和振动	0.5～0.8

【任务思考】

在图 12-1 所示的单级斜齿圆柱齿轮减速器中，应选择什么类型的轴承？在进行型号计算时，轴承承受哪些方向的载荷？轴承型号依据什么公式计算确定？

任务 3 滚动轴承组合设计

【任务要点】

◆ 能综合考虑安装、调整、配合、拆卸、紧固、润滑及密封等多方面因素，合理进行滚动轴承的组合设计。

【任务提出】

在图 12-1（b）所示的减速器中，轴上装有齿轮、轴承等，在使用过程中，要保证装拆方便，确保零件在轴上有确定的位置，同时当轴在工作过程中有伸长时能够进行调整，并考虑轴承的润滑和密封，那么，如何进行组合设计呢？

【任务准备】

滚动轴承与支承它的轴、轴承座等周围零件之间的整体关系称为**轴承的组合**。为了保证滚动轴承正常工作，除了合理地选择轴承类型和尺寸外，还必须合理地进行轴承组合设计。轴承组合设计主要是正确解决轴承的装拆、紧固、调整、配合、润滑、密封等问题。

一、滚动轴承内圈、外圈的轴向固定

轴承内圈的一端通常以轴肩作为轴向固定，如另一端需固定，常采用轴肩、弹性挡圈、轴端挡圈、圆螺母等，如图12-14（a）所示。

轴承外圈在轴承孔中常采用轴承孔的端面、弹性挡圈、轴承盖等结构固定，如图12-14（b）所示。

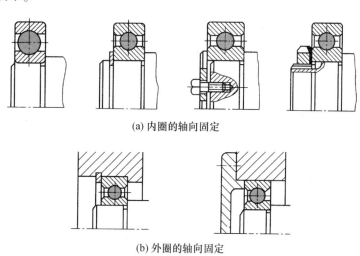

(a) 内圈的轴向固定

(b) 外圈的轴向固定

图12-14 单个轴承内圈、外圈的轴向固定

二、轴系的轴向固定

为了使轴、轴承和轴上零件相对于机座保持正确的位置，防止轴系的轴向窜动，除轴承必须进行轴向固定外，还要从整个结构上保证在承受载荷和工作温度变化时，轴系能自由伸缩，防止轴受热膨胀而卡死。常用的方式如下：

1. 两端单向固定

在轴的两个支点上，使每个支点都能限制轴的单方向轴向移动，两个支点合起来就限制了轴的双向移动，这种固定方式称为**两端单向固定**，是最常见的固定方式。

图12-15是采用两个深沟球轴承进行两端单向固定的支承结构，分别靠两端轴承盖顶住轴承外圈。其中一个支承处轴承外圈与轴承座采用较松的配合，且外圈端面和轴承端盖间留有适当的空隙c（一般取0.2～0.3 mm），以使轴受热伸长时，轴承不致被"顶死"。

这种类型的支承适用于工作温度不高且长度较短的轴的支承。

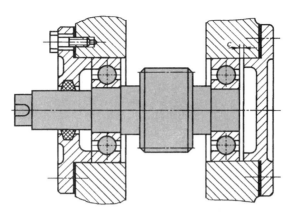

图 12-15　两端单向固定

2. 一端双向固定、一端游动

一个支点限制轴的双向轴向移动，称为**固定支承**；另一个支点使轴承可以沿轴向移动，称为**游动支承**。

图 12-16 所示是采用两个深沟球轴承的支承方式。左支承轴承为双向固定，右支承轴承可以沿轴向移动。为此，游动端轴承的外圈与轴承座孔应采用间隙配合，轴承外圈端面与轴承盖端面之间也应留有较大的间隙 c（一般为 3～8 mm），以满足轴向游动的需要。

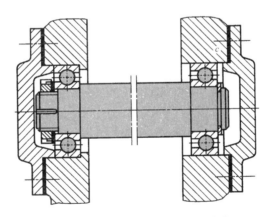

图 12-16　一端双向固定、一端游动

这种支承方式运转精度较高，对各种条件的适应性强，因此在各种机床主轴、工作温度较高的蜗杆轴及跨距较大的长轴支承中得到广泛的应用。

3. 两端游动式

两个支承端轴承的外圈两边都留有一定的间隙或轴承的内、外圈可以作相对轴向移动，因而该种支承类型属于游动支承。

图 12-17 所示为人字齿轮传动中的主动轴，两端都采用圆柱滚子轴承支承，两轴承的外圈双向固定于轴承孔中，轴承的内圈固定于轴上，轴承内圈及滚子可随轴作双向移动，轴的轴向位置由与该人字齿轮相啮合的另一个人字齿轮的轴向位置确定。

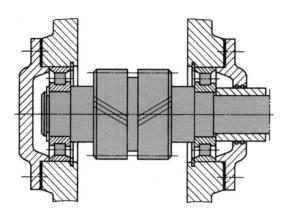

图 12-17 两端游动支承

三、滚动轴承组合的调整

1. 轴向间隙的调整

在两端单向固定支承和一端固定一端游动支承中,为补偿轴受热以后的伸长,保证轴承不致卡死,在设计时,应使轴承端面和轴承端盖之间留有一定的间隙。通常采用以下调整措施。

(1) 调整垫片：增减轴承端盖与机座结合面之间的垫片厚度,如图 12-18(a) 所示。

(2) 调整环：增减轴承端面和压盖间的调整环的厚度,如图 12-18(b) 所示。

(3) 可调压盖：用螺钉调节可调压盖（调节杯）的轴向位置,如图 12-18(c) 所示。

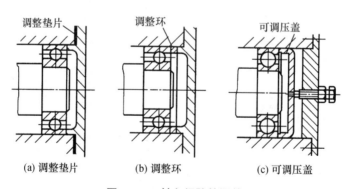

(a) 调整垫片　　(b) 调整环　　(c) 可调压盖

图 12-18 轴向间隙的调整

2. 轴系位置的调整

为了保证轴上零件获得正确的位置,必要时需调整整个轴系的轴向位置,通常用垫片调整。图 12-19(a) 中的蜗杆传动要求蜗轮的主平面通过蜗杆轴线；图 12-19(b) 中的两锥齿轮传动要求两锥齿轮的节锥顶点重合；图 12-19(c) 所示是一锥齿轮传动轴的结构,增减套杯与机座间的垫片 1 的厚度可调整轴系的轴向位置。

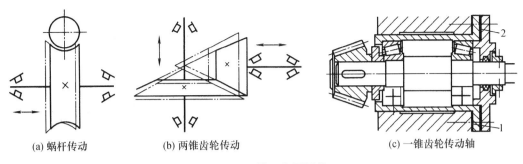

(a) 蜗杆传动　　　(b) 两锥齿轮传动　　　(c) 一锥齿轮传动轴

图 12-19　轴系位置调整

3. 滚动轴承的预紧

滚动轴承的预紧是指在滚动轴承未工作时，对轴承采用某种措施，使其内外圈和滚动体上保持一定的预加轴向或径向载荷，以消除轴承游隙，并使滚动体和内外套圈之间产生预变形。其目的是增加轴承刚度，减小轴承工作时的震动，提高轴承的旋转精度。常用的预紧方法是在轴承的内（或外）套圈之间加一金属垫片［见图 12-20（a）］、磨窄某一套圈并加预紧力［见图 12-20（b）］等。

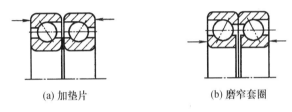

(a) 加垫片　　　　　　(b) 磨窄套圈

图 12-20　轴承的预紧

四、滚动轴承的配合

滚动轴承的配合是指轴承内圈与轴颈、外圈与轴承座孔的配合。因为滚动轴承已经标准化，通常轴承内孔与轴颈的配合采用基孔制，轴承外圈与轴承座孔的配合采用基轴制。一般来说，转动圈（通常是内圈与轴一起转动）的转速越高，载荷越大，工作温度越高，则内圈与轴颈应采用过盈配合；而外圈与座孔间（特别是需要作轴向游动或经常装拆的场合）常采用间隙配合。轴颈公差带常取 n6、m6、k6、js6 等，座孔的公差带常取 J7、J6、H7 和 G7 等，具体选择可参考有关的机械设计手册或轴承手册。

五、滚动轴承的安装与拆卸

设计轴的结构时，需考虑滚动轴承的安装与拆卸问题，以便在装拆时不损坏轴承和其他零部件。在装拆时，要求滚动体不受力，装拆力要对称或均匀地作用在套圈的端面上。

1. 轴承的安装

如图 12-21 所示，用专用压套，再通过铜锤轻打或压力机压入的方法；也可以将轴承加热至 80～100°C，其内径热胀冷缩增大后立即安装在轴颈上。

2. 轴承的拆卸

滚动轴承的拆卸可用压力机或拆卸器拆卸，拆卸器如图 12-22 所示。用拆卸器拆卸滚动轴承时，需使其钩头钩住轴承内圈端面，所以轴颈处的轴肩高度不能过大，拆卸轴承所需的轴肩高度可参阅机械设计手册或滚动轴承手册。

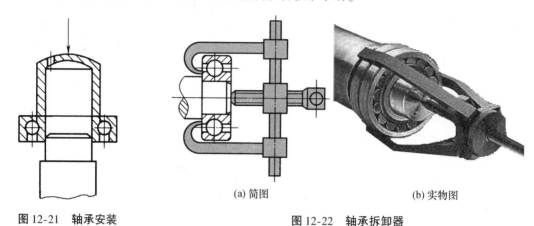

图 12-21 轴承安装

(a) 简图　　　　　　　　(b) 实物图

图 12-22 轴承拆卸器

六、滚动轴承的润滑与密封

1. 滚动轴承的润滑

滚动轴承润滑的主要目的是减少摩擦与磨损，同时也有吸震、冷却、防锈和降低噪声等作用。

常用的润滑剂有润滑油和润滑脂两种，一般高速时采用油润滑，低速时采用脂润滑，某些特殊情况下采用固体润滑剂。润滑方式可根据轴承的 dn 值来确定。d 为轴承内径（mm），n 为轴承转速（r/min），如表 12-11 所示，可在选择润滑方式时作为参考。

表 12-11　滚动轴承润滑方式的 dn 值界限（单位：10^4 mm·r/min）

轴承类型	脂润滑	油润滑			
		油浴	滴油	循环油（喷油）	油雾
深沟球轴承	16	25	40	60	>60
调心球轴承	16	25	40	—	—
角接触球轴承	16	25	40	60	>60
圆柱滚子轴承	12	25	40	60	>60
圆锥滚子轴承	10	16	23	30	—
调心滚子轴承	8	12	—	25	—
推力球轴承	4	6	12	15	—

脂润滑能承受较大的载荷，且润滑脂不易流失，结构简单，便于密封和维护。润滑脂常常采用人工方式定期更换，其加入量一般应是轴承内空隙容积的 1/3～1/2。

油润滑的摩擦阻力小、润滑和散热效果均较好，但润滑油易于流失，主要用于速度较高或工作温度较高的轴承。常用的润滑方式有油浴润滑、滴油润滑、喷油润滑等。有关润滑剂的选择可查有关设计手册。

2. 滚动轴承的密封

滚动轴承密封的目的是防止外界灰尘、水分、杂物等进入轴承，并阻止润滑剂流失，常用的密封方法可分：

（1）接触式密封

接触式密封常用的有毛毡圈密封、唇形密封圈密封等，如图12-23所示。毛毡圈密封是将工业毛毡制成的环片嵌入轴承端盖上的梯形槽内，与转轴间摩擦接触，其结构简单、价格低廉，但毛毡圈易磨损，常用于工作温度及转速均不高的脂润滑场合。唇形密封圈是由专业厂家供货的标准件，有多种不同的结构和尺寸，广泛用于油润滑和脂润滑场合，密封效果好，但在高速时易发热。

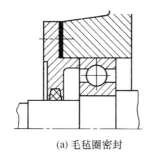 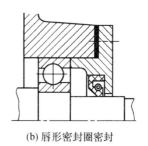

(a) 毛毡圈密封　　　(b) 唇形密封圈密封

图 12-23　接触式密封

（2）非接触式密封

高速时多采用与转轴无直接接触的非接触式密封，以减少摩擦功耗和发热。非接触式密封常用的有油沟式密封、迷宫式密封等结构，如图12-24所示。油沟式密封结构需要在油沟内填充润滑脂密封，其结构简单。迷宫式密封结构，适于高速场合。

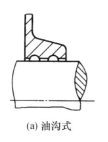 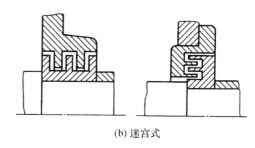

(a) 油沟式　　　　　　　　(b) 迷宫式

图 12-24　非接触式密封

【任务思考】

在单级圆柱齿轮减速器中，高速轴上一般为齿轮轴，其上装有带轮，低速轴上装有齿轮与联轴器，两轴的结构有所区别，那么，在考虑轴系组合结构时，有什么不同？

任务 4　认识滑动轴承

【任务要点】

◆ 掌握滑动轴承的结构组成及常用材料。

【任务提出】

在有些不能使用滚动轴承的场合，必须使用滑动轴承，那么与滚动轴承相比，滑动轴承的结构组成有什么特点？如何根据实际工作条件选择滑动轴承呢？

【任务准备】

工作时轴承和轴颈间形成滑动摩擦的轴承，称为**滑动轴承**。由于滑动轴承具有一些独特的优点，使得它在某些场合占有重要的地位。滑动轴承主要应用于滚动轴承难以满足工作要求的场合，如工作转速较高的场合；要求对轴的支承位置特别精确的场合；特重型载荷的场合；承受巨大冲击和振动载荷的场合；根据装配要求必须做成剖分式结构（如曲轴中的轴承）的场合；在特殊的条件下（如在水中或腐蚀性的介质中）工作的场合；在安装轴承径向空间尺寸受限制的场合。因此，滑动轴承在金属切削机床、内燃机、水轮机及家用电器中应用广泛。

一、滑动轴承的类型

按照承受载荷的方向，滑动轴承分为：

（1）向心滑动轴承，用于承受径向载荷；

（2）推力滑动轴承，用于承受轴向载荷。

二、滑动轴承的结构

1. 向心滑动轴承

向心滑动轴承按结构的不同可分为整体式和剖分式两种。

（1）整体式

如图 12-25 所示，整体式向心滑动轴承由轴承座、轴套等组成，安装时用螺栓连接在机架上。这种轴承结构形式较多，大都已经标准化。

整体式滑动轴承

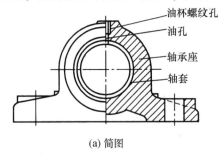

(a) 简图

(b) 实物图

图 12-25　整体式向心滑动轴承

这种轴承的优点是结构简单，制造容易，成本低；缺点是轴在安装时，只能沿轴向装入，安装和维修不方便，且轴套磨损后不能调整间隙，只能更换轴套。常用于低速、轻载且不需要经常装拆的场合。

（2）剖分式

如图12-26所示，剖分式向心滑动轴承由轴承座、轴承盖、剖分轴瓦、连接件等组成。为使轴承座、盖很好地对中，在剖分面上通常做出阶梯形的定位止口，以便安装时定位。还可在剖分面间放置调整垫片，以便安装或磨损时调整轴承间隙。

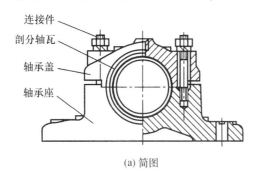

(a) 简图　　　　　　　　　　　(b) 实物图

图 12-26　剖分式向心滑动轴承

剖分式滑动轴承

这种轴承装拆和调整间隙均较方便，克服了整体式轴承的缺点，当轴瓦磨损后，适当调整垫片，并进行刮瓦，就可调节轴颈与轴承的间隙，因此应用广泛。

2. 推力滑动轴承

推力滑动轴承用于承载轴向载荷，按推力轴颈支承面的不同，常见的结构有实心式、空心式、单环式和多环式，如图12-27所示。

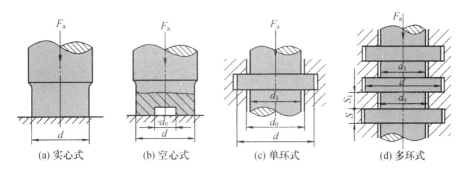

(a) 实心式　　　(b) 空心式　　　(c) 单环式　　　(d) 多环式

图 12-27　推力滑动轴承

实心式端面止推轴颈由于工作时轴心与边缘磨损不均匀，以致轴心部分压强较高，所以很少采用。空心式和单环式工作情况较好，载荷较大时，可采用多环轴颈。

三、轴瓦（轴套）的结构

轴瓦（轴套）是滑动轴承中直接与轴颈接触的部分，其滑动表面既是承载面又是摩擦面，是滑动轴承中最重要的零件，其结构的合理性对轴承性能有直接影响。

1. 轴瓦（轴套）类型

常用的轴瓦有整体式和剖分式两种结构。

（1）整体式

整体式轴承采用整体式轴瓦，整体式轴瓦是套筒形，又称为轴套，如图 12-28（a）所示。

（2）剖分式

剖分式轴承采用剖分式轴瓦，如图 12-28（b）所示。剖分式轴瓦有承载区和非承载区，一般载荷向下，故上轴瓦为非承载区，下轴瓦为承载区。

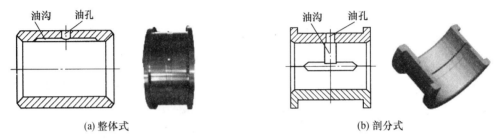

图 12-28　轴瓦类型

2. 油孔、油沟

为了将润滑油导入轴承的工作表面，还需在轴瓦上开油孔和油沟，如图 12-28 所示。油孔用来供油，油沟用于输送和分布润滑区。在剖分式轴承中，润滑油应由非承载区进入，以免破坏承载区润滑油膜的连续性，降低轴承的承载能力。

图 12-29 为常见的油沟形式，在轴瓦内表面，以进油口为对称位置，沿轴向、径向或斜向开有油沟，油经油沟分布到整个轴颈。油沟离轴瓦两端应有一定距离，不能开通，以减少端部泄油。

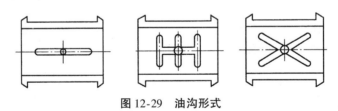

图 12-29　油沟形式

四、轴瓦的材料

为了提高承载能力和节省贵重材料，常在轴瓦的工作表面增加一层耐磨性好的材料，称为**轴承衬**，厚度为 0.5～6 mm，形成双材料轴瓦，轴瓦和轴承衬的材料统称为**轴瓦材料**。为了使轴承衬与轴瓦结合牢固，可在轴瓦内表面开设一些沟槽，图 12-30（a）所示沟槽用于钢制轴瓦，图 12-30（b）所示沟槽用于青铜轴瓦。常用的轴瓦材料有以下几种：

（1）轴承合金

轴承合金又称轴瓦合金常用的轴承合金有锡锑和铅锑轴承合金两种，它们的减摩性、抗胶合性和塑性好，但强度低、价格贵。

（2）青铜

青铜的强度高，承载能力大，导热性好，可在较高温度下工作，但塑性差，不易磨合。

（3）粉末冶金（含油轴承）

粉末冶金用金属粉末烧结而成，具有多孔性组织，孔隙中能吸储大量润滑油。在工作时，孔隙中的润滑油通过轴转动的抽吸和受热膨胀的作用，能自动进入滑动表面起润滑作用。当轴停止运转时，油又自动吸回孔隙中被储存起来，故又称为**含油轴承**。粉末冶金材料的价格低廉，耐磨性好，但韧性差。

（4）非金属材料

用作轴瓦的非金属材料主要有塑料、硬木、橡胶等，其中塑料的应用最广。塑料的优点是耐磨、耐腐蚀、摩擦系数小，具有良好的吸振和自润滑性能；缺点是承载能力低，热变形大，导热性和尺寸稳定性差。

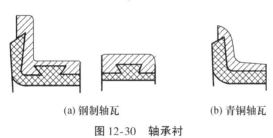

(a) 钢制轴瓦　　　　(b) 青铜轴瓦

图12-30　轴承衬

【任务思考】

选用滑动轴承时，要先分析轴上承受载荷的方向及安装情况，如果将图12-1(b)中的轴承换成滑动轴承，那么应该选择什么结构的轴承？是采用向心轴承还是推力轴承？其轴瓦的结构如何？

拓展阅读：通用轴承代号构成比较

世界上较具代表性的公司的轴承代号构成，如表12-12、表12-13、表12-14所示，这类轴承代号在国际上应用较普遍。目前各轴承公司采用与瑞典斯凯孚公司（SKF）相似的代号系统，虽然略有区别，但基本是由前置代号、基本代号、后置代号组成。

SKF轴承代号系统的特点是系统性强，代号直观，基本代号确定后，在内部结构改变、套圈形状改变时，用加后缀的方法确定代号。最大特点是通用性好，为世界所熟悉，并为各国所接受。关于各国知名轴承公司的轴承代号对照表可查阅相关机械设计手册。

表12-12　瑞典斯凯孚（SKF）轴承代号构成

前置代号	基本代号			后置代号								
轴承部件	类型	尺寸系列	内径	内部设计	外部设计	保持架	公差等级	内部游隙	特殊技术要求	轴承配置	热处理	润滑剂	其他特性

表 12-13　德国舍弗勒（FAG）公司轴承代号构成

前置代号	基本代号			后置代号									
轴承零件	类型	尺寸系列	内径	内部结构	外形尺寸和结构	密封	保持架	公差等级	内部游隙	热处理	特殊技术条件	成对安装	润滑	包装

表 12-14　日本精工株式会社（NSK）轴承代号构成

前置代号	基本代号				后置代号								
特定轴承	类型	尺寸系列	内径	接触角	内部结构	轴承材料	保持架	密封	套圈形式	组合形式	游隙	公差等级	特殊规格	其他

任务实施——轴承识别与轴系结构设计

特别提示：任务实施不单独安排课时，而是穿插在任务 1～3 中进行，按理论实践一体化实施。

任务实施 1　轴承识别

一、训练目的

认识轴系常用零件，识别轴承代号。

二、实训设备及用具

组合式轴系结构设计实验箱（见图 11-31）。

三、实训内容及步骤

1. 识别轴承的类型

找出实验箱中的轴承，识别类型，能说出类型名称。

2. 解释轴承代号

根据轴承的端面上的代号，能解释代号所表示的含义。

任务实施 2　轴系结构组合设计

一、训练目的

熟悉并掌握轴系结构设计中有关轴的结构设计、滚动轴承组合设计的基本方法。

二、实训设备及用具

（1）组合式轴系结构设计实验箱；
（2）测量工具一套。

三、实训内容及步骤

（1）从轴系结构设计实验方案表中选择实验方案号。
（2）构思轴系结构设计方案。
① 根据齿轮类型和载荷情况选择滚动轴承类型及型号；
② 确定轴的支承的轴向固定方式（如：两端单向固定；一端固定，一端游动；两端游动等）；
③ 确定轴承的润滑方式（脂润滑或油润滑）；
④ 选择轴承端盖形式（凸缘式、嵌入式），并考虑透盖处密封方式（毡圈、橡胶圈、皮碗、油沟等）。
（3）根据实验方案规定的设计条件确定需要哪些轴上零件。
（4）绘出轴系结构设计装配草图。
（5）从实验箱中选取合适的零件组装轴系部件。
（6）根据轴系结构设计装配草图，选择相应的零件实物，按装配工艺要求顺序装到轴上，完成轴系结构设计。
（7）检查轴系结构设计是否合理，并对不合理的结构进行修改。
（8）将所有零件放入实验箱内，排列整齐（要求能够盖好箱盖），工具放回原处。
（9）在实验报告上按比例完成轴系结构设计装配图。

知识巩固

一、选择题

（1）下面的_____是调心轴承。
　　A．20000　　　　　　　　　　B．30000
　　C．60000　　　　　　　　　　D．51000
（2）滚动轴承的最高级精度是_____。
　　A．/P2　　　　　　　　　　　B．/P5
　　C．/P0　　　　　　　　　　　D．/P6
（3）向心推力轴承7208AC的接触角是_____度。
　　A．25　　　　　　　　　　　　B．40
　　C．15
（4）角接触球轴承所能承受轴向载荷的能力取决于_____。
　　A．轴承的宽度　　　　　　　　B．接触角的大小
　　C．轴承精度　　　　　　　　　D．滚动体的数目
（5）滚动轴承在安装过程中应留有一定轴向间隙，目的是_____。
　　A．装配方便　　　　　　　　　B．拆卸方便
　　C．散热　　　　　　　　　　　D．受热后轴可以自由伸长

(6) 设计滚动轴承组合时，对跨距很长、温度变化很大的轴，考虑轴受热后有限的伸长量，应_____。
A. 将一个支点上的轴承设计成可游动的 B. 采用内部间隙可调整的轴承
C. 轴颈与轴承内圈采用很松的配合 D. 轴系采用两端单向固定的结构

(7) 有一根只用来传递转矩的轴用三个支点支承在水泥基础上，它的三个支点的轴承应选用_____。
A. 深沟球轴承 B. 调心滚子轴承
C. 圆锥滚子轴承 D. 圆柱滚子轴承

(8) 在下面的轴承中，具有调心性能的是_____，只能承受轴向载荷的是_____，能同时承受较大的径向与轴向载荷的是_____。
A. 21205 B. 31205
C. 61205 D. 51205

二、判断题

(1) 推力滚动轴承主要承受径向载荷。（　　）
(2) 滚动轴承的计算额定寿命也就是它的实际寿命。（　　）
(3) 滚动轴承承受的总轴向载荷等于自身的附加轴向载荷。（　　）
(4) 滚动轴承内圈在轴上常不进行轴向固定。（　　）
(5) 滚动轴承内圈与轴常选间隙配合，外圈与座孔常选过盈配合。（　　）
(6) 在径向载荷作用下，角接触球轴承和圆锥滚子轴承有内部轴向载荷。（　　）
(7) 两端单向固定的滚动轴承支承适用于温升较高且轴的两支承距离较远的场合。（　　）
(8) 相同尺寸的滚子轴承的承载能力大于球轴承的承载能力。（　　）

三、综合应用题

(1) 解释轴承 30206、70208AC 代号的含义。

(2) 已知一对面对面安装的角接触轴承 1 和 2，其内部轴向载荷 $S_1 = 6\,000\,\text{N}$，$S_2 = 3\,000\,\text{N}$，作用于轴上的外加轴向载荷 $K_A = 4\,000\,\text{N}$，且其方向与轴承 2 的内部轴向载荷的方向相同，试计算两轴承的轴向载荷 F_{a1}、F_{a2}。

(3) 某减速器选用深沟球轴承，已知轴颈直径 $d = 40\,\text{mm}$，轴的转速 $n = 2\,500\,\text{r/min}$，两轴承的径向载荷分别为 $F_{r1} = F_{r2} = 2\,000\,\text{N}$，外加轴向力 $K_A = 500\,\text{N}$，温度低于 $100\,°\text{C}$，预期使用寿命 $= 5\,000\,\text{h}$，试确定轴承型号。

子项目 13　连接件选用

▶ **学习目标**

知识目标：
☆ 掌握螺纹连接、轴毂连接、轴间连接的应用场合及特点；
☆ 掌握常用键连接的选择、验算和设计方法；
☆ 了解销连接的应用场合。

能力目标：
☆ 能够根据连接的结构合理地选择螺纹连接的类型；
☆ 能够正确选择键连接的类型及参数；
☆ 能够根据轴间连接的情况合理地选用联轴器。

在设计零部件之间的连接时，既要具备高度的工程伦理意识，注重产品的质量和安全性，使得连接可靠，也要树立环保意识，使得连接在产品生命周期里循环拆卸、可再利用，减少对环境的污染和不必要的浪费。

▶ **案例引入**

在机械设备中，零件与零件之间、部件与部件之间都需要可靠的连接才能保证机器的正常工作。

图 13-1 所示为减速器的部分连接件。螺纹零件用于连接减速器箱盖与箱座、减速器与轴承盖、箱盖与吊环、箱座与放油螺塞、箱座与地基之间等。键连接将轴与轴毂连接在一起，如图中用键将轴与齿轮连接在一起。联轴器能将减速器的输出轴与工作机的输入轴连接在一起。

零部件之间的连接有多种形式，主要有**可拆连接**和**不可拆连接**。可拆连接在拆卸时不会损坏连接件和被连接件，如图 13-1 中的螺纹连接、键连接等；不可拆连接在拆卸时要损坏连接件或被连接件，如焊接、铆接等。图 13-2 所示为部分连接件，这里主要结合减速器，学会选用较常用的螺纹连接、键连接、销连接、联轴器等可拆连接件。

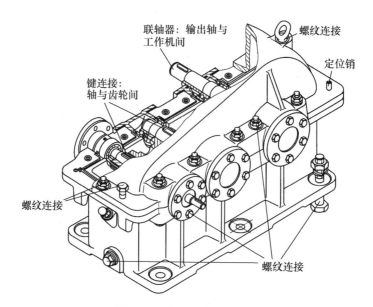

图 13-1　减速器中的连接件

图 13-2　部分连接件

▶ 任务框架

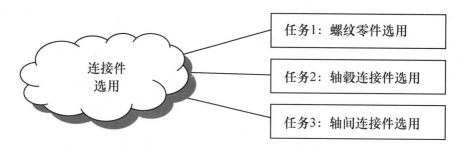

任务1　螺纹零件选用

【任务要点】

◆ 掌握螺纹连接的类型、应用场合及防松方法；
◆ 能根据工作要求选择螺纹连接的结构。

【任务提出】

在图13-1所示的减速器中，有多个部位用到螺纹连接件，请选择螺纹的连接形式，每一种螺纹连接用到哪些标准连接件，并确定螺纹零件的规格。

【任务准备】

一、螺纹的参数和分类

1. 螺旋线、螺纹的形成

直角三角形的一直角边与直径为 d_2 的圆柱的底边相重合，三角形的斜边在圆柱表面上将形成一条螺旋线，如图13-3所示。用不同截面形状的刀具沿着螺旋线加工，便能加工出不同形状的螺纹。

2. 螺纹的分类

按照螺纹所在的表面不同可分为**外螺纹**和**内螺纹**，它们共同组成螺纹副。

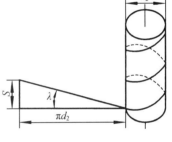

图13-3　螺纹的形成

按螺纹旋向可分为**右旋螺纹**和**左旋螺纹**，如图13-4所示，最常用的为右旋螺纹，只有在某些特殊场合时才采用左旋螺纹，并特别注明。

按螺纹线数，可分为**单线螺纹**和**多线螺纹**，如图13-5所示。由于制造上的原因，一般螺纹线数 $n \leqslant 4$。单线螺纹自锁性好，常用于连接。多线螺纹传动效率高，常用于传动。

(a) 左旋　　(b) 右旋

图13-4　螺纹的旋向

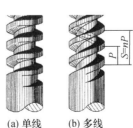

(a) 单线　　(b) 多线

图13-5　螺纹的线数

按照螺纹用途不同，可将螺纹分为**连接用螺纹**和**传动用螺纹**两大类。

按照螺纹牙型可分为**普通螺纹**（$\alpha = 60°$）、**管螺纹**（$\alpha = 55°$）、**矩形螺纹**（$\alpha = 0°$）、**梯形螺纹**（$\alpha = 30°$）和**锯齿形螺纹**（$\beta_1 = 3°$、$\beta_2 = 30°$）。普通螺纹和管螺纹，主要用于连接；矩形螺纹、梯形螺纹和锯齿形螺纹主要用于传动。

普通螺纹根据其螺距不同，分为**粗牙螺纹**、**细牙螺纹**，同一直径中，螺距最大的螺纹为粗牙螺纹，其余均为细牙螺纹。粗牙螺纹用于一般连接，细牙螺纹因自锁性好，强度高，一般用于精密或薄壁零件的连接。

管螺纹主要用于水、煤气、润滑管路系统等有密封性要求的连接。

传动螺纹主要用来传递运动和动力，其中梯形螺纹是最常用的一种传动螺纹。

3. 螺纹的主要参数

如图 13-6 所示，以外螺纹为例，螺纹的主要参数如下：

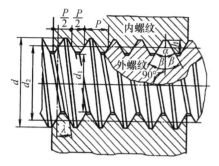

图 13-6 螺纹的主要参数

螺纹主要参数

（1）大径 d——与螺纹牙顶重合的假想圆柱体直径，一般规定为螺纹的公称直径，内螺纹的大径用 D 表示。

（2）小径 d_1——与螺纹牙底重合的假想圆柱体直径，强度计算时作为危险面的计算直径，内螺纹的小径用 D_1 表示。

（3）中径 d_2——表示螺纹牙宽度和牙槽宽度相等处的假想圆柱体直径，是螺纹几何尺寸计算的直径，内螺纹的中径用 D_2 表示。

（4）螺距 P——表示在中径上，相邻两螺纹牙同侧齿廓之间的轴向距离。

（5）导程 S——表示同一条螺旋线上相邻两螺纹牙之间的轴向距离，$S = nP$，见图 13-5。

（6）螺纹升角 λ——是指在中径 d_2 的圆柱上，螺旋线的切线与螺纹轴线的垂直平面间的夹角，如图 13-3 所示，$\tan\lambda = S/\pi d_2$。

（7）牙形角 α、牙型侧角 β——在螺纹轴向剖面内螺纹牙形两侧边的夹角称为**牙型角**，用 α 表示。若牙型不对称，则螺纹牙的单侧面与垂直于螺纹轴线截面的夹角，称为**牙型侧角**，用 β 表示。牙型角 α 越大，自锁性越好；α 越小，传动效率越高。

二、螺纹连接的类型和选择

1. 螺纹连接的类型

螺纹连接的类型较多，主要有螺栓连接、双头螺柱连接、螺钉连接及紧定螺钉连接，见表 13-1，工作时要根据被连接件的结构特点和工作特性进行合理选择。

表 13-1 螺纹连接的类型和应用场合

螺纹连接的类型

类型		结构	外观	特点及应用
螺栓连接	普通螺栓	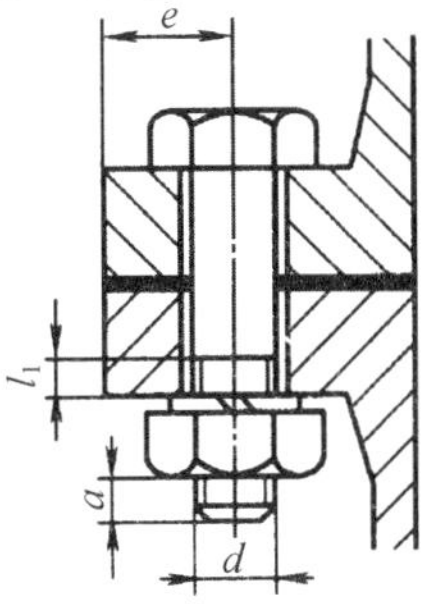	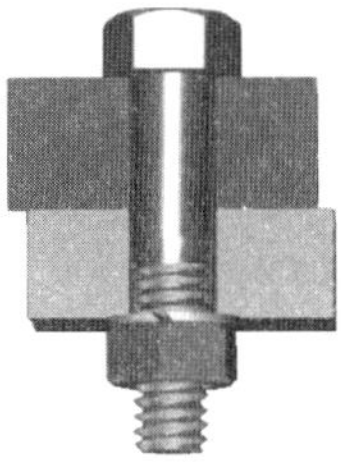	被连接件上均加工成通孔，不需切制螺纹，且在螺栓与被连接件的通孔之间留有间隙。 因加工方便且精度低，结构简单，装拆方便，应用较为广泛。 一般用于被连接件的两个零件厚度不大，且容易钻出通孔，并能从两边进行装配的场合
	铰制孔螺栓	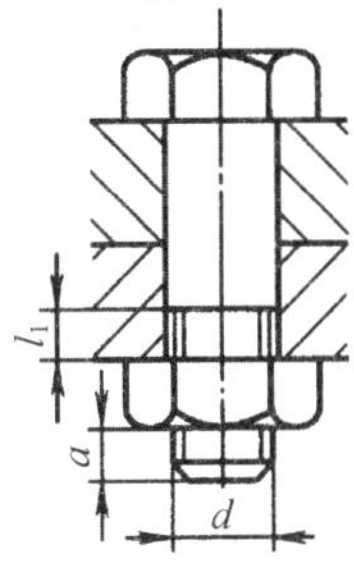	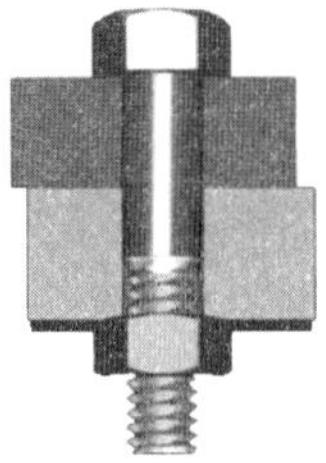	螺栓杆与螺栓孔之间间隙很小，对孔的加工精度要求较高。 用于承受横向载荷，或者需要精确固定被连接件位置的场合
双头螺柱连接		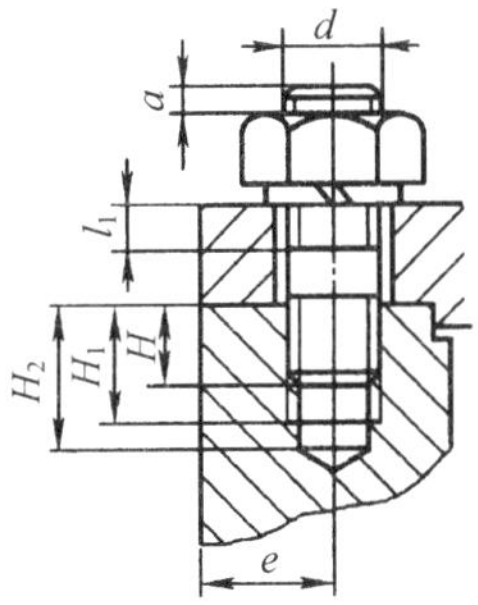		较薄的被连接件加工成通孔，较厚的被连接件制成螺纹孔。双头螺柱的一端旋紧在被连接件的螺纹孔中，另一端与螺母旋合而将两被连接件旋紧。 用于被连接件的两个零件之一较薄，且另一零件较厚不能钻成通孔。采用这种连接允许多次拆卸而不会损坏被连接件上的螺纹孔
螺钉连接		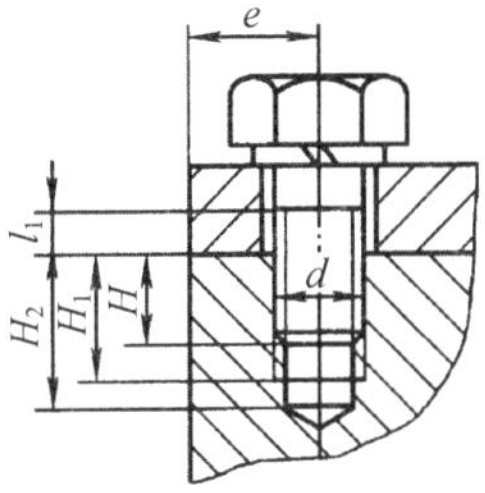		螺钉穿过较薄被连接件的通孔，直接旋入较厚被接连接件的螺纹孔中，不用螺母，需要拧紧螺钉。 大多用于被连接件的两个零件之一较厚、受力不大且不经常拆卸的场合
紧定螺钉连接		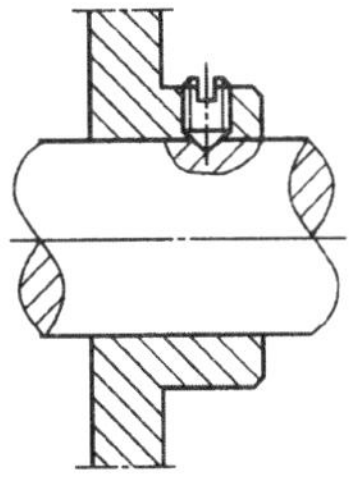	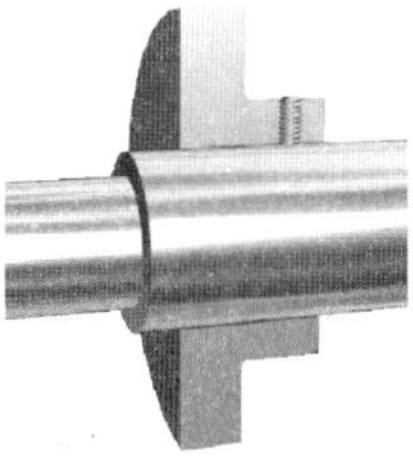	紧定螺钉旋入被连接件之一的螺纹通孔中，并用尾部顶住另一被连接件的表面或相应的凹坑中。 大多用于轴与轮毂之间的固定，并可传递不大的力或转矩

2. 常用标准螺纹连接件（紧固件）

常用的标准螺纹连接件有螺栓、双头螺柱、螺母、螺钉、垫圈等，如图 13-7 所示。这些零件的结构和尺寸已经标准化，设计时应根据螺纹的公称直径，从相关的标准中选用。

图 13-7　各种标准螺纹连接件

（1）螺栓：按加工精度不同可分为普通螺栓和铰制孔螺栓，头部形状常用的有六角头、方头、内六角头等。

（2）双头螺柱：双头螺柱没有头部，其两端均加工有螺纹。为了保证连接的可靠性，双头螺柱的旋入端必须全部旋入螺纹孔内。

（3）螺钉：结构形状与螺栓类似，但头部有多种不同的形状，以适应不同的拧紧程度。

（4）紧定螺钉：其头部和尾部的形式很多，常用的尾部有锥端、平端和圆柱端，根据不同的应用场合来选用，一般均要求尾端有足够的强度。

（5）螺母：常用的螺母有六角形的，也有圆形的，按厚度不同分为标准螺母、厚螺母和薄螺母。薄螺母用于尺寸受到限制的场合，厚螺母用于经常拆卸、易于磨损之处。圆螺母用于轴上零件的轴向固定。

（6）垫圈：垫圈是放置在螺母与被连接件支承面之间，起保护支承面和防松作用，常用的有平垫圈、斜垫圈、弹簧垫圈等。

三、螺纹连接的预紧和防松

1. 预紧

螺纹连接在装配时进行拧紧，称**预紧**。预紧可使连接件在承受工作载荷之前，预先受到力的作用。

螺栓连接在预紧时所受到的轴向力称为**预紧力**。预紧的目的是增加连接的可靠性、紧密性并提高防松能力。对于重要的螺栓连接，当预紧力不足时，在承受工作载荷之后，被连接件之间可能会出现缝隙或者发生相对位移。但预紧力过大时，则可能使连接过载，甚至断裂破坏。因此，在装配的时候，应控制其预紧力的大小。

对于预紧力大小的控制，一般螺栓连接可凭经验控制。对于重要的螺栓连接，需控制其预紧力，对于常用的 M10～M68 的粗牙普通螺栓连接，拧紧力矩的 $T\approx 0.2F_0 d$，其中 F_0 为预紧力（N），d 为螺纹公称直径。为保证预紧力不至于过大或过小，可在拧紧过程中用测力矩扳手或定力矩扳手来控制，如图 13-8 所示。

2. 防松

在静载荷的作用下，螺纹拧紧之后一般不会自动松脱。但是，在冲击、振动、变载荷或工作温度急剧变化时，会造成螺旋副间的摩擦力减少，使预紧力在某一瞬间减小或消失，从而使螺纹连接松动。

防松的目的就是防止螺纹副的相对转动。主要有以下几种方法：

（1）摩擦力防松

在螺纹副中产生正压力，以形成阻止螺纹副相对转动的摩擦力。这种防松方法适用于机械外部静止构件的连接以及防松要求不严格的场合。一般可采用弹簧垫圈或双螺母等实现。

如图 13-9（a）所示，当螺母拧紧之后，弹簧垫圈受压变平，这种变形会产生反弹力。依靠这种变形力，使得螺纹副之间的摩擦力增大。因此，可以防止螺母自行松脱，如图 13-9（b）所示，在两个螺母拧紧之后，利用两个螺母之间所产生的对顶作用，使螺栓始终受到附加的轴向拉力，而螺母则受压，增大了螺纹之间的摩擦力和变形，从而达到防止螺母自动松脱的目的。这种防松方法结构简单，适用于低速、重载的场合，但连接的外廓尺寸较大。

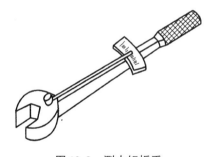

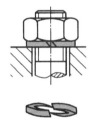

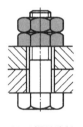

(a) 弹簧垫圈防松　　(b) 双螺母防松

图 13-8　测力矩扳手　　　　图 13-9　摩擦防松

测力矩扳手

（2）机械防松

机械防松是采用各种专用止动元件来限制螺纹副的相对转动。这种防松方法可靠，但装拆麻烦，适用于机械内部运动构件的连接以及防松要求较高的场合，如图 13-10 所示。

常用的机械防松方法有：槽形螺母与开口销防松，如图 13-10（a）所示，这种方法适用于承受冲击载荷或载荷变化较大的连接；带舌止动垫片防松，如图 13-10（b）所示，这种方法只能用于被连接件边缘部位的防松；止动垫圈与圆螺母防松，如图 13-10（c）所示。

（3）破坏螺纹副防松（永久防松）

破坏螺纹副防松是在螺纹副拧紧之后，采用某种措施使得螺纹副变为非螺纹副而成为不可拆连接的一种防松方法，适用于装配之后不再拆卸的场合。常用的有冲点防松法和涂黏合剂防松法，如图 13-11 所示。

机械防松

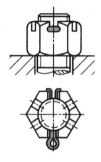
(a) 槽形螺母与开口销

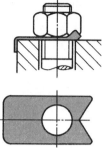
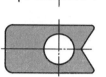
(b) 带舌止动垫片

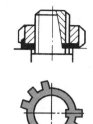
(c) 止动垫圈与圆螺母

图 13-10　机械防松

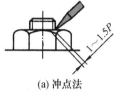
(a) 冲点法

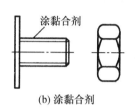
(b) 涂黏合剂

图 13-11　永久防松

四、螺纹连接结构的设计

机器设备中的螺纹连接件一般都是成组使用的,其中螺栓组连接最具有典型性。如何尽可能地使各个螺栓接近均匀地承担载荷,是设计、安装螺栓连接时要解决的主要问题。因此,在结构设计时,应综合考虑以下几方面问题:

(1) 螺栓组的布置应尽可能对称,以使接合面受力比较均匀。一般都将接合面设计成对称的简单几何形状,并应使螺栓组的对称中心与接合面的形心重合,如图 13-12 所示。

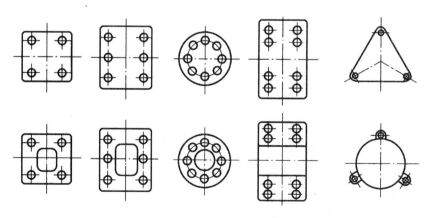

图 13-12　螺栓组的布置

(2) 当螺栓连接承受弯矩和转矩时,还需将螺栓尽可能地布置在靠近接合面边缘处,以减少螺栓中的载荷。如果普通螺栓连接受较大的横向工作载荷,则可用套筒、键、销等零件来分担横向工作载荷,以减小螺栓的预紧力和结构尺寸,如图13-13所示。

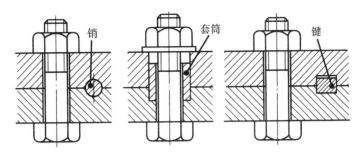

图13-13 减荷装置

(3)分布在同一圆周上的螺栓数,应取3、4、6、8等易于等分的数目,以便于钻孔时分度加工。

(4)在一般情况下,为了安装方便,同一组螺栓不论受力大小,均应采用同样的材料和规格尺寸。

(5)螺栓布置要有合理的距离。在布置螺栓时,螺栓中心线与机体壁之间以及螺栓相互之间的距离,要根据扳手活动所需的空间大小来决定,如图13-14所示,扳手空间的尺寸可查有关手册。

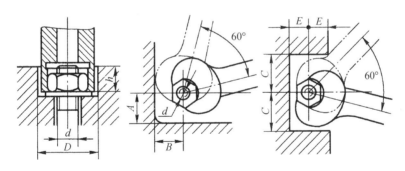

图13-14 扳手空间

(6)避免承受附加弯曲应力。引起附加弯曲应力的因素很多,除因制造、安装上的误差及被连接件的变形等因素外,螺栓、螺母支承面不平或倾斜等都可能引起附加弯曲应力。支承面一般应为加工面,为了减少加工面,常将支承面做成凸台、沉头座;为了适应特殊的支承面(如倾斜的支承面),可采用斜面垫圈等,如图13-15所示。

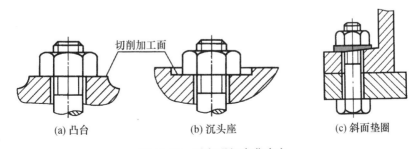

(a)凸台　　　　　　(b)沉头座　　　　　　(c)斜面垫圈

图13-15 避免附加弯曲应力

【任务思考】

在图 13-1 的减速器中，主要用到何种螺纹连接？如何进行防松？

任务2　轴毂连接件选用

【任务要点】

- ◆ 熟悉键连接的类型及应用；
- ◆ 掌握平键连接的参数选择方法及强度计算；
- ◆ 了解花键连接、销连接的应用。

【任务提出】

在图 13-1 所示的减速器中，轴与齿轮、带轮、联轴器之间均要用到键连接，请问应如何选择键连接的类型，并计算其尺寸？在箱盖与箱座间用到定位销，请试确定其形状。

【任务准备】

安装在轴上的齿轮、带轮、链轮等传动零件，其轮毂与轴的连接称为**轴毂连接**。轴毂连接主要有键连接、花键连接、销连接等。

键和花键连接主要用于实现轴和轴上零件间的周向固定并传递转矩的轴毂连接中，其中，有些还能实现轴上零件的轴向固定或轴向移动。销连接主要用来固定零件间的相互位置，只能传递少量载荷。

一、键

（一）主要类型

按照结构特点和工作原理，键连接分为平键连接、半圆键连接和楔键连接，图 13-16 是部分键的实物。

1. 平键连接

图 13-17 所示为平键连接的剖面结构图，平键的上表面与轮毂键槽顶面间留有间隙，依靠键与键槽间的两侧面挤压传递转矩，所以两侧面为工作面。

图 13-16　键的实物

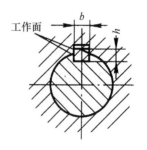

图 3-17　平键的剖面结构

平键连接结构简单、制造容易、装拆方便、对中性良好，应用广泛，根据用途可将其分为如下三种。

(1) 普通平键

普通平键用于静连接，按照其端部形状有圆头、方头或单圆头，分别称为 A 型、B 型及 C 型平键，如图 13-18 所示。C 型键用于轴端，A 型键定位好，应用广泛。A、C 型键的轴上键槽用立铣刀加工，对轴应力集中较大。B 型键的轴上键槽用盘铣刀加工，轴上应力集中较小，但键在键槽中的轴向固定不好，故尺寸较大的键要用紧定螺钉压紧。

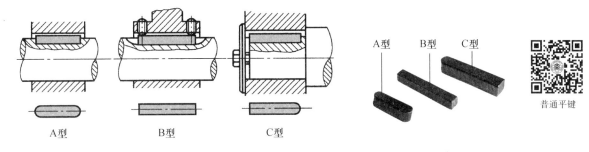

图 13-18　普通平键

(2) 导向平键

如图 13-19 所示，当零件需要作轴向移动时（从图中的实线移至虚线位置），可采用导向平键连接。导向平键较普通平键长，为防止键体在轴中松动，导向平键用两个螺钉将其固定在轴上。为拆卸方便，在键的中部设置有起键用的螺纹孔。

(3) 滑键

如图 13-20 所示，当轴上零件移动距离较大时，可用滑键。滑键固定在轮毂上，轮毂带着滑键在轴的键槽中作轴向移动，故需要在轴上加工出长键槽。

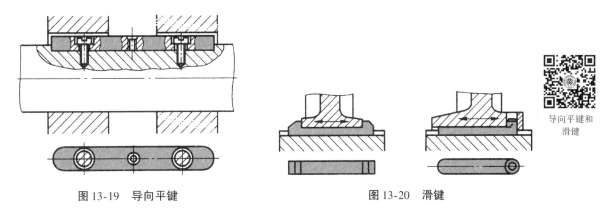

图 13-19　导向平键　　　　　　　　图 13-20　滑键

2. 半圆键连接

如图 13-21(a) 所示，半圆键的两个侧面为半圆形，工作时靠两侧面受挤压传递转矩，其两侧面为工作面。半圆键在轴槽内能绕其几何中心摆动，以适应轮毂槽底部的斜度。半圆键装拆方便，但对轴的强度削弱较大，主要用于轻载时锥形轴头与轮毂的连接，如图13-21（b）所示。

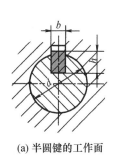
(a) 半圆键的工作面

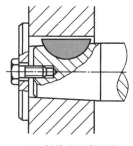
(b) 轴锥端用半圆键

图13-21 半圆键

3. 楔键连接

如图13-22（a）所示，楔键的上表面和轮毂槽底面均制成1∶100的斜度。安装时用力将键打入槽内，使轴与轮毂之间的接触面产生很大的径向压紧力，转动时靠接触面的摩擦力来传递转矩及单向轴向力，如图13-22（b）所示。楔键可分普通楔键和钩头楔键两种形式，普通楔键又分为圆头和平头两种，圆头普通楔键是放入式的（放入轴的键槽后打紧轮毂），其他楔键都是打入式的（先将轮毂装到适当位置再将键打紧）。钩头楔键与轮毂端面之间应留有余地，以便于拆卸。

楔键

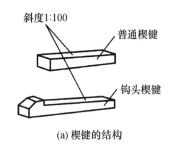
(a) 楔键的结构

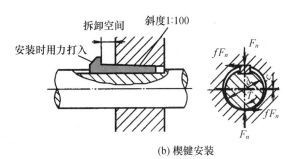
(b) 楔键安装

图13-22 楔键

楔键的定心性差，在冲击、振动或变载荷下，容易松动，适用于不要求准确定心、低速运转的场合，如农业机械、建筑机械等。

(二) 平键连接的尺寸选择和强度校核

1. 平键的类型选择

选择键的类型应考虑以下因素：对中性的要求；传递转矩的大小；轮毂是否需要沿轴向滑移及滑移的距离大小；键的位置（在轴的中部或端部）等。

2. 键的尺寸选择

键的截面尺寸（宽度b和高度h）可根据轴的直径从表13-2中选取，键的长度L应略小于轮毂的宽度，并按表中提供的长度取值，对于动连接还应考虑移动的距离。

表 13-2　普通平键和键槽的尺寸　　　　　　　（单位：mm）

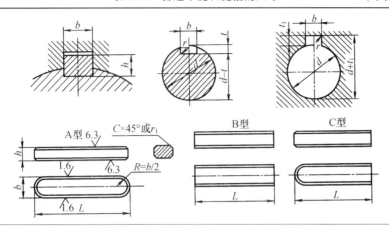

标记示例：

　圆头普通平键（A型），$b=16$、$h=10$、$L=100$ 的标记为：GB/T 1096—2003 键 16×100

　平头普通平键（B型），$b=16$、$h=10$、$L=100$ 的标记为：GB/T 1096—2003 键 B16×100

　单圆头普通平键（C型），$b=16$、$h=10$、$L=100$ 的标记为：GB/T 1096—2003 键 C16×100

轴的直径 d	键的尺寸			键槽		轴的直径 d	键的尺寸			键槽	
	b	h	L	t	t_1		b	h	L	t	t_1
>8~10	3	3	6~36	1.8	1.4	>38~44	12	8	28~140	5.0	3.3
>10~12	4	4	8~45	2.5	1.8	>44~50	14	9	36~160	5.5	3.8
>12~17	5	5	10~56	3.0	2.3	>50~58	16	10	45~180	6.0	4.3
>17~22	6	6	14~70	3.5	2.8	>58~65	18	11	50~200	7.0	4.4
>22~30	8	7	18~90	4.0	3.3	>65~75	20	12	56~220	7.5	4.9
>30~38	10	8	22~110	5.0	3.3	>75~85	22	14	63~250	9.0	5.4

L 系列：6、8、10、12、14、16、18、20、22、25、28、32、36、40、45、50、56、63、70、80、90、100、110、125、140、160、180、200、250……

注：在工作图中，轴槽深用 $(d-t)$ 或 t 标注，毂槽深用 $(d+t_1)$ 或 t_1 标注。

3. 平键连接的强度计算

键的主要失效形式是较弱工作面的压溃（静）或过度磨损（动），对于普通平键一般只进行挤压强度计算：

$$\sigma_{\mathrm{p}} = \frac{4T}{dhl} \leqslant [\sigma_{\mathrm{p}}] \tag{13-1}$$

式中：T——传递的转矩，N·mm；

　　　d——轴的直径，mm；

　　　h——键的高度，mm；

　　　l——键的工作长度，mm；（A型键，$l=L-b$；B型键，$l=L$；C型键，$l=L-b/2$）

　　　$[\sigma_{\mathrm{p}}]$——许用挤压应力，MPa，见表 13-3，计算时应取键、轴、轮毂三者中最弱材料的值。

如果单键强度不够，可适当增加轮毂的宽度和键的长度或用间隔 $180°$ 的两个键。考虑到载荷分布的不均匀性，双键连接的强度可按 1.5 个键计算。

表 13-3　键连接材料的许用挤压应力 $[\sigma_p]$ 和许用压强 $[p]$（单位：MPa）

许用项	连接性质	轮毂材料	载荷性质		
			静载荷	轻微冲击	冲击
$[\sigma_p]$	静连接	钢	125～150	100～120	60～90
		铸铁	70～80	50～60	30～45
$[p]$	动连接	钢	50	40	30

例 已知减速器中齿轮和轴的材料都是锻钢，齿轮轮毂长度为60 mm，轴的直径 $d=50$ mm，所需传递的转矩 $T=2\times10^5$ N·mm，载荷有轻微冲击。试选择平键连接的尺寸并校核其强度。

解：（1）根据 $d=50$ mm，从表 13-2 中选取圆头普通平键（A 型），$b=14$ mm，$h=9$ mm，$L=50$ mm（比轮毂宽度约短 10 mm）。键的工作长度 $l=L-b=50-14=36$ (mm)。

（2）校核该连接的强度

$$\sigma_p=\frac{4T}{dhl}=\frac{4\times2\times10^5}{50\times9\times36}\approx49.4\,(\text{MPa})$$

查表 13-3 得，$[\sigma_p]=100\sim120$ MPa，则该键强度足够。

二、花键连接

花键连接由轴上加工出多个键齿的外花键（花键轴）和轮毂孔内加工出的内花键（花键孔）组成，如图 13-23 所示，工作时靠键齿的侧面互相挤压传递转矩。

花键连接比平键连接承载能力强，轴与零件的定心性好，导向性好，对轴的强度削弱小，缺点是成本较高，因此，花键连接用于定心精度要求较高和载荷较大的场合。花键已标准化，按齿廓的不同，可分为矩形花键和渐开线花键，矩形花键的齿廓如图 13-24 所示。

（1）矩形花键。矩形花键的齿侧面为互相平行的平面，其制造方便，应用广泛。

（2）渐开线花键。渐开线花键的齿廓为渐开线，分度圆上的压力角为30°和45°两种。具有制造工艺性好、强度高、易于定心和精度高的优点，适用于重载及尺寸较大的连接。

花键连接

图 13-23　花键连接

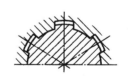
图3-24　矩形花键的齿廓

三、销连接

销是标准连接件，可用于两零件之间的定位和连接，有时还可用作安全装置中的过载剪断元件。

1. 按销连接的功能分类

（1）定位销：主要用于零件间的定位，定位销一般不承受或只能承受很小的载荷，用于固定两个零件间的相对位置，一般成对使用，并安装在两个零件接合面的对角处，以增加定位的精度。

（2）连接销：主要用于轴和轮毂或其他零件的连接，并传递不大的载荷。

（3）安全销：主要用于安全保护装置中的过载剪断元件。

2. 按销的形状分类

（1）圆柱销：如图 13-25（a）所示，圆柱销与销孔之间是过盈配合关系，不宜经常拆卸，否则会失去定位的精确性和连接的紧固性。

（2）圆锥销：如图 13-25（b）所示，圆锥销有 1∶50 的锥度，具有自锁性，便于拆卸，定位精度高于圆柱销，圆锥销也可以用于连接。

（3）异形销：销还有其他变形形式，开口销是典型的一种异形销，如图 13-25（c）所示，开口销是一种防松零件，常用低碳钢丝制造。

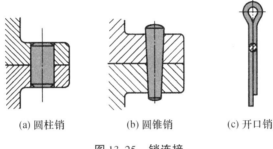

(a) 圆柱销　　　　(b) 圆锥销　　　　(c) 开口销

图 13-25　销连接

销连接

【任务思考】

减速器中的轴与齿轮、带轮、联轴器之间的普通平键，是采用 A 型、B 型还是 C 型键？其宽度 b 如何确定？键的长度与齿轮、带轮、联轴器的轮毂长度有何联系？

在箱座与箱盖间有螺栓连接，为何还要用到定位销？

任务3　轴间连接件选用

【任务要点】

◆ 掌握联轴器的类型和特点，并能够合理选用联轴器；
◆ 了解离合器的常用类型及工作特点。

【任务提出】

在图 13-1 所示的减速器中，需要将低速轴与工作机轴连接起来，才能将低速轴的运动和动力传递给工作机，请问应如何选择联轴器的类型，如何根据轴的尺寸选择联轴器的型号？

【任务准备】

在机械连接中，联轴器和离合器都是用来连接两轴，使两轴一起转动并传递转矩的装置。联轴器与离合器的区别在于：联轴器只有在机械停转后才能将连接的两轴分离，离合器则可以在机械的运转过程中根据需要使两轴随时接合或分离。

一、联轴器

联轴器所连接的两轴，由于制造和安装误差、受载变形、温度变化和机座下沉等原因，可能产生轴线的轴向、径向、角度或综合位移，如图13-26所示。因此，要求联轴器在传递运动和转矩的同时，还应具有一定范围内的补偿位移、缓冲吸震的能力。

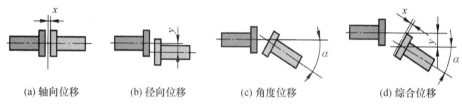

图 13-26　两轴的轴线偏移

（一）常用联轴器的类型

联轴器按内部是否包含弹性元件，分为**刚性联轴器**和**弹性联轴器**两大类。

1. 刚性联轴器

只有在载荷平稳，转速稳定，能保证被连接的两轴轴线相对偏移极小的情况下，才可选用刚性联轴器。刚性联轴器按有无位移补偿能力，又分为**固定式刚性联轴器**和**可移动式刚性联轴器**两类。

（1）固定式刚性联轴器

① 凸缘联轴器

凸缘联轴器是刚性联轴器中应用最广泛的一种，由两个带凸缘的半联轴器组成，如图13-27所示，两个半联轴器通过键与轴连接，螺栓将两半联轴器构成一体进行动力传递。其结构简单、价格低廉、维护方便、能传递较大的转矩，要求两轴必须严格对中。由于没有弹性元件，故不能补偿两轴的偏移，也不能缓冲、吸震。

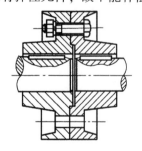

图 13-27　凸缘联轴器

② 套筒联轴器

套筒联轴器是利用公用套筒并通过键、花键或销等将两轴连接，如图 13-28 所示。其结构简单、径向尺寸小、制作方便，但装配拆卸时需作轴向移动，仅适用于两轴直径较小、同轴度较高、轻载荷、低转速、无震动、无冲击、工作平稳的场合。

③ 夹壳联轴器

夹壳联轴器由纵向剖分的两个半筒形夹壳和连接它们的螺栓组成，靠夹壳与轴之间的摩擦力或键来传递转矩，如图 13-29 所示。由于这种联轴器是剖分结构，在装卸时不用移动轴，所以使用起来很方便。夹壳材料一般为铸铁，少数用钢，主要用于低速、工作平稳的场合。

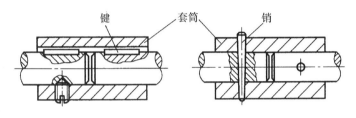

图 13-28　套筒联轴器　　　　　图 13-29　夹壳联轴器

（2）可移动式刚性联轴器

① 十字滑块联轴器

十字滑块联轴器由两个端面上开有凹槽的半联轴器和一个两面上都有凸榫的十字滑块组成，两凸榫的中线互相垂直并通过滑块的轴线，如图 13-30 所示。工作时若两轴不同心，则中间的十字滑块在半联轴器的凹槽内滑动，从而补偿两轴的径向位移。适用于径向位移偏差较大，无剧烈冲击且转速较低的场合。

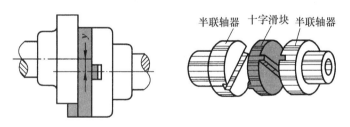

图 13-30　十字滑块联轴器

② 齿式联轴器

齿式联轴器由两个具有外齿和凸缘的内套筒和两个带内齿及凸缘的外套筒组成，如图 13-31 所示，外套筒间用螺栓相连。因外套筒内储有润滑油，当联轴器工作时通过旋转将润滑油向四周喷洒以润滑啮合齿轮，从而减小啮合齿轮间的摩擦阻力，降低作用在轴和轴承上的附加载荷。

齿式联轴器结构紧凑，有较大的综合补偿能力，由于是多齿同时啮合，故承载能力大，工作可靠，但其制造成本高，一般用于要求传递运动准确的场合。

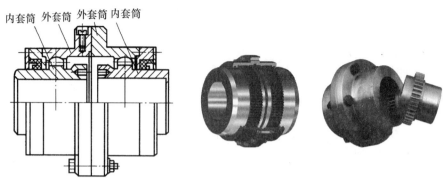

图 13-31　齿式联轴器

③ 万向联轴器

万向联轴器由两个固定在轴端的叉形半联轴器和一个十字形中间连接件以铰链相连而成，工作时两个半联轴器分别连接主动轴和从动轴，如图 13-32 所示。万向联轴器两端间的夹角可达 45°，这种联轴器的缺点是当主动轴角速度为常数时，从动轴的角速度并不是常数，而是在一定范围内变化，这在传动中会引起附加载荷。为了消除上述缺点，常将万向联轴器成对使用，以保证从动轴与主动轴均以同一角速度旋转，这就是双万向联轴器。

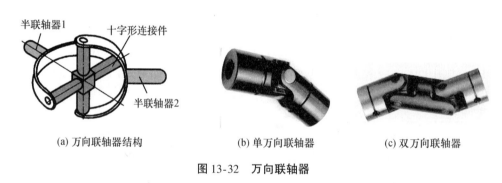

(a) 万向联轴器结构　　　　(b) 单万向联轴器　　　　(c) 双万向联轴器

图 13-32　万向联轴器

2. 弹性联轴器

（1）弹性套柱销联轴器

弹性套柱销联轴器的结构与凸缘联轴器相似，也有两个带凸缘的半联轴器分别与主从动轴相连，采用了带弹性套的柱销代替螺栓进行连接，如图 13-33 所示。这种联轴器制造简单、拆装方便、成本较低，但弹性套易磨损，寿命较短，适用于载荷平稳，需正反转或启动频繁，传递中小转矩的轴。

（2）弹性柱销联轴器

弹性柱销联轴器采用尼龙柱销将两个半联轴器连接起来，为防止柱销滑出，在两侧装有挡圈，如图 13-34 所示。该联轴器与弹性套柱销联轴器结构类似，更换柱销方便，对偏移量的补偿不大，其应用与弹性套柱销联轴器类似。

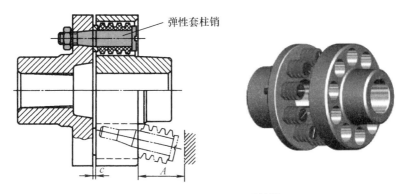

图 13-33　弹性套柱销联轴器

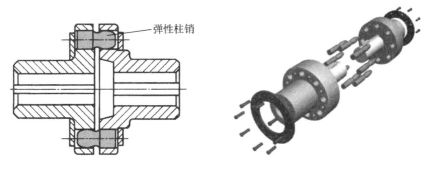

图 13-34　弹性柱销联轴器

（二）联轴器的选择

1. 联轴器的类型选择

联轴器类型主要是根据机器的工作特点、性能要求（如缓冲减震、补偿轴线位移、安全保护等），结合联轴器的性能等选择合适的类型。一般对低速、刚性大的短轴，可选用刚性固定式联轴器；对低速、刚性小的长轴，则宜选用刚性可移式联轴器，以补偿长轴的安装误差及轴的变形；对传递转矩较大的重型机械（如起重机），可选用齿轮联轴器；对需有一定补偿量的高速轴，应选用弹性联轴器；对轴线相交的两轴，则宜选用万向联轴器。

2. 联轴器型号尺寸的确定

在确定类型的基础上，可根据传递转矩、转速、轴的结构形式及尺寸等要求，确定联轴器型号和结构尺寸，并保证所选型号的许用转矩（可查有关国家标准）不小于其计算转矩，相关计算公式可查阅有关设计资料。

二、离合器

用离合器连接的两轴可在机器运转过程中随时进行接合或分离。

按控制方式，可分为操纵离合器和自控离合器。操纵离合器类型很多，其操纵方式主要有机械式、气压式、液压式、电磁式等，牙嵌离合器、摩擦离合器均为机械式操纵。自控离合器不需要外界操纵，可在一定条件下实现自动分离和接合，主要有超越离合器、离心离合器、安全离合器等。

对于已标准化的离合器,其选择步骤和计算方法与联轴器相同。对于非标准化或不按标准制造的离合器,可先根据工作情况选择类型,再进行具体的计算。

1. 牙嵌离合器

牙嵌离合器主要由两个半离合器1、2组成,半离合器的端面加工有若干个嵌牙。其中一个半离合器固定在主动轴上,另一个半离合器用导向平键3与从动轴相连。在半离合器上固定有对中环5,从动轴可在对中环中自由转动,通过滑环4的轴向移动来操纵离合器的接合和分离,如图13-35所示。

牙嵌离合器

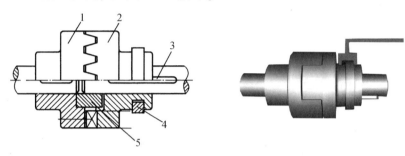

图13-35 牙嵌离合器
1、2—半离合器 3—导向平键 4—滑环 5—对中环

牙嵌离合器结构简单、外廓尺寸小,两轴向无相对滑动,转速准确,但转速差大时不易接合。

2. 摩擦离合器

摩擦离合器可分为单盘式、多盘式摩擦离合器。

(1) 单盘式摩擦离合器

单盘式摩擦离合器是由两个半离合器1、2组成。工作时两离合器相互压紧,靠接触面间产生的摩擦力来传递转矩,如图13-36所示,图中3为移动滑环。

单盘式摩擦离合器结构简单、分离彻底,但传递转矩能力受到结构尺寸的限制,在传递转矩较大时,往往采用多盘式摩擦离合器。

单盘式摩擦离合器

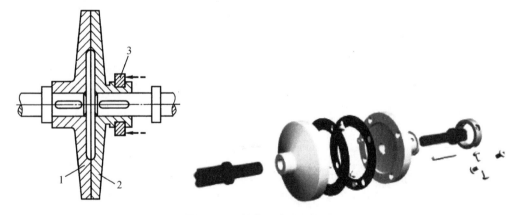

图13-36 单盘式摩擦离合器
1、2—半离合器 3—移动滑环

（2）多盘式摩擦离合器

如图 13-37 所示为多盘式摩擦离合器。图中主动轴 1 与外壳 2 相连接，从动轴 3 也用键与套筒 4 相连。一组外摩擦片 5 的外圆与外壳之间通过花键连接，而其内圆不与其他零件接触；另一组内摩擦片 6 的内圆与内套筒之间也通过花键连接，其外圆不与其他零件接触。工作时，向左移动滑环 7，通过杠杆 8、压板 9，使两组摩擦片压紧，离合器便处于接合状态。若向右移动滑环时，摩擦片被松开，离合器即分开。若摩擦片数目多，可以增大所传递的转矩，但当摩擦片的片数过多时，会使各层间压力分布不均匀，易于出现离合不分明的现象。

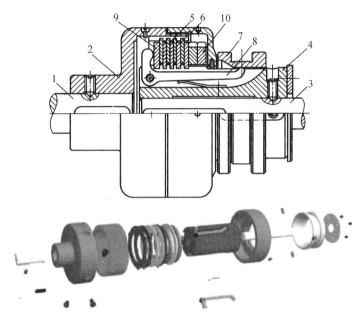

图 13-37　多盘式摩擦离合器
1—主动轴　2—外壳　3—从动轴　4—套筒　5—外摩擦片
6—内摩擦片　7—滑环　8—杠杆　9—压板　10—调节螺母

多盘式摩擦离合器径向尺寸小而承载能力大、平稳，适用的载荷范围大，应用较广，其缺点是盘数多，结构复杂，离合动作缓慢，发热磨损较严重。

3. 超越离合器

图 13-38 所示为精密机械中常用的滚柱超越离合器。它由星轮 1、外环 2、滚柱 3 和弹簧顶杆 4 等组成。当星轮为主动连接件并顺时针回转时，滚柱被摩擦力带动而锲紧在槽的狭窄部分，从而带动外环一起旋转，离合器处于接合状态。当星轮反向旋转时，滚柱则滚到槽的宽敞部分，从动外环不再随星轮回转，离合器处于分离状态。

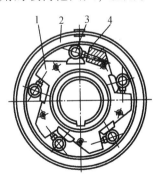

图 13-38　滚柱超越离合器
1—星轮　2—外环
3—滚柱　4—弹簧顶杆

【任务提出】

在图 13-1 所示的减速器中,输出轴与工作机轴之间的轴线属于哪种偏移方式?联轴器是选用有弹性元件的还是无弹性元件的更合适?

拓展阅读:螺旋传动简介

螺旋传动

螺旋机构由螺杆、螺母和机架组成,可以将回转运动转换为直线运动。在图 13-39 的牛头刨床中,当棘轮轴转动时,同轴的螺杆(图中的丝杆)转动,从而带动工作台作横向移动。

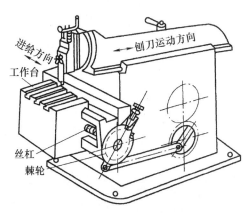

图 13-39 牛头刨床中的螺旋机构

螺旋机构在机械工业、仪器仪表、工装夹具、测量工具等方面广泛应用,如螺旋压力机、千斤顶、机床进给螺旋机构、台虎钳等,如图 13-40 所示。

螺旋机构的结构简单、制造方便,运动准确性高,降速大,可传递很大的轴向力,工作平稳、无噪声,有自锁作用,但效率低,磨损较严重。

(a) 台虎钳　　　　　　(b) 千斤顶

图 13-40 螺旋机构的应用

按螺杆与螺母之间的摩擦状态,螺旋机构可分为**滑动螺旋**机构和**滚动螺旋**机构。滑动螺旋机构中的螺杆与螺母的螺旋面直接接触,摩擦状态为滑动摩擦。滚动螺旋机构是在螺杆与螺母的滚道间有滚动体,当螺杆或螺母转动时,滚动体在螺纹滚道内滚动，提高了传动效率和传动精度，如图 13-41 所示。

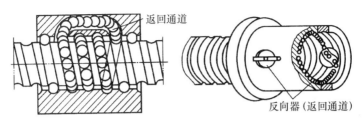

图 13-41　滚动螺旋

滚动螺旋传动具有摩擦小、传动效率高、启动力矩小、传动灵活、平稳、工作寿命长等优点，近年来随着数控机床的发展，滚动螺旋传动机构在机床、航空航天、汽车等领域中得到越来越广泛的应用。

任务实施——减速器中连接件的选择

☺**特别提示**：任务实施不单独安排课时，而是穿插在任务 1～3 中进行，按理论实践一体化实施。

一、训练目的

会根据要求选择减速器中的螺纹零件、普通平键、销、联轴器等连接件。

二、训练设备及用具

减速器实物一台。

三、实训内容与步骤

以单级齿轮减速器为对象，确定各零件之间的连接类型、连接件的型号和规格。

1. 螺纹连接的类型、螺纹连接件的型号和规格

（1）减速器箱盖、箱座之间；

（2）轴承端盖与减速器之间；

（3）观察孔盖与减速器箱盖之间；

（4）起盖螺钉；

（5）地脚螺栓。

2. 定位销的型号和规格

确定减速器箱盖、箱座之间定位销的数目、类型和规格。

3. 平键的型号和规格

确定减速器低速轴、高速轴上所用的各个键的类型和尺寸。

4. 联轴器的型号和规格

确定输出轴与工作机之间的联轴器的类型和尺寸。

知识巩固

一、填空题

（1）导程 S 与螺距 P 的关系式为_____。

（2）普通螺纹的公称直径是指_____径。

（3）平键的工作面是_____，楔键的工作面是_____，半圆键的工作面是_____。

（4）标准平键静连接的主要失效形式是_____。

（5）当两轴能保证严格对中时，可采用_____联轴器。

（6）两相交轴之间可采用_____联轴器连接。

（7）联轴器和离合器中，能在工作时随时使两轴接合或分离的是_____。

二、选择题

（1）螺栓连接是一种_____。

    A．可拆连接　　　　　　　　　　B．不可拆连接

（2）当两个被连接件之一非常厚时，且要经常拆卸，宜采用_____连接。

    A．双头螺柱　　　　　　　　　　B．螺栓

    C．螺钉　　　　　　　　　　　　D．紧定螺钉

（3）键的剖面尺寸主要是根据_____来选择。

    A．传递转矩的大小　　　　　　　B．传递功率的大小

    C．轮毂的长度　　　　　　　　　D．轴的直径

（4）一个平键不能满足强度要求时，可在轴上安装一对平键，它们沿圆周相隔_____。

    A．90°　　　　　　　　　　　　B．120°

    C．135°　　　　　　　　　　　D．180°

（5）键的长度主要是根据_____来选择。

    A．传递扭矩的大小　　　　　　　B．传递功率的大小

    C．轮毂的长度　　　　　　　　　D．轴的直径

（6）在载荷不平稳且有较大冲击和震动的情况下，一般宜选用_____联轴器。

    A．刚性　　　　　　　　　　　　B．无弹性元连接件挠性

    C．有弹性元连接件挠性　　　　　D．安全

三、判断题

（1）圆柱普通螺纹的公称直径是指螺纹最大直径。（　　）

（2）普通螺纹主要用于传动。（　　）

（3）梯形螺纹主要用于连接。（　　）

（4）双头螺柱连接适用于被连接件厚度不大的连接。（　　）

（5）普通平键连接能对轴上零件作轴向固定和周向固定。（　　）

（6）半圆键连接，由于轴上的键槽较深，故对轴的强度削弱较大。（　　）

（7）多片式摩擦离合器的摩擦片数越多，接合越不牢靠，因而传递的扭矩也越小。

（　　）

四、综合应用题

（1）以下三种轴毂连接，其工作面分别是什么？分别通过什么方式传递转矩？它们的对中性能如何（好、较好、差）？

连接类型	工作面	工作原理	对中性能
普通平键连接			
楔键连接			
花键连接			

（2）试选择单级齿轮减速器中的从动轴与齿轮之间的平键，已知传递的功率 $P = 7\,\text{kW}$，轴的转速为 $110\,\text{r/min}$，轴的直径 $d = 60\,\text{mm}$，齿轮轮毂长度为 $100\,\text{mm}$，轮毂材料为铸铁，轴的材料为 45 钢，载荷有轻微冲击。试选择平键连接的尺寸并校核其强度，并画出轴与轮毂的断面图，并在图上标注出键槽的宽度和深度的尺寸及极限偏差（偏差可查阅有关标准）。

项目三

机械创新设计

项目三 机械创新设计

▶ **项目导入**

日常生活和生产实际中的很多机器,都经历了漫长的演变过程,如大家熟悉的自行车,就是从最早的四轮马车中获得的灵感。最早的自行车是木制的,它的结构比较简单,既没有驱动装置,也没有转向装置,骑车人靠双脚用力蹬地前行,改变方向时也只能下车搬动车子。随着自行车的发展,自行车上装上了控制方向的把手,车轮的大小、驱动装置、传动装置、钢圈、轮胎逐渐改变,发展成了今天普及的自行车及变速自行车。图 03-1 是最早的没有驱动和传动装置的自行车,图 03-2 是最早的可转向自行车,图 03-3 反映了自行车的历史演变过程。

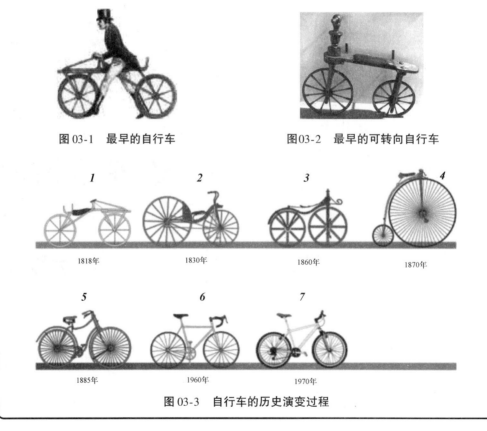

由此可见,自行车是在人们的不断创新实践中逐步完善的,从自行车的演变与发展中,可以得到很多启发,学到许多创新设计的方法。

创新是人类文明进步的原动力,是技术进步的主要途径,是国民经济可持续发展的基石。知识创新和技术创新能力是决定一个国家在国际竞争和世界格局中的地位的重要因素。作为国民经济的基础产业——机械,更离不开思维、知识和方法的创新。一个新的机械产品的实现包括设计和制造两个主要环节,而能否体现出自主创新,其关键在于设计环节。机械创新设计的关键是要培养创新意识,掌握创新原理和创新技法，加强创新实践。

本项目首先认识机械创新原理与方法，接下来进行创新实践，完成机构及传动系统的创新设计与拼装，以激发创新意识，培养创新能力。

▶ 学习目标

知识目标：
☆ 掌握创新原理；
☆ 熟悉机械创新基本方法。

能力目标：
☆ 能根据创新理论理解典型机械创新设计案例；
☆ 会简单进行机械创新设计；
☆ 能拼装所设计的创新机构、传动系统。

▶ 任务框架

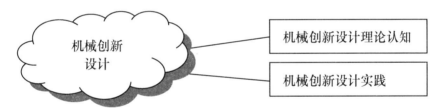

子项目 14　机械创新设计理论与实践

任务 1　机械创新设计理论认知

一、机械创新设计中的创新原理

创新是人类有目的的一种探索活动，创新原理是人们在长期创造实践活动中的理论归纳，它也能指导人们开展新的创新实践。

1. 组合原理

组合是将研究对象的各个方面、各个部分和各种因素联系起来加以考虑，从整体上把握事物的本质和规律的一种思维方法。例如组合机构、组合机床、组合音响、组合家具、望远镜、显微镜等。大量的创新成果表明，组合就是创造，组合型创新成果占全部创新成果的比例越来越大，由此产生出来的组合创新技法已成为当今创新活动的主要技术方法。

2. 分离原理

分离与组合是相对应的、思路相反的一种创新原理，它是把某一创造对象进行科学的分解或离散，使主要问题从复杂现象中暴露出来，从而理清创造者的思路，便于人们抓住主要矛盾或寻求某种设计特色。

3. 还原原理

任何发明创造都有其创造的起点和原点，创造的原点即事物的基本功能要求，是唯一的，而创造的起点即为满足功能要求的手段与方法，是无穷的。研究已有事物的创造起点，并追根溯源深入到它的创造原点，或从原点上解决问题，或从原点出发另辟蹊径，将主要功能抽出来，研究实现它的手段或方法，用新思想、新技术重新创造该事物，这就是创新原理中的还原原理，如洗衣机的设计。

4. 移植原理

移植就是把已有对象中的概念、原理、结构、方法等内容运用或渗透到另一个待研究的对象中。通过类比，找出事物的关键属性，从而研究怎样把关键属性应用于待研究的对象中。移植原理能促使思维发散，只要某种科技原理转移至新的领域具有可行性，通过新的结构或新的工艺，就可以产生创新。

5. 逆向原理

逆向原理是从反面、从构成要素中对立的另一面思考，将通常思考问题的思路反转过来，寻找解决问题的新方法，也称为反向探求法，如司马光砸缸的故事。

6. 价值优化原理

价值优化并不一定能使每项性能指标都达到最优，一般可寻求一个综合考虑功能、技术、经济、使用等因素后都满意的系统。

二、机械创新设计中的创新技法

创新技法是以创新思维为基础，通过时间总结出的一些创造发明的技巧和方法。由于创新设计的思维过程复杂，有时发明者本人也说不清楚是用哪种方法获得成功的，但通过不断的实践和对理论的总结，大致可总结出以下几种方法。

1. 智力激励法（集思广益法）

智力激励法是一种典型的群体集智法，其中包括以下一些方法：

（1）激智会法

这是一种发挥集体智慧的方法，是由美国创造学家奥斯本提出的。它是通过召开智力激励会来实施的。一般步骤为：会议主持人明确会议主题并确定参加会议人选，经过一段时间的准备后，召开会议，会议上要想方设法造成一种高度激励的气氛，使与会者能突破种种思维障碍和心理约束，提出自己的新概念、新方法、新思路、新设想，各抒己见，借助与会者之间的知识互补、信息刺激和情绪鼓励，提出大量有价值的设想与方案，经分析讨论，整理评价，评出最优设想，付诸实施。

（2）书面集智法

书面集智法是指以笔代口的默写式智力激励法。一般步骤为：确定会议议题，邀请6名左右参会者，组织者给每人发卡片，要求每人在第一个5分钟内在卡片上写出3种设想，然后相互交换卡片，在第二个5分钟内，要求每人根据他人设想的启发再在卡片上写出3种新的设想。如此循环下去，半小时内可得108种设想。然后在收集上来的设想卡片中，根据一定的评判准则筛选出有价值的设想。

（3）函询集智法

函询集智法又称德尔菲法，其基本原理是借助信息反馈，反复征求专家书面意见来获得新的创意。一般步骤为：组织者针对需要解决的问题以征询表形式分寄给有关专家，限期索取书面回答；组织者收到复函后概括整理，按综合后的意见以新一轮的征询表再分寄给有关专家，使其在别人设想的激励启发下提出新的设想或对已有设想予以补充或修改。如此反复多次，就可得到有价值的新设想。

2. 提问追溯法

提问追溯法在思维方面具有逻辑推理的特点。它是通过对问题进行分析，加以推理以扩展思路，或把复杂问题进行分解，找出各种影响因素，再进行分析推理，从而寻求问题解答的一种创新技法。其中包括以下一些方法：

（1）5W2H法

5W2H法的运用步骤是：针对需要解决的问题，提出7个疑问，这7个疑问分别是：Why、What、Who、When、Where、How to do、How much，从中启发创新构思。

5W2H法的特点是：适合用于任何工作，对不同工作的发问具体内容不同。可以突出其中任何一问，试求创新构思。

(2) 设问法

设问法的运用步骤是：针对问题，从不同的角度提出疑问进行启发，以期出现创新成果。

设问法的特点是可从不同角度提出问题。可把问题列成检核表，逐一检书，并可补充扩展。检核表可以变形，成为进一步针对具体问题的检核表。例如对产品设计过程提问：增加功能、提高性能、降低成本、增加销售等。

(3) 反向探求法

对现有的解决方案系统地加以否定或寻找其他的甚至相反的一面，找出新的解决方法或启发新的想法。可以细分为"逆向"和"转向"两类方法。

(4) 缺点列举法

针对某一方案列出所有缺点和不足，研究改进方法，以探求新方案。

(5) 向前推演法

从一个最初的设想按一定方向逐步向前探索，寻找新的想法。

3. 联想类推法

联想类推法是通过启发、类比、联想、综合等创造出新的想法以解决问题。

4. 组合创新法

组合创新法就是利用事物间的内在联系，用已有的知识和成果进行新的组合而产生新的方案。主要有以下两种方法：

(1) 组合法

把现有的技术或产品通过功能、原理、模块等方法的组合变化，形成新的技术思想或新的产品。例如，把刀、剪、锉、锥等功能集中起来的"万用旅行刀"等就是组合法的应用。

(2) 综摄法

通过已知的东西作为媒介，把毫无关联的、不相同的知识要素结合起来，摄取各种产品的长处并将其综合在一起，制造出新产品的一种新的创新技法。例如，日本南极探险队在输油管不够的情况下，因地制宜，用铁管做模子，绑上绷带，层层淋水使之结成一定厚度的冰，做成冰管，作为输油管的代用品，这就是综摄法的应用。

三、机械创新设计及典型案例

机械设计主要包含三项内容：一是为实现预定的运动要求进行机械运动设计；二是进行机械的结构设计；三是进行动力分析与强度设计。一个优秀的机械作品，机械运动设计是其灵魂，其余则是其躯体，缺一不可。而机械的运动设计主要是机构设计。

(一) 机构创新设计

前面我们学习过各种基本机构，其运动各有特征，但是随着生产过程机械化、自动化的发展，对机构输出的运动提出了更高的要求。因此，需要充分利用各种基本机构的良好性能，进行创新设计。机构的创新设计方法很多，以下列举几种。

1. 按机构组合原理进行创新

（1）串联式组合机构

把若干个单自由度的基本机构顺序连接，使前一个机构的输出构件作为后一个机构的输入构件的组合方式。若前一个机构的输出构件作简单运动（如移动、转动或摆动），称为**Ⅰ型串联**；若前一个机构的输出构件作复杂平面运动，则称为**Ⅱ型串联**。

串联组合的特点是运动顺序传递，结构简单。常用于改善输出构件的运动和动力特性、运动及力的放大，使机构的输出构件实现所要求的运动轨迹。

图 14-1 所示为凸轮-连杆机构组合机构示意，属Ⅰ型串联机构。前置机构为摆动从动件盘形凸轮机构，后置机构为摇杆滑块机构。凸轮机构的从动件 AB 与摇杆滑块机构的主动件 AC 连为一体，该机构利用 $r_2 > r_1$ 的摇杆 BAC，从而可在凸轮尺寸较小的情况下，使滑块获得较大行程。

图 14-2 所示为六杆机构，属Ⅱ型串联机构。前置机构是铰链四杆机构，后置机构为曲柄滑块机构。在铰链四杆机构 BCDE 中，连杆 2 上的 A 点的运动轨迹为一个具有自交点的横向"8"字形曲线，构件 4 与连杆 2 在 A 点铰接。当曲柄 1 转一周时，滑块 5 可往复移动两次。这个组合机构利用连杆机构中连杆某点的特殊轨迹串联一个后置机构，实现了特殊的运动要求。

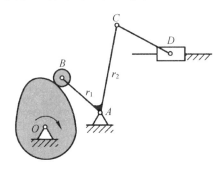

图 14-1　凸轮-连杆机构组合示意

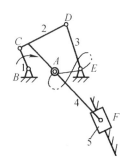

图 14-2　连杆-连杆组合机构

1、3—曲柄　2—连杆　4—构件　5—滑块

（2）并联式组合机构

两个或两个以上的基本机构并联布置，称为**并联式**组合机构。各个基本机构具有各自的输入构件，而有共同的输出构件称为**Ⅰ型并联**；各个基本机构具有共同的输入、输出构件则为**Ⅱ型并联**；若具有相同的输入构件，但输出构件不同，则称为**Ⅲ型并联**。

图 14-3 所示为 V 形双缸发动机的双曲柄滑块机构，属Ⅰ型并联机构，是由两个曲柄滑块机构并联组合而成。气缸作 V 形布置，它们的轴线通过曲柄回转的固定轴线，当分别向两个活塞输入运动时，曲柄可实现无死点位置的定轴转动，且具有良好的平衡、减震作用。但应注意，各并联机构的结构尺寸必须相同。

图 14-4 所示为平板印刷机的吸纸机构，属Ⅱ型并联机构。由两个摆动从动件盘形凸轮机构和一个五杆机构组成，两盘形凸轮固接在同一转轴上，五杆机构的两连架杆

分别与凸轮机构的从动件连为一体。当凸轮转动时，推动连杆 2、3 分别按要求的运动规律运动，并带动五杆机构的两连架杆，使固接在连杆 5 上的吸纸盘 P 按要求的矩形轨迹运动，以此来完成吸纸和送进等动作。该并联式机构组合，可使连杆的输出运动实现指定的运动轨迹。

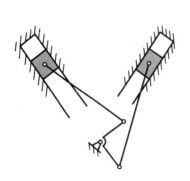

图 14-3　V 形双缸发动机的双曲柄滑块机构

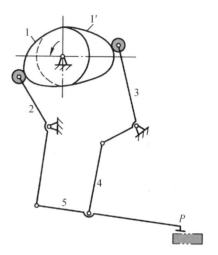

图 14-4　平板印刷机的吸纸机构

1、1′—凸轮　2、3、4、5—连杆

图 14-5 所示为织布机的开口机构，属Ⅲ型并联机构。输入机构为曲柄摇杆机构，两个摇杆滑块机构并联组合分别输出，当主动件曲柄 1 转动时，通过摇杆 3 将运动传给两个摇杆滑块机构，使两个从动件滑块 5 和 7 分别实现上下往复移动，完成开口动作。该机构与 V 形发动机机构的结构相同，只是输入与输出构件进行了调换。

（3）复合式组合机构

一个具有两个自由度的基础机构和一个附加机构并接在一起的组合形式，称为**复合式组合机构**。

图 14-6 为飞剪机剪切机构，具有两个自由度的五杆机构 ABCDE 为基础机构，四杆机构 AFGE 为附加机构。当给整个机构一个输入时，由四杆机构带动五杆机构连架杆运动，合成后使基础机构中连杆按指定运动规律输出。该飞剪机剪切机构可实现上刀刃输出图示运动轨迹，而在剪切时（相当于上刀刃 ab 段）刀刃的水平分速度与钢带连续送进速度相同。

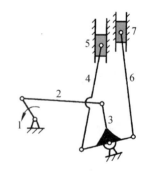

图 14-5　织布机的开口机构

1—曲柄　2、4—连杆
3—摇杆　5、7—滑块

（4）叠加式组合机构

将一个机构安装在另一个机构的某个运动构件上的组合形式，称为**叠加式组合机构**。其主要功能是实现特定的输出，完成复杂的工艺动作。

图 14-7 所示是电动玩具马的主体运动机构，能模仿马飞奔前进的运动形态。它由曲柄摇块机构 ABC 安装在两杆机构的转动构件 2 上组合而成。机构工作时分别由转动

构件 2 和曲柄 1 输入转动，致使马的运动轨迹是旋转运动和平面运动的叠加，产生了一种马飞奔向前的动态效果。

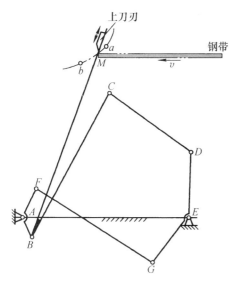

图 14-6　飞剪机剪切机构

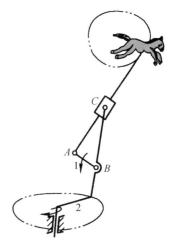

图 14-7　电动玩具马的主体运动机构
1—曲柄　2—转动构件

2. 按机构的演化与变异原理进行创新

机构的演化或变异是指以某个现有机构为原始机构，对组成机构的运动副、构件进行各种性质的改变或变换，从而形成一种功能不同或性能改进的新机构。

（1）运动副的演化与变异

改变机构中运动副的尺寸与型式，可构型出不同运动性能的机构，以增强运动副元素的接触强度，减小运动副元素的摩擦磨损，改善机构的受力状态、运动和动力效果。常用的有运动副的尺寸变换、运动副元素的接触性质变换和运动副元素的形状变换。

图 14-8 为运动副扩大实例，图 14-8（a）为活塞泵的机构运动简图，图 14-8（b）为变异后的活塞泵。可见，变异后的机构与原始机构在组成上完全相同，只是构件的形状不同。偏心盘和圆环形连杆组成的转动副使连杆紧贴固定的内壁运动，形成一个不断变化的腔体，有利于流体的吸入和压出，应用于各种泵或压缩机构中。

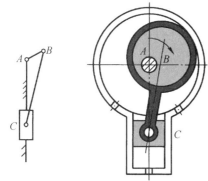

(a) 活塞泵的机构运动简图　(b) 变异后的活塞泵

图 14-8　运动副扩大实例

（2）构件的演化与变异

通过构件的演化与变异，可以改善机构的运动性能、受力状态，提高构件强度或刚度，实现一些新功能。

（3）机架变换与创新

机架变换是指机构的运动构件与机架的互相转换，也称为机构的倒置。机架变换后，机构内各构件的相对运动关系不变，但绝对运动则发生了改变。用这种方法可以得到不同特性的机构，进一步拓宽了机构的应用范围。

如前面我们讨论过的铰链四杆机构，当取不同的构件为机架时，可以分别得到曲柄摇杆机构、双曲柄机构和双摇杆机构，其运动特点各不相同。

（二）机械结构方案的创新设计

机械结构设计是在总体设计的基础上，根据所确定的原理方案，确定满足功能要求的机械结构。所确定的结构除应能实现原理方案规定的动作要求外，还要考虑材料的力学性能、零部件的功能、工作条件、加工工艺、装配、使用等各种因素的影响。结构设计是机械设计中涉及问题最多、最具体、工作量较大的阶段。

1. 实现零件功能的结构设计与创新

在结构设计中，首先应掌握各种零件的工作原理及提高其工作性能的方法与措施，在此基础上进行创新设计。

（1）功能分解

每个零件的不同部位承担着不同的功能。若将零件功能分解、细化，则会有利于提高其工作能力，有利于开发功能，从而使整体功能更加完善。

为了获得更完善的零件功能，在结构创新设计中可尝试进行功能分解，再通过联想、类比和移植等创新原理进行功能的扩展或新功能的开发。

（2）功能组合

功能组合是指在零件原有功能的基础上增加新的功能，这样可使整个机构系统更趋于简单化，简化制造过程，减少材料消耗，提高工作效率，是结构创新设计的一个重要途径。

（3）功能移植

功能移植是指相同或相似的结构可以实现完全不同的功能，这样可以通过联想、类比和移植等创新技法获得新功能。如齿轮常用于传动，目前市场上的齿轮联轴器就是从啮合功能移植来的。

2. 结构元素的变异与创新

结构元素主要是指结构的形状、数量、位置、连接等要素。经过变异的结构要素可适应不同的工作要求或比原有结构具有更好的功能。

首先通过对结构设计方案的分析，得出一般结构设计方案中所包含的技术要素的构成，然后再分析每一个技术要素的取值范围，通过对这些技术要素在各自的取值范围内的充分组合，就可以得到足够多的独立的结构设计方案。

（1）连接的变异

连接作用是通过零件的工作表面与其他零件的相应表面接触来实现的，不同形式的连接由于相接触的工作表面的形状不同，表面间所施加的紧固力也不同，从而对零件的自由度形成不同的约束。例如我们讨论过的各种轴与毂的连接，各有特色，在设计新型连接结构时要注意，新结构只有具备某种其他结构所没有的突出特性，其设计才有意义。

(2) 功能面的变异

零件的几何形状由它的表面所构成，一个零件通常有多个表面，在这些表面中与工作介质或被加工物体相接触的表面称为**功能表面**。在图 14-9 所示的结构中，顶杆 2 与摇杆 1 通过一球面相接触，图 14-9（a）由于摇杆端面与顶杆球面接触点的法线方向变化，有时会出现顶杆运动的卡死现象。而图 14-9（b）的结构由于接触面上的法线始终平行于顶杆的轴线方向，因而不会出现卡死现象。

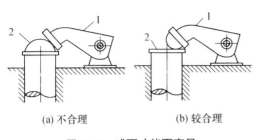

图 14-9 球面功能面变异

1—摇杆 2—顶杆

(3) 支承的变异

轴系的支承结构是一类典型结构，轴系的工作性能与它的支承设计状况和质量密切相关。旋转轴至少需要两个相距一定距离的支点支承，支承的变异设计包括支点位置的变异和支点轴承的种类及其组合的变异。

(4) 材料的变异

不同的材料具有不同的性能，不同的材料对应于不同的加工工艺。结构设计中既要根据功能的要求合理地选择材料，又要根据材料的种类确定相应的加工工艺，并根据加工工艺的要求来确定恰当的结构，只有通过适当的结构设计，才能充分地发挥所选择材料的优势。

3. 提高性能的设计

机械产品的性能不但与原理设计有关，结构设计的质量也直接影响产品的性能，甚至影响产品功能的实现。

零件结构形状设计应利用材料的长处，发挥材料的性能，扬长避短，或者采用不同材料的组合结构，使各种材料性能得以互补，并通过结构形状的变化来改善产品的性能。

4. 便于制造和操作的结构设计与创新

在满足使用功能的前提下，设计者应力求使所设计产品结构工艺简单、消耗少、成本低、使用方便、操作容易、寿命长。

任务 2 机械创新设计实践

任务 2.1 机构创意设计与拼装

一、训练目的

通过设计与拼装，启发创新思维、激发创新意识，培养机构创新设计能力。

二、实训设备及用具

(1) 机构创意组合实验台（见图 14-10）。
(2) 操作工具一套。

三、实训内容与步骤

1. 模拟拼装

(1) 从列出的图样（见图 14-11～图 14-14）中，选择 1～2 种机构进行拼装，要求小组成员之间合理分工，相互配合，按照拼装规则，拼装指定机构。

(2) 保证所拼装机构运转灵活，并有确定的相对运动。

图 14-10 机构创意组合实验台

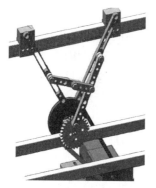

(a) 正面

(b) 背面

图 14-11 V 形发动机机构

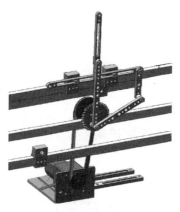

(a) 正面

(b) 背面

图 14-12 飞剪机构

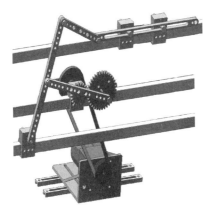

图 14-13　工件输送机机构

图 14-14　内燃机机构

2. 设计新的机构

每组根据创新设计原理与技法，设计新的机构并拼装。

任务 2.2　传动系统创意设计与拼装

一、训练目的

通过拼装，培养学生机械传动系统方案的设计能力及实践动手能力。

图 14-15　传动装置创新组合实验台

二、实训设备及用具

（1）传动装置创新组合实验台（见图 14-15）。
（2）操作工具一套。

三、实训内容与步骤

1. 模拟拼装

按照实验装置中给定的实验方案号，每小组完成一种方案的拼装。

2. 分析传动方案及所测试参数

连接电脑，输出参数并进行分析、总结。

四、注意事项

（1）拼装过程中工具、零部件注意轻拿轻放，不损坏零部件。
（2）遵循装拆规则，零部件运动不干涉。
（3）将多余零件按序放入零件库，工具入箱并排列整齐，工具车推至指定区域。

知识巩固

思考题

（1）串联式和并联式机构组合各有哪些用途？

（2）观察生活中的机械创新实例，思考是采用何种创新方法。

参考文献

[1] 王少岩,罗玉福. 机械设计基础 [M]. 7版. 大连:大连理工大学出版社,2022.

[2] 李培根. 机械工程基础 [M]. 北京:机械工业出版社,2010.

[3] 夏策芳,苏理中. 机械基础 [M]. 北京:中国铁道出版社,2011.

[4] 吴明清,王真. 机械设计基础与实践 [M]. 北京:北京大学出版社,2010.

[5] 庞兴华. 机械设计基础 [M]. 北京:机械工业出版社,2009.

[6] 罗红专,易传佩. 机械设计基础 [M]. 北京:机械工业出版社,2016.

[7] 隋明阳. 机械基础 [M]. 北京:机械工业出版社,2011.

[8] 张志光. 机械设计基础 [M]. 北京:清华大学出版社,2011.

[9] 孙建东,李春书. 机械设计基础 [M]. 北京:清华大学出版社,2007.

[10] 周志平,欧阳中和. 机械设计基础与实践 [M]. 北京:冶金工业出版社,2008.

[11] 丁步温,张丽. 机械设计基础 [M]. 北京:中国劳动社会保障出版社,2015.

[12] 马学友,廖建刚. 机械设计基础 [M]. 北京:科学出版社,2009.

[13] 陈立德,罗卫平. 机械设计基础 [M]. 5版. 北京:高等教育出版社,2019.

[14] 崔树平,陆卫娟. 机械技术基础 [M]. 北京:机械工业出版社,2012.

[15] 曲继方,安子军,曲志刚. 机构创新原理 [M]. 北京:科学出版社,2001.

[16] 胡家秀,陈峰. 机械创新设计概论 [M]. 北京:机械工业出版社,2005.

[17] 李敏. 机械设计与应用 [M]. 北京:机械工业出版社,2016.

[18] 闻邦椿. 机械设计手册:第1~7卷 [M]. 6版. 北京:机械工业出版社,2018.

[19] 成大先. 机械设计手册:第1~5卷 [M]. 6版. 北京:化学工业出版社,2016.

[20] 许兆棠,刘远伟,陈小岗,等. 并联机器人 [M]. 北京:机械工业出版社,2021.

[21] 朱春霞. 并联机构静刚度特性及结构优化 [M]. 北京:科学出版社,2020.